U0879868

北大版普通高等教育“十三五”规划教材

微积分（下）

湖南大学数学学院　编

王利平　潘小平　李永群　主　编

北京大学出版社
PEKING UNIVERSITY PRESS

内容简介

本书根据作者多年的教学经验，并结合教育部高等学校大学数学课程教学指导委员会制定的《经济和管理类本科数学基础课程教学基本要求》以及全国硕士研究生入学统一考试数学三、四的考试大纲编写而成. 本书分上、下两册，《微积分》(下) 主要包括向量代数与空间解析几何、多元函数的微分学、重积分、无穷级数、常微分方程、差分方程等内容. 书中各节均配有相应的习题，每章之后还安排了综合复习题. 本书大约要讲授 80 学时.

本书可作为经济和管理类以及其他社会科学类本科专业的"微积分"课程的教材，也可供其他专业的相应课程选用或参考.

前　　言

近几十年来，由于人类社会的快速发展和进步，数学科学在现代文化中正逐渐扮演着中心角色，数学的应用已经渗透到几乎所有的领域，使得当今的社会日益"数学化". 数学的思想、理论和方法不仅在自然科学和工程技术中起着至关重要的作用，而且也越来越深入到社会科学的各个方面，对社会科学的发展产生了巨大的影响和推动.

数学是研究现实世界数量关系和空间形式的一门科学，而人们的社会经济活动随时都会产生数量关系和相互作用，将这些数量关系及其相互作用概括为数学的结构 —— 数学模型，就可以通过数学模型及其求解，来解释社会经济活动中的各种现象，揭示社会经济的规律和特征，帮助人们掌握社会科学的本质. 因此，社会科学的研究无法离开数学. 正如著名数学家卡普兰早些年指出的："社会科学的许多重要领域已经发展到使不懂数学的人望尘莫及的阶段."

目前，高等学校的社会科学类各本科专业的通识教育数学核心课程一般包括"微积分""线性代数" 和"概率论与数理统计" 等课程. 这些课程分别讲授有关连续量、离散量和随机量问题的基本思想和基本原理，提供了处理上述变量的强有力的数学工具. 学生们通过学习这些课程，可以掌握微积分、线性代数、概率论与数理统计等方面的基本概念、基本理论和基本方法，为学习后继课程、扩大数学知识面和提高数学应用能力奠定基础.

教材是教学内容、教学方法的重要载体，是学生获取知识、培养能力的基本工具. 我们深知教材在教学过程中的地位和作用，为此我们组织编写了这套高等学校经管类数学基础课程教材. 我们在编写上着眼于基本概念、基本理论和基本方法，突出微积分的基本思想和应用背景，力图以传授数学基础知识和提高学生分析问题、解决问题的能力为宗旨，体现湖南大学建设研究型大学的办学理念和基础研究型与复合应用型人才的培养目标. 本套教材结构严谨、条理清晰、表述清楚、重点突出、难点分散、例题丰富，便于组织教学.

《微积分》(下) 由王利平、潘小平、李永群任主编，罗汉认真审阅了书稿. 本套教材的筹划、编写和出版得到了北京大学出版社的大力支持. 赵子平、钟运连、沈阳编辑了教学资源，魏楠、苏娟、汤晓提供了版式和装帧设计方案，我院各位任课教师也给予了许多宝贵的意见，在此一并表示衷心的感谢!

由于水平有限，加之时间仓促，书中的错误及不妥之处在所难免，敬请使用本教材的教师和学生不吝指正.

湖南大学数学学院

目　录

第七章

向量代数与空间解析几何

与平面解析几何类似，空间解析几何是通过坐标法把空间中的点与有序实数组对应起来，把空间中的图形和方程对应起来，从而可以用代数方法研究几何问题. 本章首先建立空间直角坐标系，然后引进向量的概念，并利用坐标讨论向量的运算，最后以向量为工具来讨论空间的平面与直线以及空间曲面与空间曲线.

第一节　空间直角坐标系与向量的概念

一、空间直角坐标系

过空间中一个定点 O，作 3 条互相垂直的数轴，分别叫作 x **轴**(**横轴**)、y **轴**(**纵轴**) 和 z **轴**(**竖轴**). 这 3 条数轴都以 O 为原点，且有相同的长度单位，它们的正向通常符合右手法则，即以右手握住 z 轴，当右手的 4 个手指从 x 轴的正向以 $\frac{\pi}{2}$ 角度转向 y 轴的正向时，大拇指的指向就是 z 轴的正向(见图 7-1). 这样 3 条坐标轴就组成了一个空间直角坐标系，通常记为坐标系 $Oxyz$，点 O 称为该坐标系的**坐标原点**.

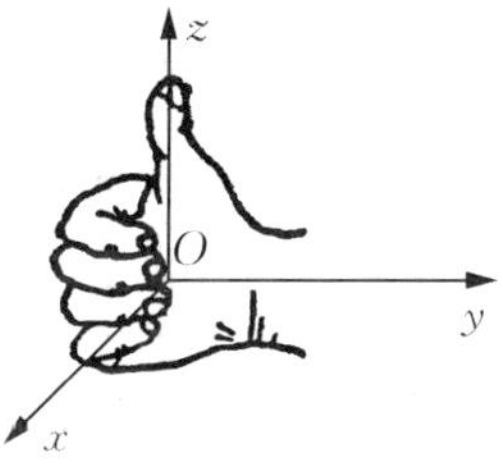

图 7-1

3 条坐标轴中的任意两条可以确定一个平面，这样定出的 3 个平面统称为**坐标面**. x 轴与 y 轴所确定的坐标面称为 xOy 坐标面，类似地有 yOz 坐标面和 zOx 坐标面. 3 个坐标面把空间分成 8 个部分，每一部分称为一个**卦限**(见图 7-2). 含有 x 轴、y 轴与 z 轴正半轴的那个卦限称为第 Ⅰ 卦限，从第 Ⅰ 卦限开始，按逆时针方向，先后出现的卦限依次称为第 Ⅱ，第 Ⅲ，第 Ⅳ 卦限，第 Ⅰ，第 Ⅱ，第 Ⅲ，第 Ⅳ 卦限下方的空间部分依次称为第 Ⅴ，第 Ⅵ，第 Ⅶ，第 Ⅷ 卦限.

设 M 为空间中的一点，过点 M 分别作垂直于 3 条坐标轴的平面，与 3 条坐标轴分别相交于 P，Q，R 这 3 点(点 P,Q,R 分别称为点 M 在 3 条坐标轴上的**投影**). 若这 3 个投影在 3 条坐标轴上的坐标依次为 x,y,z，则点 M 唯一地确定了一个有序数组 (x,y,z). 反之，设给定一个有序数组 (x,y,z)，可以在 x 轴上取坐标为 x 的点 P，在 y 轴上取坐标为 y 的点 Q，在 z 轴上取坐标为 z 的点 R，并过点 P,Q,R 分别作垂直于 3 条坐标轴的平面，则这 3 个平面有唯一的交点 M(见图 7-3). 这样，空间的点与有序数组 (x,y,z) 之间就建立了一一对应关系. 有序数组 (x,y,z) 就称为点 M 的**坐标**，记为 $M(x,y,z)$，其中 x,y,z 依次称为点 M 的**横坐标**、**纵坐标**和**竖坐标**.

显然，坐标原点 O 的坐标为 $(0,0,0)$. 坐标轴和坐标面上的点的坐标也具有一定特征，即坐标

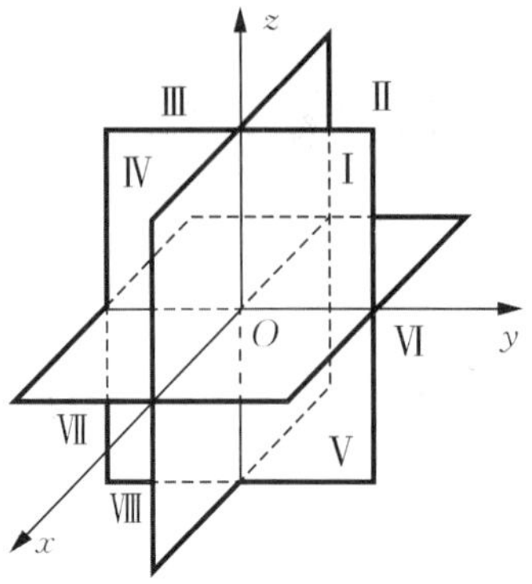

图 7 - 2

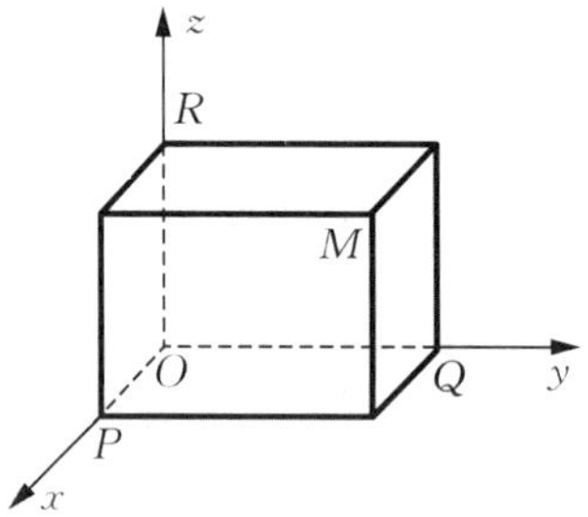

图 7 - 3

轴上的点至少有两个坐标为 0，坐标面上的点至少有一个坐标为 0. 例如，在 x 轴上的点，均有 $y = z = 0$；在 xOy 坐标面上的点，均有 $z = 0$.

例 1

求点 $(-4,1,5)$ 关于(1) 坐标原点 O，(2) xOy 坐标面，(3) y 轴，(4) 点 (a,b,c) 的对称点的坐标.

解　设所求对称点的坐标为 (x,y,z)，则

(1) $x-4=0, y+1=0, z+5=0$，即所求点的坐标为 $(4,-1,-5)$；

(2) $x=-4, y=1, z+5=0$，即所求点的坐标为 $(-4,1,-5)$；

(3) $x-4=0, y=1, z+5=0$，即所求点的坐标为 $(4,1,-5)$；

(4) $\dfrac{x+(-4)}{2}=a, \dfrac{y+1}{2}=b, \dfrac{z+5}{2}=c$，即所求点的坐标为 $(2a+4, 2b-1, 2c-5)$.

二、空间两点间的距离公式

设 $M_1(x_1,y_1,z_1)$，$M_2(x_2,y_2,z_2)$ 为空间中的任意两点，求它们之间的距离 $d=|M_1M_2|$. 过点 M_1 和 M_2 各作 3 个分别垂直于 x 轴、y 轴和 z 轴的平面，这 6 个平面围成了一个以 M_1M_2 为对角线的长方体（见图 7 - 4）. 由勾股定理，易知

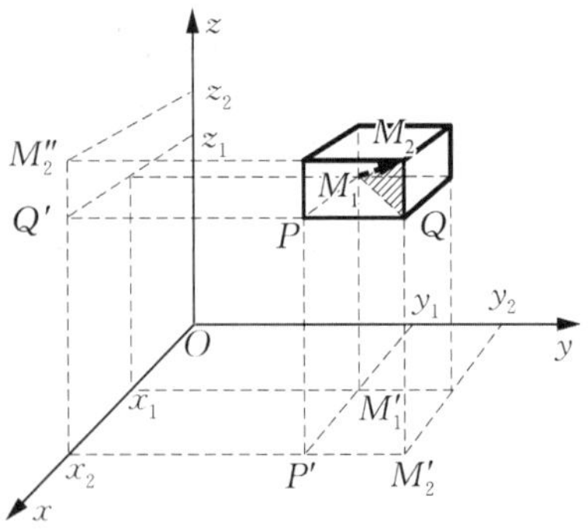

图 7 - 4

$$d^2 = |M_1Q|^2 + |QM_2|^2$$

（因为 $\triangle M_1QM_2$ 为直角三角形）

$$= |M_1P|^2 + |PQ|^2 + |QM_2|^2$$

（因为 $\triangle M_1PQ$ 为直角三角形）

$$= |M_1'P'|^2 + |P'M_2'|^2 + |Q'M_2''|^2$$

$$= (x_2-x_1)^2 + (y_2-y_1)^2 + (z_2-z_1)^2,$$

所以

$$d = \sqrt{(x_2-x_1)^2 + (y_2-y_1)^2 + (z_2-z_1)^2}.$$

特别地，点 $M(x,y,z)$ 与坐标原点 $O(0,0,0)$ 的距离为

$$d = |OM| = \sqrt{x^2+y^2+z^2}.$$

例 2

求在 z 轴上与点 $A(3,-1,1)$ 和点 $B(0,1,2)$ 等距离的点.

解 因所求的点在 z 轴上，故可设该点坐标为 $M(0,0,z)$. 依题意有

$$|AM|=|BM|,$$

即

$$\sqrt{(0-3)^2+(0+1)^2+(z-1)^2}=\sqrt{(0-0)^2+(0-1)^2+(z-2)^2},$$

解得 $z=-3$. 故所求点为 $M(0,0,-3)$.

三、向量的概念

在客观世界中经常会碰到一些既有大小又有方向的量，如速度、加速度、力、力矩等，我们把这一类量叫作**向量**(或**矢量**).

数学上，常用一条有方向的线段(有向线段)来表示向量. 有向线段的长度表示向量的大小，有向线段的方向表示向量的方向. 起点为 A、终点为 B 的向量记为 $\overrightarrow{AB}$(见图 7-5). 有时也用一个黑体字母(或书写时在字母上面加箭头)来表示向量，如 $\boldsymbol{a},\boldsymbol{b}$(或 $\vec{a}$, $\vec{b}$) 等.

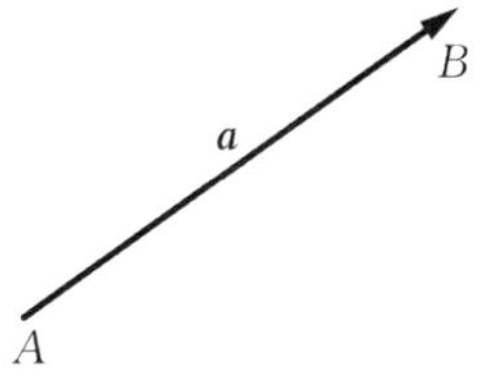

图 7-5

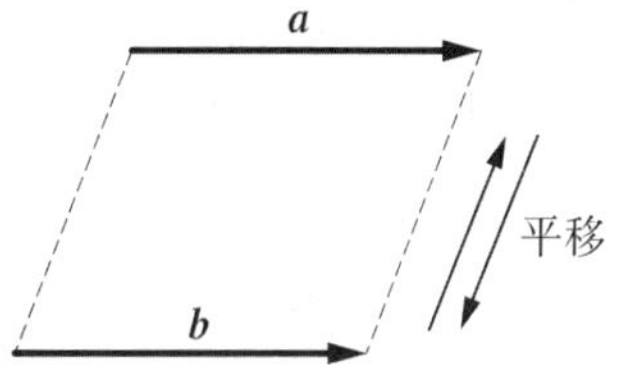

图 7-6

以坐标原点 O 为起点，向一个点 M 引向量 $\overrightarrow{OM}$，这个向量叫作点 M 对于点 O 的**向径**，常用黑体字母 $\boldsymbol{r}$(或 $\vec{r}$) 来表示.

对于两个向量 $\boldsymbol{a}$ 和 $\boldsymbol{b}$，不论起点是否一致，只要大小相等，方向相同，就称这两个向量**相等**，记作 $\boldsymbol{a}=\boldsymbol{b}$. 这表明，经过平行移动后能完全重合的两个向量是相等的(见图 7-6). 在空间中，可以平行移动的向量称为**自由向量**(以后简称向量). 除特殊说明外，本书中所研究的向量均为自由向量.

向量的大小叫作向量的**模**. 向量 $\overrightarrow{AB}$, $\boldsymbol{a}$, $\vec{a}$ 的模依次记作 $|\overrightarrow{AB}|$, $|\boldsymbol{a}|$, $|\vec{a}|$. 模为 1 的向量称为**单位向量**. 模为 0 的向量称为**零向量**，记为 $\mathbf{0}$ 或 $\vec{0}$. 与非零向量 $\boldsymbol{a}$ 同方向的单位向量记为 $\boldsymbol{e}_a$. 由于零向量的起点和终点重合，因此它的方向可以看作是任意的.

设有两个非零向量 $\boldsymbol{a},\boldsymbol{b}$，任取空间一点 O，作 $\overrightarrow{OA}=\boldsymbol{a}$, $\overrightarrow{OB}=\boldsymbol{b}$，规定不超过 π 的 $\angle AOB$(设 $\varphi=\angle AOB$, $0\leqslant\varphi\leqslant\pi$) 称为向量 $\boldsymbol{a}$ 与 $\boldsymbol{b}$ 之间的**夹角**(见图 7-7)，记作 $(\widehat{\boldsymbol{a},\boldsymbol{b}})$ 或 $(\widehat{\boldsymbol{b},\boldsymbol{a}})$，即 $(\widehat{\boldsymbol{a},\boldsymbol{b}})=(\widehat{\boldsymbol{b},\boldsymbol{a}})=\varphi$. 如果向量 $\boldsymbol{a}$ 与 $\boldsymbol{b}$ 中有一个是零向量，那么规定它们的夹角可以在 0 到 π 之间任意取值.

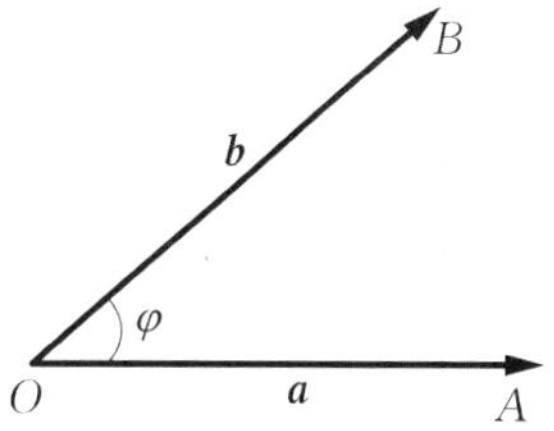

图 7-7

对于两个向量 $\boldsymbol{a}$ 与 $\boldsymbol{b}$，如果它们的夹角为 0 或 π，则称这两个向量**平行**，记作 $\boldsymbol{a}\,/\!/\,\boldsymbol{b}$；如果它们的夹角为 $\frac{\pi}{2}$，则称这两个向量**垂直**(或**正交**)，记作 $\boldsymbol{a}\perp\boldsymbol{b}$. 由于零向量与任一向量的夹角都可以在 0 到 π 之间任意取值，因此可以认为零向量与任何向量都平行，也可以认为零向量与任何向量都垂直.

当两个平行向量的起点放在同一点时，它们的终点和公共起点应在一条直线上. 因此，两向量平行，又称两向量**共线**.

类似地，还有向量共面的概念. 设有 $k(k \geqslant 3)$ 个向量，当把它们的起点放在同一点时，如果 k 个终点和公共起点在一个平面上，则称这 k 个向量**共面**.

四、向量的线性运算

1. 向量的加减法

由力学知识我们可以知道，作用于同一点的两个力的和可以由平行四边形法则求得. 类似地，可以定义两个向量的加法运算.

设有两个非零向量 $\boldsymbol{a}$ 与 $\boldsymbol{b}$，且 $\boldsymbol{a}$，$\boldsymbol{b}$ 不平行，则以 $\boldsymbol{a}$，$\boldsymbol{b}$ 为邻边的平行四边形的对角线所表示的向量（见图 7－8）就称为向量 $\boldsymbol{a}$ 与 $\boldsymbol{b}$ 的**和**，记为 $\boldsymbol{a}+\boldsymbol{b}$.

以上法则叫作向量相加的**平行四边形法则**，但此法则对两个平行向量的加法没有给出说明，因此我们再介绍一个蕴含了平行四边形法则的加法定义.

设有两个向量 $\boldsymbol{a}$，$\boldsymbol{b}$，任取一点 A，作 $\overrightarrow{AB}=\boldsymbol{a}$，再以点 B 为起点，作 $\overrightarrow{BC}=\boldsymbol{b}$，联结 AC，则向量 $\overrightarrow{AC}$ 称为向量 $\boldsymbol{a}$ 与 $\boldsymbol{b}$ 的和，记为 $\boldsymbol{a}+\boldsymbol{b}$（见图 7－9）.

这一法则叫作向量相加的**三角形法则**.

向量的加法符合下列运算规律：

(1) **交换律**　$\boldsymbol{a}+\boldsymbol{b}=\boldsymbol{b}+\boldsymbol{a}$；

(2) **结合律**　$(\boldsymbol{a}+\boldsymbol{b})+\boldsymbol{c}=\boldsymbol{a}+(\boldsymbol{b}+\boldsymbol{c})$.

运算规律(2)的证明参见图 7－10.

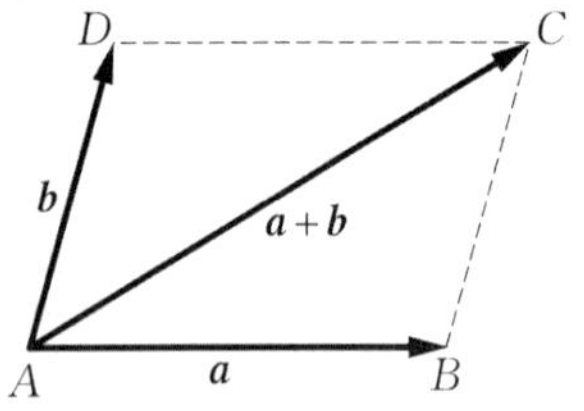

图 7－8

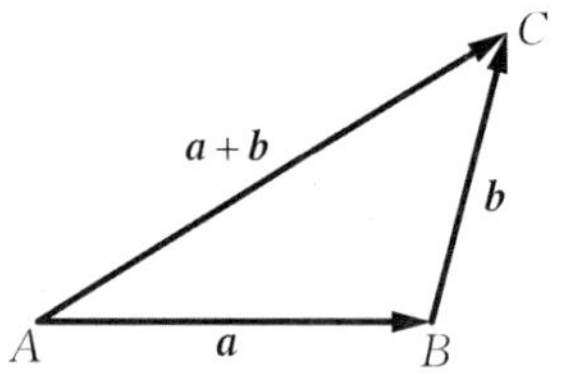

图 7－9

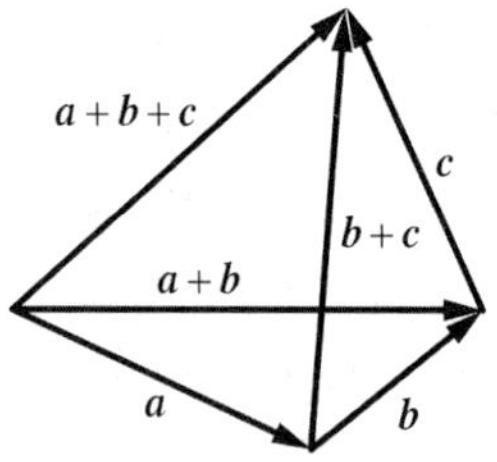

图 7－10

设 $\boldsymbol{a}$ 为一向量，与 $\boldsymbol{a}$ 的模相等但方向相反的向量叫作 $\boldsymbol{a}$ 的**负向量**，记作 $-\boldsymbol{a}$. 因此，我们规定两个向量 $\boldsymbol{b}$ 与 $\boldsymbol{a}$ 的差为

$$\boldsymbol{b}-\boldsymbol{a}=\boldsymbol{b}+(-\boldsymbol{a}),$$

即 $\boldsymbol{b}$ 与 $\boldsymbol{a}$ 的差 $\boldsymbol{b}-\boldsymbol{a}$ 就是把 $\boldsymbol{a}$ 的负向量 $-\boldsymbol{a}$ 与 $\boldsymbol{b}$ 相加得到的[见图 7－11(a)].

(a)　　(b)

图 7－11

特别地，当 $\boldsymbol{b}=\boldsymbol{a}$ 时，有

$$\boldsymbol{a}-\boldsymbol{a}=\boldsymbol{a}+(-\boldsymbol{a})=\boldsymbol{0}.$$

因为对于任一向量 $\overrightarrow{AB}$ 及点 O，均有

$$\overrightarrow{AB}=\overrightarrow{AO}+\overrightarrow{OB}=\overrightarrow{OB}-\overrightarrow{OA}.$$

因此，若把向量 $\boldsymbol{a}$ 与 $\boldsymbol{b}$ 移到同一起点 O，则从 $\boldsymbol{a}$ 的终点 A 向 $\boldsymbol{b}$ 的终点 B 所引向量 $\overrightarrow{AB}$，即为向量 $\boldsymbol{b}$ 与 $\boldsymbol{a}$ 的差 $\boldsymbol{b}-\boldsymbol{a}$［见图 7－11(b)］.

由三角形两边之和大于第三边的原理，有

$$|\boldsymbol{a}+\boldsymbol{b}| \leqslant |\boldsymbol{a}|+|\boldsymbol{b}| \quad (\text{等号在 } \boldsymbol{a} \text{ 与 } \boldsymbol{b} \text{ 同方向时成立})$$

及

$$|\boldsymbol{a}-\boldsymbol{b}| \leqslant |\boldsymbol{a}|+|\boldsymbol{b}| \quad (\text{等号在 } \boldsymbol{a} \text{ 与 } \boldsymbol{b} \text{ 反方向时成立}).$$

2. 向量与数的乘法

我们把向量 $\boldsymbol{a}$ 与实数 λ 的**乘积**记作 $\lambda\boldsymbol{a}$，并规定 $\lambda\boldsymbol{a}$ 是一个这样的向量：它的模为

$$|\lambda\boldsymbol{a}|=|\lambda|\cdot|\boldsymbol{a}|;$$

它的方向当 $\lambda>0$ 时与 $\boldsymbol{a}$ 相同，当 $\lambda<0$ 时与 $\boldsymbol{a}$ 相反.

当 $\lambda=0$ 时，$|\lambda\boldsymbol{a}|=0$，即 $\lambda\boldsymbol{a}$ 为零向量，这时它的方向可以是任意的.

特别地，当 $\lambda=\pm1$ 时，有

$$1\boldsymbol{a}=\boldsymbol{a}, \quad (-1)\boldsymbol{a}=-\boldsymbol{a}.$$

向量与数的乘法符合下列运算规律(λ,μ 均为实数)：

(1) **结合律** $\lambda(\mu\boldsymbol{a})=\mu(\lambda\boldsymbol{a})=(\lambda\mu)\boldsymbol{a}$；

(2) **分配律** $(\lambda+\mu)\boldsymbol{a}=\lambda\boldsymbol{a}+\mu\boldsymbol{a}$，$\lambda(\boldsymbol{a}+\boldsymbol{b})=\lambda\boldsymbol{a}+\lambda\boldsymbol{b}$.

以上运算规律可按向量与数的乘积的规定加以证明，请读者自己完成.

例 3

在平行四边形 $ABCD$ 中，设 $\overrightarrow{AB}=\boldsymbol{a}$，$\overrightarrow{AD}=\boldsymbol{b}$，试用向量 $\boldsymbol{a}$ 和 $\boldsymbol{b}$ 表示向量 $\overrightarrow{MA}$，$\overrightarrow{MB}$，$\overrightarrow{MC}$ 和 $\overrightarrow{MD}$，这里 M 是平行四边形 $ABCD$ 对角线的交点(见图 7－12).

解 由于平行四边形的对角线互相平分，因此

$$\boldsymbol{a}+\boldsymbol{b}=\overrightarrow{AC}=2\overrightarrow{AM},$$

即

$$-(\boldsymbol{a}+\boldsymbol{b})=2\overrightarrow{MA}.$$

于是，得

$$\overrightarrow{MA}=-\frac{1}{2}(\boldsymbol{a}+\boldsymbol{b}).$$

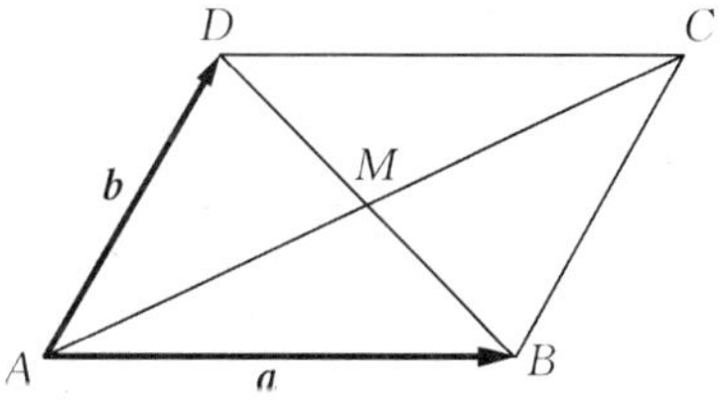

图 7－12

因为 $\overrightarrow{MC}=\overrightarrow{AM}$，所以 $\overrightarrow{MC}=\frac{1}{2}(\boldsymbol{a}+\boldsymbol{b})$.

因为 $\boldsymbol{b}-\boldsymbol{a}=\overrightarrow{BD}=2\overrightarrow{MD}$，所以 $\overrightarrow{MD}=\frac{1}{2}(\boldsymbol{b}-\boldsymbol{a})$.

由于 $\overrightarrow{MB}=-\overrightarrow{MD}$，因此 $\overrightarrow{MB}=-\frac{1}{2}(\boldsymbol{b}-\boldsymbol{a})=\frac{1}{2}(\boldsymbol{a}-\boldsymbol{b})$.

前面已经讲过，模等于 1 的向量叫作单位向量，与非零向量 $\boldsymbol{a}$ 同方向的单位向量用 $\boldsymbol{e}_a$ 表示. 于是，按照向量与数的乘积的规定有

$$\boldsymbol{a}=|\boldsymbol{a}|\,\boldsymbol{e}_a.$$

我们规定，当 $\lambda\neq0$ 时，$\frac{\boldsymbol{a}}{\lambda}=\frac{1}{\lambda}\boldsymbol{a}$. 由此，上式又可写成

$$\frac{\boldsymbol{a}}{|\boldsymbol{a}|}=\boldsymbol{e}_a.$$

这表明，一个非零向量除以它的模所得到的向量是与原向量同方向的单位向量.

由于向量 $\lambda\boldsymbol{a}$ 与 $\boldsymbol{a}$ 平行，因此我们常用向量与数的乘积来说明两个向量的平行关系，即有下面的定理：

定理 1 **设向量 $\boldsymbol{a}\neq\boldsymbol{0}$，则向量 $\boldsymbol{b}$ 平行于 $\boldsymbol{a}$ 的充要条件是存在唯一的实数 λ，使得 $\boldsymbol{b}=\lambda\boldsymbol{a}$.**

证 条件的充分性是显然的，下面证明条件的必要性.

先证明数 λ 的存在性. 设 $\boldsymbol{b}\parallel\boldsymbol{a}$，取 $|\lambda|=\dfrac{|\boldsymbol{b}|}{|\boldsymbol{a}|}$，且当 $\boldsymbol{b}$ 与 $\boldsymbol{a}$ 同方向时，λ 取正值；当 $\boldsymbol{b}$ 与 $\boldsymbol{a}$ 反方向时，λ 取负值. 因此，$\boldsymbol{b}$ 与 $\lambda\boldsymbol{a}$ 同方向，且 $|\lambda\boldsymbol{a}|=|\lambda||\boldsymbol{a}|=\dfrac{|\boldsymbol{b}|}{|\boldsymbol{a}|}\cdot|\boldsymbol{a}|=|\boldsymbol{b}|$，即有 $\boldsymbol{b}=\lambda\boldsymbol{a}$.

再来证明数 λ 的唯一性. 设有两个实数 λ,μ，使得 $\boldsymbol{b}=\lambda\boldsymbol{a},\boldsymbol{b}=\mu\boldsymbol{a}$. 将两式相减，得

$$(\lambda-\mu)\boldsymbol{a}=\boldsymbol{0},\quad 即\quad |\lambda-\mu||\boldsymbol{a}|=0.$$

因 $|\boldsymbol{a}|\neq 0$，故 $|\lambda-\mu|=0$，即 $\lambda=\mu$.

习题 7.1

1. 在空间直角坐标系中，指出下列点所在的坐标轴、坐标面或卦限：

$$A(1,3,5),\quad B(-1,2,-3),\quad C(0,4,3),\quad D(3,0,0).$$

2. 求点 (a,b,c) 关于(1) 各坐标面，(2) 各坐标轴，(3) 坐标原点的对称点的坐标.
3. 过点 $P_0(x_0,y_0,z_0)$ 分别作各坐标面和各坐标轴的垂线，写出各垂足的坐标.
4. 求点 $M(-4,3,-5)$ 到各坐标轴上的距离.
5. 在 yOz 坐标面上，求与 3 个已知点 $A(3,1,2)$，$B(4,-2,-2)$ 和 $C(0,5,1)$ 等距离的点的坐标.
6. 试证明：以 3 个已知点 $A(4,1,9)$，$B(10,-1,6)$，$C(2,4,3)$ 为顶点的三角形是等腰直角三角形.
7. 把 $\triangle ABC$ 的边 BC 五等分，设分点依次为 D_1,D_2,D_3,D_4，再把各分点与点 A 联结. 试用向量 $\overrightarrow{AB}=\boldsymbol{c}$，$\overrightarrow{BC}=\boldsymbol{a}$ 来表示向量 $\overrightarrow{D_1A}$，$\overrightarrow{D_2A}$，$\overrightarrow{D_3A}$ 与 $\overrightarrow{D_4A}$.
8. 试用向量证明：三角形任意两边中点的连线都平行第三边且长度等于第三边的一半.

第二节 向量运算的坐标表示

一、向量的坐标

为了实现向量运算的代数化，我们将向量按 3 条坐标轴方向进行分解，并且用坐标来表示向量.

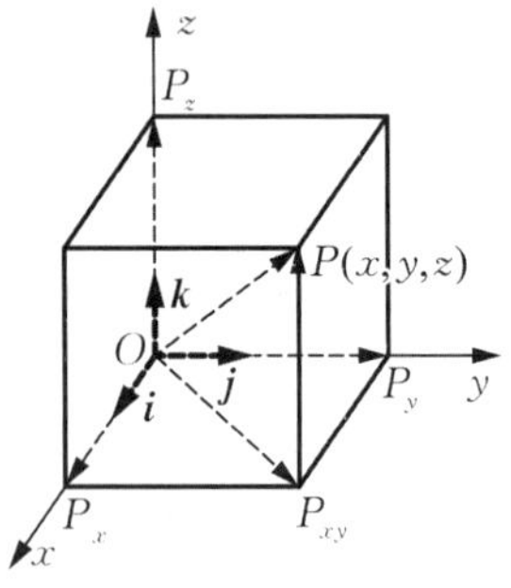

图 7-13

设向量 $\boldsymbol{a}$ 的起点为坐标原点 O，终点为 $P(x,y,z)$. 如图 7-13 所示，过点 P 作 3 条坐标轴的垂直平面，它们分别交 x 轴、y 轴及 z 轴于点 P_x,P_y 及 P_z，再过点 P 作 xOy 坐标面的垂线，垂足为点 P_{xy}. 于是，有

$$\overrightarrow{OP}=\overrightarrow{OP_{xy}}+\overrightarrow{P_{xy}P}=\overrightarrow{OP_{xy}}+\overrightarrow{OP_z}$$
$$=\overrightarrow{OP_x}+\overrightarrow{P_xP_{xy}}+\overrightarrow{OP_z}=\overrightarrow{OP_x}+\overrightarrow{OP_y}+\overrightarrow{OP_z}.$$

$\overrightarrow{OP_x},\overrightarrow{OP_y},\overrightarrow{OP_z}$ 分别称为向量 $\overrightarrow{OP}$ 在 x 轴、y 轴及 z 轴上的**分向量**.

在 x 轴、y 轴及 z 轴上分别取一个与坐标轴的正向一致的单位向量，依次记为 $\boldsymbol{i},\boldsymbol{j},\boldsymbol{k}$(见图 7-13)，并称它们为**基本单位向量**.

易知，

$$\overrightarrow{OP}_x = x\boldsymbol{i}, \quad \overrightarrow{OP}_y = y\boldsymbol{j}, \quad \overrightarrow{OP}_z = z\boldsymbol{k}.$$

因此，

$$\overrightarrow{OP} = x\boldsymbol{i} + y\boldsymbol{j} + z\boldsymbol{k}.$$

上式称为向量 $\overrightarrow{OP}$ 的**坐标分解式**. 有序数 x,y,z 称为向量 $\overrightarrow{OP}$ 的**坐标**，记作

$$\overrightarrow{OP} = (x,y,z).$$

上式称为向量 $\overrightarrow{OP}$ 的**坐标表示式**. 也就是说，当向量的起点在坐标原点 O 时，向量的坐标就是该向量的终点的坐标. 因此，任一向量都与其坐标一一对应，从而使得向量可用坐标来表示.

3 个基本单位向量 $\boldsymbol{i},\boldsymbol{j},\boldsymbol{k}$ 的坐标分别为 $(1,0,0),(0,1,0),(0,0,1)$.

二、用坐标表示向量的线性运算

利用向量的坐标，可以简单表示向量的加减法及向量与数的乘法运算.

设向量 $\boldsymbol{a} = (a_x,a_y,a_z)$，$\boldsymbol{b} = (b_x,b_y,b_z)$，即

$$\boldsymbol{a} = a_x\boldsymbol{i} + a_y\boldsymbol{j} + a_z\boldsymbol{k}, \quad \boldsymbol{b} = b_x\boldsymbol{i} + b_y\boldsymbol{j} + b_z\boldsymbol{k}.$$

利用向量加法的交换律与结合律及向量与数的乘法的结合律与分配律，有

$$\boldsymbol{a} \pm \boldsymbol{b} = (a_x \pm b_x)\boldsymbol{i} + (a_y \pm b_y)\boldsymbol{j} + (a_z \pm b_z)\boldsymbol{k},$$

$$\lambda\boldsymbol{a} = (\lambda a_x)\boldsymbol{i} + (\lambda a_y)\boldsymbol{j} + (\lambda a_z)\boldsymbol{k} \quad (\lambda \text{ 为实数}),$$

即

$$\boldsymbol{a} \pm \boldsymbol{b} = (a_x \pm b_x, a_y \pm b_y, a_z \pm b_z), \quad \lambda\boldsymbol{a} = (\lambda a_x, \lambda a_y, \lambda a_z).$$

由此可见，对向量进行线性运算，只需对向量的各个坐标分别进行相应的线性运算即可.

第一节中定理 1 指出，当向量 $\boldsymbol{a} \neq \boldsymbol{0}$ 时，$\boldsymbol{b} \parallel \boldsymbol{a}$ 相当于 $\boldsymbol{b} = \lambda\boldsymbol{a}$（$\lambda$ 为某一实数），用坐标表示即为

$$(b_x,b_y,b_z) = (\lambda a_x, \lambda a_y, \lambda a_z).$$

利用向量的坐标，可得向量 $\boldsymbol{a}$ 的模的坐标表示式为

$$|\boldsymbol{a}| = \sqrt{a_x^2 + a_y^2 + a_z^2}.$$

例 1

设点 A 的坐标为 (x_1,y_1,z_1)，点 B 的坐标为 (x_2,y_2,z_2)，求向量 $\overrightarrow{AB}$ 的坐标表示式.

解 由于 $\overrightarrow{AB} = \overrightarrow{OB} - \overrightarrow{OA}$，而

$$\overrightarrow{OB} = (x_2,y_2,z_2), \quad \overrightarrow{OA} = (x_1,y_1,z_1),$$

因此

$$\overrightarrow{AB} = (x_2,y_2,z_2) - (x_1,y_1,z_1) = (x_2 - x_1, y_2 - y_1, z_2 - z_1).$$

例 2

已知两点 $A(x_1,y_1,z_1)$，$B(x_2,y_2,z_2)$ 及实数 $\lambda \neq -1$，求在直线 AB 上的点 M，使得

$$\overrightarrow{AM} = \lambda\overrightarrow{MB}.$$

解 由于

$$\overrightarrow{AM} = \overrightarrow{OM} - \overrightarrow{OA}, \quad \overrightarrow{MB} = \overrightarrow{OB} - \overrightarrow{OM},$$

代入关系式 $\overrightarrow{AM} = \lambda\overrightarrow{MB}$，有

$$\overrightarrow{OM} - \overrightarrow{OA} = \lambda(\overrightarrow{OB} - \overrightarrow{OM}),$$

即

$$\overrightarrow{OM} = \frac{1}{1+\lambda}(\overrightarrow{OA} + \lambda\overrightarrow{OB}).$$

将$\overrightarrow{OA}$,$\overrightarrow{OB}$ 的坐标,即点 A、点 B 的坐标代入上式,得

$$\overrightarrow{OM}=\frac{1}{1+\lambda}((x_1,y_1,z_1)+\lambda(x_2,y_2,z_2))=\left(\frac{x_1+\lambda x_2}{1+\lambda},\frac{y_1+\lambda y_2}{1+\lambda},\frac{z_1+\lambda z_2}{1+\lambda}\right).$$

这就是点 M 的坐标.

例 2 中的点 M 叫作有向线段$\overrightarrow{AB}$ 的**定比分点**.

通过例 2,我们应注意以下两点:(1) 由于点 M 与向量 $\overrightarrow{OM}$ 有相同的坐标,故求点 M 的坐标就是求向量 $\overrightarrow{OM}$ 的坐标;(2) 记号(x,y,z) 既可表示向量 $\overrightarrow{OM}$,又可表示点 M,但在解析几何中,向量与点是两个不同的概念,不可混淆.因此,在看到记号(x,y,z) 时,需要从上下文去认清它究竟是表示向量还是表示点.当(x,y,z) 表示向量时,可对它进行运算;当(x,y,z) 表示点时,就不能对它进行运算.

三、两向量的数量积

设一物体在常力 $\boldsymbol{F}$ 的作用下,沿直线从点 A 移动到点 B (见图 7-14),则该物体的位移为$\overrightarrow{AB}$,力 $\boldsymbol{F}$ 在这个过程中所做的功为

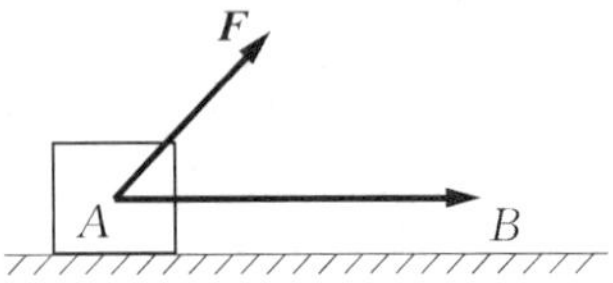

图 7-14

$$W=|\boldsymbol{F}||\overrightarrow{AB}|\cos(\widehat{\boldsymbol{F},\overrightarrow{AB}}).$$

上面这种关于两向量的模及其夹角余弦的连乘积的运算,在其他问题中也经常碰到.我们由此实际背景出发,来定义向量的这种乘法运算.

定义 1 设 $\boldsymbol{a},\boldsymbol{b}$ 是两个向量,记 $\theta=(\widehat{\boldsymbol{a},\boldsymbol{b}})$,则称数 $|\boldsymbol{a}||\boldsymbol{b}|\cos\theta$ 为向量 $\boldsymbol{a}$ 与 $\boldsymbol{b}$ 的**数量积**(或**内积**、**点积**),记为 $\boldsymbol{a}\cdot\boldsymbol{b}$,即

$$\boldsymbol{a}\cdot\boldsymbol{b}=|\boldsymbol{a}||\boldsymbol{b}|\cos\theta.$$

根据上面的定义,在上述讨论的问题中,力 $\boldsymbol{F}$ 所做的功就可以表示为 $W=\boldsymbol{F}\cdot\overrightarrow{AB}$.

由数量积的定义可推得:

(1) $\boldsymbol{a}\cdot\boldsymbol{a}=|\boldsymbol{a}|^2$;

(2) 两向量 $\boldsymbol{a}$ 与 $\boldsymbol{b}$ 垂直的充要条件是 $\boldsymbol{a}\cdot\boldsymbol{b}=0$.

容易验证,数量积符合下列运算规律:

(1) **交换律** $\boldsymbol{a}\cdot\boldsymbol{b}=\boldsymbol{b}\cdot\boldsymbol{a}$;

(2) **分配律** $(\boldsymbol{a}+\boldsymbol{b})\cdot\boldsymbol{c}=\boldsymbol{a}\cdot\boldsymbol{c}+\boldsymbol{b}\cdot\boldsymbol{c}$;

(3) **数乘结合律** $(\lambda\boldsymbol{a})\cdot\boldsymbol{b}=\boldsymbol{a}\cdot(\lambda\boldsymbol{b})=\lambda(\boldsymbol{a}\cdot\boldsymbol{b})$ (λ 为实数).

例 3

试用向量证明三角形的余弦定理.

证 设在$\triangle ABC$ 中,$\angle BCA=\theta$(见图 7-15),$|BC|=a$,$|CA|=b$,$|AB|=c$,要证

$$c^2=a^2+b^2-2ab\cos\theta.$$

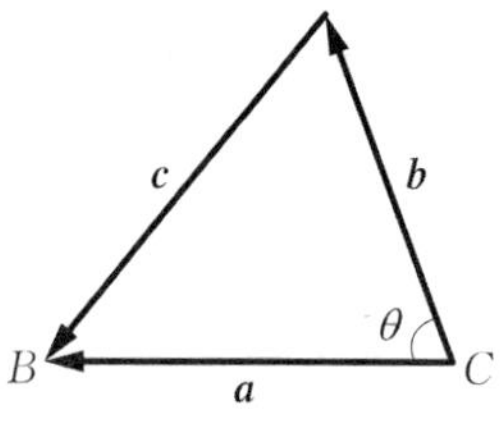

图 7-15

记$\overrightarrow{CB}=\boldsymbol{a}$,$\overrightarrow{CA}=\boldsymbol{b}$,$\overrightarrow{AB}=\boldsymbol{c}$,则有 $\boldsymbol{c}=\boldsymbol{a}-\boldsymbol{b}$,从而

$$\begin{aligned}|\boldsymbol{c}|^2&=\boldsymbol{c}\cdot\boldsymbol{c}=(\boldsymbol{a}-\boldsymbol{b})\cdot(\boldsymbol{a}-\boldsymbol{b})=\boldsymbol{a}\cdot\boldsymbol{a}+\boldsymbol{b}\cdot\boldsymbol{b}-2\boldsymbol{a}\cdot\boldsymbol{b}\\&=|\boldsymbol{a}|^2+|\boldsymbol{b}|^2-2|\boldsymbol{a}||\boldsymbol{b}|\cos(\widehat{\boldsymbol{a},\boldsymbol{b}}).\end{aligned}$$

由 $|\boldsymbol{a}|=a$,$|\boldsymbol{b}|=b$,$|\boldsymbol{c}|=c$ 及$(\widehat{\boldsymbol{a},\boldsymbol{b}})=\theta$,即得

$$c^2 = a^2 + b^2 - 2ab\cos\theta.$$

下面导出两向量的数量积的坐标表示式.

设向量 $\boldsymbol{a} = a_x\boldsymbol{i} + a_y\boldsymbol{j} + a_z\boldsymbol{k}$，$\boldsymbol{b} = b_x\boldsymbol{i} + b_y\boldsymbol{j} + b_z\boldsymbol{k}$，则

$$\begin{aligned}\boldsymbol{a}\cdot\boldsymbol{b} &= (a_x\boldsymbol{i} + a_y\boldsymbol{j} + a_z\boldsymbol{k})\cdot(b_x\boldsymbol{i} + b_y\boldsymbol{j} + b_z\boldsymbol{k}) \\ &= a_xb_x\boldsymbol{i}\cdot\boldsymbol{i} + a_xb_y\boldsymbol{i}\cdot\boldsymbol{j} + a_xb_z\boldsymbol{i}\cdot\boldsymbol{k} + a_yb_x\boldsymbol{j}\cdot\boldsymbol{i} + a_yb_y\boldsymbol{j}\cdot\boldsymbol{j} \\ &\quad + a_yb_z\boldsymbol{j}\cdot\boldsymbol{k} + a_zb_x\boldsymbol{k}\cdot\boldsymbol{i} + a_zb_y\boldsymbol{k}\cdot\boldsymbol{j} + a_zb_z\boldsymbol{k}\cdot\boldsymbol{k}.\end{aligned}$$

由于 $\boldsymbol{i},\boldsymbol{j},\boldsymbol{k}$ 为两两垂直的单位向量，因此有

$$\boldsymbol{i}\cdot\boldsymbol{j} = \boldsymbol{j}\cdot\boldsymbol{k} = \boldsymbol{k}\cdot\boldsymbol{i} = \boldsymbol{j}\cdot\boldsymbol{i} = \boldsymbol{k}\cdot\boldsymbol{j} = \boldsymbol{i}\cdot\boldsymbol{k} = 0,$$
$$\boldsymbol{i}\cdot\boldsymbol{i} = \boldsymbol{j}\cdot\boldsymbol{j} = \boldsymbol{k}\cdot\boldsymbol{k} = 1.$$

所以

$$\boldsymbol{a}\cdot\boldsymbol{b} = a_xb_x + a_yb_y + a_zb_z.$$

这就是两向量的数量积的坐标表示式.

由于 $\boldsymbol{a}\cdot\boldsymbol{b} = |\boldsymbol{a}||\boldsymbol{b}|\cos(\widehat{\boldsymbol{a},\boldsymbol{b}})$，因此当 $\boldsymbol{a},\boldsymbol{b}$ 均不为零向量时，有

$$\cos(\widehat{\boldsymbol{a},\boldsymbol{b}}) = \frac{\boldsymbol{a}\cdot\boldsymbol{b}}{|\boldsymbol{a}||\boldsymbol{b}|} = \frac{a_xb_x + a_yb_y + a_zb_z}{\sqrt{a_x^2 + a_y^2 + a_z^2}\ \sqrt{b_x^2 + b_y^2 + b_z^2}}.$$

这就是两向量的夹角余弦的坐标表示式.

例 4

已知 3 点 $A(1,1,1)$，$B(2,2,1)$，$C(2,1,2)$，求 $\angle BAC$ 的大小及 $\triangle ABC$ 的面积 S.

解 $\angle BAC$ 是向量 $\overrightarrow{AB}$ 与 $\overrightarrow{AC}$ 的夹角，而 $\overrightarrow{AB} = (1,1,0)$，$\overrightarrow{AC} = (1,0,1)$，则

$$\overrightarrow{AB}\cdot\overrightarrow{AC} = 1\cdot 1 + 1\cdot 0 + 0\cdot 1 = 1,$$
$$|\overrightarrow{AB}| = \sqrt{1^2 + 1^2 + 0^2} = \sqrt{2},$$
$$|\overrightarrow{AC}| = \sqrt{1^2 + 0^2 + 1^2} = \sqrt{2}.$$

于是

$$\cos\angle BAC = \frac{\overrightarrow{AB}\cdot\overrightarrow{AC}}{|\overrightarrow{AB}||\overrightarrow{AC}|} = \frac{1}{\sqrt{2}\cdot\sqrt{2}} = \frac{1}{2},$$

所以 $\angle BAC = \frac{\pi}{3}$. 因此，$\triangle ABC$ 的面积为

$$S = \frac{1}{2}|\overrightarrow{AB}||\overrightarrow{AC}|\sin\angle BAC = \frac{1}{2}\cdot\sqrt{2}\cdot\sqrt{2}\cdot\sin\frac{\pi}{3} = \frac{\sqrt{3}}{2}.$$

四、两向量的向量积

任给两个向量 $\boldsymbol{a},\boldsymbol{b}$，我们可以通过这两个已知向量定义向量的另一种乘积，即两个向量的向量积.

定义 2 设 $\boldsymbol{a},\boldsymbol{b}$ 是两个向量，记 $\theta = (\widehat{\boldsymbol{a},\boldsymbol{b}})$. 若向量 $\boldsymbol{c}$ 由向量 $\boldsymbol{a},\boldsymbol{b}$ 按下列方法确定：

(1) $|\boldsymbol{c}| = |\boldsymbol{a}||\boldsymbol{b}|\sin\theta$,

(2) $\boldsymbol{c}$ 同时垂直于 $\boldsymbol{a}$ 与 $\boldsymbol{b}$，且 $\boldsymbol{a},\boldsymbol{b},\boldsymbol{c}$ 这 3 个向量的方向符合右手法则，

则称向量 $\boldsymbol{c}$ 为 $\boldsymbol{a}$ 与 $\boldsymbol{b}$ 的**向量积**(或**外积**、**叉积**)，记作 $\boldsymbol{a}\times\boldsymbol{b}$，即

$$\boldsymbol{c} = \boldsymbol{a}\times\boldsymbol{b}.$$

由向量积的定义可推得：

(1) $\mathbf{0}\times\boldsymbol{a}=\boldsymbol{a}\times\mathbf{0}=\mathbf{0}$;

(2) $\boldsymbol{a}\times\boldsymbol{a}=\mathbf{0}$;

(3) $\boldsymbol{a}\,/\!/\,\boldsymbol{b}\Leftrightarrow\boldsymbol{a}\times\boldsymbol{b}=\mathbf{0}$.

对于结论(3)，事实上，当 $\boldsymbol{a},\boldsymbol{b}$ 中至少有一个为零向量时，该结论显然成立；当 $\boldsymbol{a},\boldsymbol{b}$ 均为非零向量时，

$$\boldsymbol{a}\times\boldsymbol{b}=\mathbf{0}\Leftrightarrow|\boldsymbol{a}\times\boldsymbol{b}|=0\Leftrightarrow|\boldsymbol{a}||\boldsymbol{b}|\sin(\widehat{\boldsymbol{a},\boldsymbol{b}})=0$$

$$\Leftrightarrow\sin(\widehat{\boldsymbol{a},\boldsymbol{b}})=0\Leftrightarrow(\widehat{\boldsymbol{a},\boldsymbol{b}})=0\text{ 或 }\pi\Leftrightarrow\boldsymbol{a}\,/\!/\,\boldsymbol{b}.$$

容易验证，向量积符合下列运算规律：

(1) **反交换律**　$\boldsymbol{a}\times\boldsymbol{b}=-\boldsymbol{b}\times\boldsymbol{a}$;

(2) **分配律**　$(\boldsymbol{a}+\boldsymbol{b})\times\boldsymbol{c}=\boldsymbol{a}\times\boldsymbol{c}+\boldsymbol{b}\times\boldsymbol{c}$;

(3) **结合律**　$(\lambda\boldsymbol{a})\times\boldsymbol{b}=\boldsymbol{a}\times(\lambda\boldsymbol{b})=\lambda(\boldsymbol{a}\times\boldsymbol{b})$　(λ 为实数).

下面导出两向量的向量积的坐标表示式.

设向量 $\boldsymbol{a}=a_x\boldsymbol{i}+a_y\boldsymbol{j}+a_z\boldsymbol{k}$，$\boldsymbol{b}=b_x\boldsymbol{i}+b_y\boldsymbol{j}+b_z\boldsymbol{k}$，则

$$\begin{aligned}\boldsymbol{a}\times\boldsymbol{b}&=(a_x\boldsymbol{i}+a_y\boldsymbol{j}+a_z\boldsymbol{k})\times(b_x\boldsymbol{i}+b_y\boldsymbol{j}+b_z\boldsymbol{k})\\&=a_xb_x(\boldsymbol{i}\times\boldsymbol{i})+a_xb_y(\boldsymbol{i}\times\boldsymbol{j})+a_xb_z(\boldsymbol{i}\times\boldsymbol{k})+a_yb_x(\boldsymbol{j}\times\boldsymbol{i})+a_yb_y(\boldsymbol{j}\times\boldsymbol{j})\\&\quad+a_yb_z(\boldsymbol{j}\times\boldsymbol{k})+a_zb_x(\boldsymbol{k}\times\boldsymbol{i})+a_zb_y(\boldsymbol{k}\times\boldsymbol{j})+a_zb_z(\boldsymbol{k}\times\boldsymbol{k}).\end{aligned}$$

由于 $\boldsymbol{i},\boldsymbol{j},\boldsymbol{k}$ 为两两互相垂直的单位向量，且它们的方向符合右手法则，于是有

$$\boldsymbol{i}\times\boldsymbol{i}=\boldsymbol{j}\times\boldsymbol{j}=\boldsymbol{k}\times\boldsymbol{k}=\mathbf{0},$$
$$\boldsymbol{i}\times\boldsymbol{j}=\boldsymbol{k},\quad\boldsymbol{j}\times\boldsymbol{k}=\boldsymbol{i},\quad\boldsymbol{k}\times\boldsymbol{i}=\boldsymbol{j},$$
$$\boldsymbol{j}\times\boldsymbol{i}=-\boldsymbol{k},\quad\boldsymbol{k}\times\boldsymbol{j}=-\boldsymbol{i},\quad\boldsymbol{i}\times\boldsymbol{k}=-\boldsymbol{j},$$

因此

$$\boldsymbol{a}\times\boldsymbol{b}=(a_yb_z-a_zb_y)\boldsymbol{i}+(a_zb_x-a_xb_z)\boldsymbol{j}+(a_xb_y-a_yb_x)\boldsymbol{k}.$$

这就是两向量的向量积的坐标表示式. 为了便于记忆，借用二阶、三阶行列式的记号，上式可写成

$$\boldsymbol{a}\times\boldsymbol{b}=\begin{vmatrix}\boldsymbol{i}&\boldsymbol{j}&\boldsymbol{k}\\a_x&a_y&a_z\\b_x&b_y&b_z\end{vmatrix}=\begin{vmatrix}a_y&a_z\\b_y&b_z\end{vmatrix}\boldsymbol{i}+\begin{vmatrix}a_z&a_x\\b_z&b_x\end{vmatrix}\boldsymbol{j}+\begin{vmatrix}a_x&a_y\\b_x&b_y\end{vmatrix}\boldsymbol{k}.$$

例 5

设向量 $\boldsymbol{a}=(2,1,-1)$，$\boldsymbol{b}=(1,-1,2)$，计算 $\boldsymbol{a}\times\boldsymbol{b}$.

解　$$\boldsymbol{a}\times\boldsymbol{b}=\begin{vmatrix}\boldsymbol{i}&\boldsymbol{j}&\boldsymbol{k}\\2&1&-1\\1&-1&2\end{vmatrix}=\boldsymbol{i}-5\boldsymbol{j}-3\boldsymbol{k}.$$

例 6

已知 $\triangle ABC$ 的顶点分别是 $A(1,-1,2)$，$B(3,3,1)$，$C(3,1,3)$，求 $\triangle ABC$ 的面积 S 及顶点 B 到 AC 边上的高 h.

解　由于 $\overrightarrow{AB}=(2,4,-1)$，$\overrightarrow{AC}=(2,2,1)$，则

$$\overrightarrow{AB}\times\overrightarrow{AC}=\begin{vmatrix}\boldsymbol{i}&\boldsymbol{j}&\boldsymbol{k}\\2&4&-1\\2&2&1\end{vmatrix}=6\boldsymbol{i}-4\boldsymbol{j}-4\boldsymbol{k}.$$

于是，$\triangle ABC$ 的面积为

$$S=\frac{1}{2}|\overrightarrow{AB}||\overrightarrow{AC}|\sin\angle BAC=\frac{1}{2}|\overrightarrow{AB}\times\overrightarrow{AC}|$$

$$=\frac{1}{2}\sqrt{6^2+(-4)^2+(-4)^2}=\sqrt{17}.$$

又因为 $S=\frac{1}{2}|\overrightarrow{AC}|h$，所以

$$h=\frac{2S}{|\overrightarrow{AC}|}=\frac{2\sqrt{17}}{\sqrt{2^2+2^2+1^2}}=\frac{2\sqrt{17}}{3}.$$

习题 7.2

1. 已知向量 $\boldsymbol{a}=\boldsymbol{i}-2\boldsymbol{j}+3\boldsymbol{k}$ 的起点为 $(1,3,-2)$，求向量 $\boldsymbol{a}$ 的终点坐标.
2. 已知向量 $\boldsymbol{a}=(3,5,-1)$，$\boldsymbol{b}=(2,2,2)$，$\boldsymbol{c}=(4,-1,-3)$，求 $2\boldsymbol{a}-3\boldsymbol{b}+4\boldsymbol{c}$.
3. 已知 $|\boldsymbol{a}|=2$，$|\boldsymbol{b}|=1$，$(\widehat{\boldsymbol{a},\boldsymbol{b}})=\frac{\pi}{3}$，求：

(1) $\boldsymbol{a}\cdot\boldsymbol{a}$； (2) $\boldsymbol{a}\cdot\boldsymbol{b}$； (3) $(2\boldsymbol{a}+3\boldsymbol{b})\cdot(3\boldsymbol{a}-\boldsymbol{b})$.

4. 已知向量 $\boldsymbol{a}=(2,-3,1)$，$\boldsymbol{b}=(1,-1,3)$，$\boldsymbol{c}=(1,-2,0)$，求：

(1) $(\boldsymbol{a}\times\boldsymbol{b})\cdot\boldsymbol{c}$； (2) $(\boldsymbol{a}\times\boldsymbol{b})\times\boldsymbol{c}$；

(3) $\boldsymbol{a}\times(\boldsymbol{b}\times\boldsymbol{c})$； (4) $(\boldsymbol{a}\cdot\boldsymbol{b})\boldsymbol{c}-(\boldsymbol{a}\cdot\boldsymbol{c})\boldsymbol{b}$.

5. 已知 $\boldsymbol{a},\boldsymbol{b},\boldsymbol{c}$ 为单位向量，且满足 $\boldsymbol{a}+\boldsymbol{b}+\boldsymbol{c}=\boldsymbol{0}$，计算 $\boldsymbol{a}\cdot\boldsymbol{b}+\boldsymbol{b}\cdot\boldsymbol{c}+\boldsymbol{c}\cdot\boldsymbol{a}$.
6. 已知点 $A(1,-1,2)$，$B(5,-6,2)$，$C(1,3,-1)$，求：

(1) 同时与向量 $\overrightarrow{AB}$ 及 $\overrightarrow{AC}$ 垂直的单位向量；

(2) $\triangle ABC$ 的面积；

(3) 顶点 A 到 BC 边上的高的长度.

7. 求同时垂直于向量 $\boldsymbol{a}=3\boldsymbol{i}+6\boldsymbol{j}+8\boldsymbol{k}$ 和 x 轴的单位向量.
8. 设向量 $\boldsymbol{a}=(3,5,-2)$，$\boldsymbol{b}=(2,1,9)$. 试求常数 λ 的值，使得：

(1) $\lambda\boldsymbol{a}+\boldsymbol{b}$ 与 z 轴垂直；

(2) $\lambda\boldsymbol{a}+\boldsymbol{b}$ 与 $\boldsymbol{a}$ 垂直，并证明 $|\lambda\boldsymbol{a}+\boldsymbol{b}|$ 此时取最小值.

第三节 平面及其方程

一、平面的点法式方程

若一非零向量垂直于一平面，则称此向量为该平面的**法向量**，平面的法向量一般用 $\boldsymbol{n}$ 表示. 容易知道，平面的法向量垂直于该平面内的任一向量.

因为过空间内一点可以作且只能作一个平面垂直于一已知直线，所以若已知平面 Π 上一点 M_0 以及 Π 的法向量 $\boldsymbol{n}$，则平面 Π 的位置就完全确定了. 下面我们按上述思路来建立平面方程.

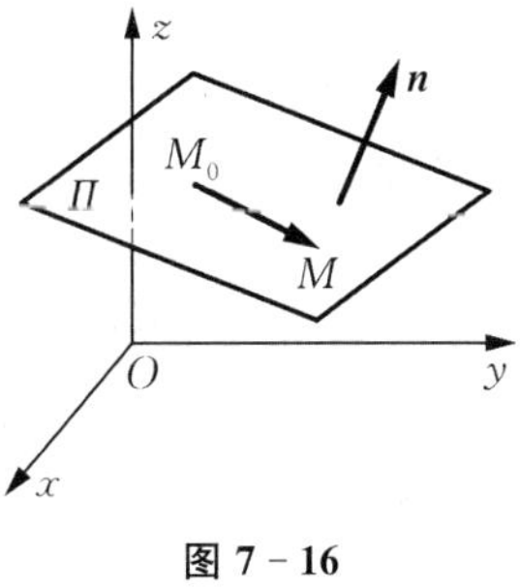

图 7－16

如图 7－16 所示，设 $M_0(x_0,y_0,z_0)$ 为平面 Π 上一点，$\boldsymbol{n}=(A,B,C)$（A,B,C 不同时为零）为平面 Π 的一个法向量，在平面 Π 上任取一点 $M(x,y,z)(M\neq M_0)$，则 $\overrightarrow{M_0M}\perp\boldsymbol{n}$，即 $\overrightarrow{M_0M}\cdot\boldsymbol{n}=0$. 于是，由两向量的数量积的坐标表示式有

$$A(x-x_0)+B(y-y_0)+C(z-z_0)=0. \tag{7-1}$$

这就是平面 Π 上任一点 M 的坐标 (x,y,z) 所满足的方程.

若点 $M(x,y,z)$ 不在平面 Π 上，则向量 $\overrightarrow{M_0M}$ 与向量 $\boldsymbol{n}$ 不垂直，因此点 M 的坐标 (x,y,z) 不满足方程(7-1). 故方程(7-1)就是平面 Π 的方程. 由于方程(7-1)是由平面 Π 上的一点 $M_0(x_0,y_0,z_0)$ 及它的法向量 $\boldsymbol{n}=(A,B,C)$ 所确定的，因此把方程(7-1)叫作**平面的点法式方程**.

例 1

求过点 $(-2,3,0)$ 且以向量 $\boldsymbol{n}=(1,-2,-3)$ 为法向量的平面方程.

解 由平面的点法式方程(7-1)，可求得题设平面的方程是

$$(x+2)+(-2)(y-3)+(-3)(z-0)=0,$$

即

$$x-2y-3z+8=0.$$

例 2

设平面 Π 过点 $A(1,0,-1)$，$B(1,-1,0)$ 且与向量 $\boldsymbol{a}=(2,1,2)$ 平行，求平面 Π 的方程.

解 由平面的点法式方程(7-1)可知，只要求出平面 Π 的法向量 $\boldsymbol{n}$ 即可. 由于 $\boldsymbol{n}$ 既垂直于 $\overrightarrow{AB}=(0,-1,1)$，又垂直于 $\boldsymbol{a}=(2,1,2)$，因此可取 $\boldsymbol{n}=\overrightarrow{AB}\times\boldsymbol{a}$，即

$$\boldsymbol{n}=\overrightarrow{AB}\times\boldsymbol{a}=\begin{vmatrix}\boldsymbol{i} & \boldsymbol{j} & \boldsymbol{k}\\ 0 & -1 & 1\\ 2 & 1 & 2\end{vmatrix}=-3\boldsymbol{i}+2\boldsymbol{j}+2\boldsymbol{k}.$$

于是，平面 Π 的方程为

$$(-3)(x-1)+2(y-0)+2(z+1)=0,$$

即

$$-3x+2y+2z+5=0.$$

二、平面的一般方程

在点法式方程(7-1)中，若把 $-(Ax_0+By_0+Cz_0)$ 记为 D，则方程(7-1)就成为三元一次方程

$$Ax+By+Cz+D=0. \tag{7-2}$$

反之，对于给定的三元一次方程(7-2)（A,B,C 不同时为零），设 x_0,y_0,z_0 是满足方程(7-2)的一组数，即

$$Ax_0+By_0+Cz_0+D=0, \tag{7-3}$$

则将方程(7-2)减去方程(7-3)，得

$$A(x-x_0)+B(y-y_0)+C(z-z_0)=0.$$

由此可见，方程(7-2)表示一个过点 $M_0(x_0,y_0,z_0)$ 且以 $\boldsymbol{n}=(A,B,C)$ 为法向量的平面. 因此，三元一次方程(7-2)也可以作为平面方程，通常称为**平面的一般方程**.

下面讨论几种特殊的三元一次方程所表示的平面的特点.

(1) 当 $D=0$ 时，方程(7-2)为 $Ax+By+Cz=0$，表示一个过坐标原点的平面.

(2) 当 $A=0$ 时，方程(7-2)为 $By+Cz+D=0$（缺 x 项），法向量 $\boldsymbol{n}=(0,B,C)$ 垂直于 x 轴，方程表示一个平行于 x 轴的平面. 此时，若还有 $D=0$，则方程表示一个过 x 轴的平面.

同理，$Ax+Cz+D=0$（缺 y 项）表示一个平行于 y 轴（若 $D=0$，则过 y 轴）的平面；

$Ax + By + D = 0$(缺 z 项)表示一个平行于 z 轴(若 $D = 0$,则过 z 轴)的平面.

(3) 当 $A = B = 0$ 时,方程(7-2)为 $Cz + D = 0$(缺 x 项及 y 项)或 $z = -\frac{D}{C}$,法向量 $\boldsymbol{n} = (0,0,C)$ 垂直于 xOy 坐标面,方程表示一个平行于 xOy 坐标面的平面. 此时,若还有 $D = 0$,则方程表示 xOy 坐标面.

同理,$Ax + D = 0$(缺 y 项及 z 项)和 $By + D = 0$(缺 x 项及 z 项)分别表示一个平行于 yOz 坐标面和 zOx 坐标面的平面. 若还有 $D = 0$,则它们分别表示 yOz 坐标面和 zOx 坐标面.

例 3

求过 y 轴和点 $M(1,2,3)$ 的平面方程.

解 由于平面过 y 轴,因此可设平面方程为

$$Ax + Cz = 0.$$

又因为平面过点 $M(1,2,3)$,所以有

$$A + 3C = 0, \quad 即 \quad A = -3C.$$

将上式代入原方程并除以 $C(C \neq 0)$,便得所求的平面方程为

$$3x - z = 0.$$

例 4

设平面 Π 与 x 轴,y 轴,z 轴的交点依次为 $P(a,0,0)$,$Q(0,b,0)$,$R(0,0,c)$(见图 7-17),其中 $a \neq 0, b \neq 0, c \neq 0$,求平面 Π 的方程.

解 设所求的平面方程为

$$Ax + By + Cz + D = 0.$$

将点 P,Q,R 的坐标分别代入上式,得

$$\begin{cases} aA + D = 0, \\ bB + D = 0, \\ cC + D = 0, \end{cases}$$

解得

$$A = -\frac{D}{a}, \quad B = -\frac{D}{b}, \quad C = -\frac{D}{c}.$$

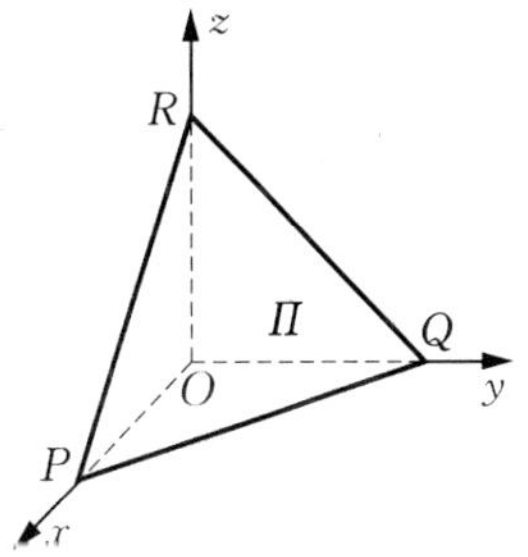

图 7-17

以此代入所设的平面方程并除以 $D(D \neq 0)$,便得所求的平面方程为

$$\frac{x}{a} + \frac{y}{b} + \frac{z}{c} = 1. \tag{7-4}$$

方程(7-4)称为**平面的截距式方程**,a,b,c 分别称为平面在 x 轴,y 轴,z 轴上的**截距**.

三、两平面的夹角

两平面的法向量的夹角(通常指锐角或直角)称为**两平面的夹角**. 设平面

$$\Pi_1: A_1x + B_1y + C_1z + D_1 = 0,$$

$$\Pi_2: A_2x + B_2y + C_2z + D_2 = 0,$$

则 $\boldsymbol{n}_1 = (A_1,B_1,C_1)$,$\boldsymbol{n}_2 = (A_2,B_2,C_2)$ 分别为平面 Π_1 与 Π_2 的法向量. 由两向量夹角的余弦公式,可得平面 Π_1 与 Π_2 的夹角 $\theta\left(0 \leqslant \theta \leqslant \frac{\pi}{2}\right)$ 的余弦为

$$\cos\theta = \frac{|\boldsymbol{n}_1 \cdot \boldsymbol{n}_2|}{|\boldsymbol{n}_1||\boldsymbol{n}_2|} = \frac{|A_1A_2 + B_1B_2 + C_1C_2|}{\sqrt{A_1^2 + B_1^2 + C_1^2}\sqrt{A_2^2 + B_2^2 + C_2^2}}.$$

由上式易得下面的结论：

(1) 平面 Π_1 与 Π_2 垂直 $\Leftrightarrow A_1A_2+B_1B_2+C_1C_2=0$；

(2) 平面 Π_1 与 Π_2 平行 $\Leftrightarrow \dfrac{A_1}{A_2}=\dfrac{B_1}{B_2}=\dfrac{C_1}{C_2}$.（这里规定：若 $A_2=0$，则等式应理解为$A_1=0$，$\dfrac{B_1}{B_2}=\dfrac{C_1}{C_2}$；若 $A_2=B_2=0$，则等式应理解为 $A_1=B_1=0$.）

例 5

求平面 $2x-y+z=7$ 与平面 $x+y+2z=11$ 的夹角.

解 因为所求夹角的余弦为

$$\cos\theta=\frac{|2\times1+(-1)\times1+1\times2|}{\sqrt{2^2+(-1)^2+1^2}\sqrt{1^2+1^2+2^2}}=\frac{1}{2},$$

所以所求夹角 $\theta=\dfrac{\pi}{3}$.

四、点到平面的距离

已知平面 Π：$Ax+By+Cz+D=0$ 外一点 $P_0(x_0,y_0,z_0)$，由点 P_0 向平面 Π 作垂线交平面 Π 于点 P，则 $d=|\overrightarrow{P_0P}|$ 就是点 P_0 到平面 Π 的距离.

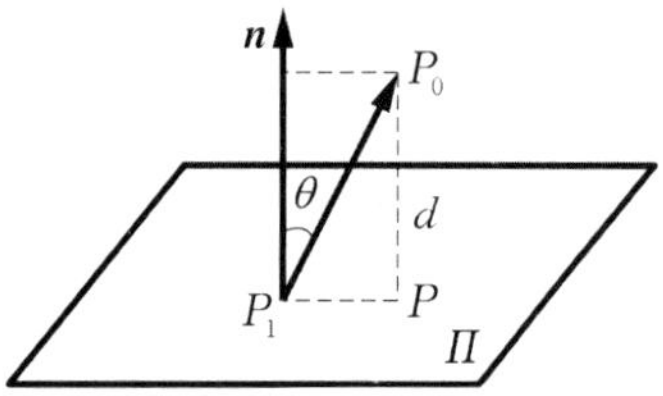

图 7-18

如图 7-18 所示，在平面 Π 上任取一点 $P_1(x_1,y_1,z_1)$，过点 P_1 作平面 Π 的法向量 $\boldsymbol{n}$，则有

$$d=|\overrightarrow{P_1P_0}||\cos\theta|=\frac{|\overrightarrow{P_1P_0}||\boldsymbol{n}||\cos\theta|}{|\boldsymbol{n}|}=\frac{|\overrightarrow{P_1P_0}\cdot\boldsymbol{n}|}{|\boldsymbol{n}|}.$$

由于 $\overrightarrow{P_1P_0}=(x_0-x_1,y_0-y_1,z_0-z_1)$，于是

$$\begin{aligned}\overrightarrow{P_1P_0}\cdot\boldsymbol{n}&=A(x_0-x_1)+B(y_0-y_1)+C(z_0-z_1)\\&=Ax_0+By_0+Cz_0-(Ax_1+By_1+Cz_1).\end{aligned}$$

又因为点 P_1 在平面 Π 上，所以有

$$Ax_1+By_1+Cz_1+D=0,\quad 即\quad Ax_1+By_1+Cz_1=-D.$$

故

$$\overrightarrow{P_1P_0}\cdot\boldsymbol{n}=Ax_0+By_0+Cz_0+D.$$

于是，点 $P_0(x_0,y_0,z_0)$ 到平面 $Ax+By+Cz+D=0$ 的距离为

$$d=\frac{|Ax_0+By_0+Cz_0+D|}{\sqrt{A^2+B^2+C^2}}.$$

习题 7.3

1. 指出下列平面的位置，并画出各平面：

(1) $2y+1=0$；　　(2) $2x-3y+6=0$；

(3) $y+z=1$；　　(4) $x-2z=0$；

(5) $x+y+z=1$.

2. 求下列满足所给条件的平面方程：

(1) 过点 $(3,1,-2)$ 且与平面 $2x+y-7z+10=0$ 平行；

(2) 过点 $(1,-1,0)$，$(2,3,-1)$ 和 $(-1,0,2)$；

(3) 过点 $(2,0,1)$ 和点 $(5,1,3)$ 且平行于 z 轴；

(4) 过点(2, −3,4) 且平行于 yOz 坐标面;

(5) 过 z 轴且与平面 $\sqrt{5}x+2y+z-18=0$ 的夹角为 $\frac{\pi}{3}$.

3. 判断下列平面的位置关系:

(1) $x-2y+7z+1=0$, $5x-y-z+5=0$;

(2) $x+y+z+5=0$, $3x+3y+3z-4=0$;

(3) $2x-3y+z+2=0$, $x+y-2z-3=0$.

4. 求点(1,2,1) 到平面 $x+2y+2z-10=0$ 的距离.

第四节 空间直线及其方程

一、空间直线的一般方程

空间直线可以看作两平面的交线. 设有两相交的平面 $\Pi_1: A_1x+B_1y+C_1z+D_1=0$, $\Pi_2: A_2x+B_2y+C_2z+D_2=0$,则平面 Π_1 与 Π_2 的交线是一直线 L,且直线 L 上的任一点应同时满足这两个平面方程,即满足方程组

$$\begin{cases} A_1x+B_1y+C_1z+D_1=0, \\ A_2x+B_2y+C_2z+D_2=0. \end{cases} \tag{7-5}$$

反过来,若点 $M(x,y,z)$ 的坐标满足方程组(7-5),则点 M 既在平面 Π_1 上又在平面 Π_2 上,从而在它们的交线 L 上. 因此,直线 L 可用方程组(7-5) 表示. 方程组(7-5) 称为**空间直线的一般方程**.

由于过直线 L 的平面有无穷多个,从这无穷多个平面中任取两个不平行的平面,将它们的方程联立,就得到了直线 L 的一般方程. 因此,空间直线的方程不唯一.

二、空间直线的对称式方程与参数方程

平行于直线的非零向量称为该直线的**方向向量**,一般记为 $\boldsymbol{s}$.

我们知道,过空间内一点可以作且只能作一条直线与一已知直线平行. 因此,当直线 L 上一点 $M_0(x_0,y_0,z_0)$ 和它的一个方向向量 $\boldsymbol{s}=(m,n,p)$ 已知时,直线 L 就完全确定了. 下面我们按上述思路来建立直线 L 的方程.

如图 7-19 所示,设 $M_0(x_0,y_0,z_0)$ 为直线 L 上一点,$\boldsymbol{s}=(m,n,p)$ 为直线 L 的一个方向向量,在直线 L 上任取一点 $M(x,y,z)(M\neq M_0)$,则向量 $\overrightarrow{M_0M}$ 与 $\boldsymbol{s}$ 平行,从而两向量的对应坐标成比例,即

$$\frac{x-x_0}{m}=\frac{y-y_0}{n}=\frac{z-z_0}{p}. \tag{7-6}$$

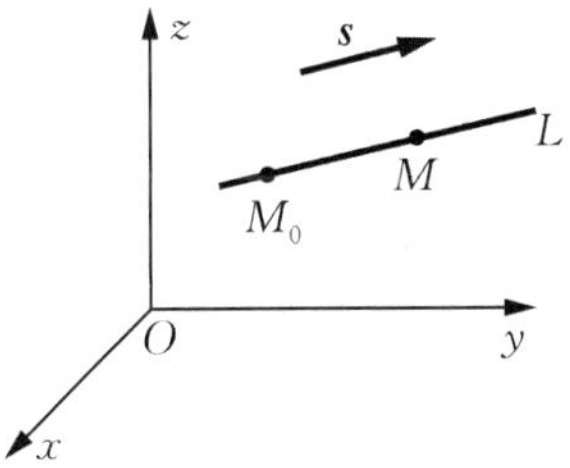

图 7-19

反过来,若点 $M(x,y,z)$ 的坐标满足方程组(7-6),则向量 $\overrightarrow{M_0M}$ 平行于 $\boldsymbol{s}$,由于点 M_0 在直线 L 上,故点 M 也必在直线 L 上. 因此,方程组(7-6) 就是直线 L 的方程,叫作**空间直线的对称式方程**(或**点向式方程**、**标准方程**),其中数 m,n,p 称为直线 L 的一组**方向数**.

由直线的对称式方程很容易得出直线的参数方程. 例如,设

$$\frac{x-x_0}{m}=\frac{y-y_0}{n}=\frac{z-z_0}{p}=t,$$

则有

$$\begin{cases} x = x_0 + mt, \\ y = y_0 + nt, \\ z = z_0 + pt. \end{cases} \tag{7-7}$$

方程组(7-7)称为**空间直线的参数方程**.

另外，和前面的规定一致.在对称式方程(7-6)中，若 m,n,p 中有一个为0，不妨设为 $m=0$，则方程组仍写为

$$\frac{x-x_0}{0} = \frac{y-y_0}{n} = \frac{z-z_0}{p}$$

的形式，但这时应理解为

$$\begin{cases} \dfrac{y-y_0}{n} = \dfrac{z-z_0}{p}, \\ x = x_0; \end{cases}$$

若 m,n,p 中有两个为0，不妨设为 $m=n=0$，则方程组也仍写为

$$\frac{x-x_0}{0} = \frac{y-y_0}{0} = \frac{z-z_0}{p}$$

的形式，但这时应理解为

$$\begin{cases} x = x_0, \\ y = y_0. \end{cases}$$

例 1

求过点 $(1,-2,3)$ 且与平面 $2x+y-5z=1$ 垂直的直线方程.

解 因所求直线与平面 $2x+y-5z=1$ 垂直，故可取平面的法向量为所求直线的方向向量 $\boldsymbol{s}$，即

$$\boldsymbol{s} = (2,1,-5).$$

故所求直线方程为

$$\frac{x-1}{2} = \frac{y+2}{1} = \frac{z-3}{-5}.$$

例 2

用对称式方程及参数方程表示直线

$$L:\begin{cases} x+y+z+1=0, \\ 2x-y+3z+5=0. \end{cases} \tag{7-8}$$

解 只需找出 L 的方向向量 $\boldsymbol{s}$ 和 L 上的任一点 M_0，即可得到 L 的对称式方程和参数方程.

先找点 $M_0(x_0,y_0,z_0)$. 取 $z_0=0$ 代入方程组(7-8)，得

$$\begin{cases} x+y=-1, \\ 2x-y=-5, \end{cases}$$

解得 $x_0=-2, y_0=1$. 故点 M_0 的坐标为 $(-2,1,0)$.

再找出直线 L 的方向向量 $\boldsymbol{s}$. 由于两平面的交线与这两平面的法向量 $\boldsymbol{n}_1=(1,1,1)$，$\boldsymbol{n}_2=(2,-1,3)$ 都垂直，因此可取

$$\boldsymbol{s} = \boldsymbol{n}_1 \times \boldsymbol{n}_2 = \begin{vmatrix} \boldsymbol{i} & \boldsymbol{j} & \boldsymbol{k} \\ 1 & 1 & 1 \\ 2 & -1 & 3 \end{vmatrix} = 4\boldsymbol{i} - \boldsymbol{j} - 3\boldsymbol{k}.$$

所以，直线 L 的对称式方程为

$$\frac{x+2}{4}=\frac{y-1}{-1}=\frac{z}{-3}.$$

又令

$$\frac{x+2}{4}=\frac{y-1}{-1}=\frac{z}{-3}=t,$$

则直线 L 的参数方程为

$$\begin{cases}x=-2+4t,\\ y=1-t,\\ z=-3t.\end{cases}$$

三、两直线的夹角

两直线的方向向量的夹角(通常指锐角或直角)称为**两直线的夹角**.

设空间两直线 L_1 和 L_2 的方程分别为

$$\frac{x-x_1}{m_1}=\frac{y-y_1}{n_1}=\frac{z-z_1}{p_1},\quad \frac{x-x_2}{m_2}=\frac{y-y_2}{n_2}=\frac{z-z_2}{p_2},$$

则 $\boldsymbol{s}_1=(m_1,n_1,p_1)$，$\boldsymbol{s}_2=(m_2,n_2,p_2)$ 分别是直线 L_1 和 L_2 的方向向量. 由两向量夹角的余弦公式，可得直线 L_1 与 L_2 的夹角 θ 满足下面的关系式：

$$\cos\theta=\frac{|\boldsymbol{s}_1\cdot\boldsymbol{s}_2|}{|\boldsymbol{s}_1||\boldsymbol{s}_2|}=\frac{|m_1m_2+n_1n_2+p_1p_2|}{\sqrt{m_1^2+n_1^2+p_1^2}\sqrt{m_2^2+n_2^2+p_2^2}}.$$

由上式易得下面的结论：

(1) 直线 L_1 与 L_2 垂直 $\Leftrightarrow m_1m_2+n_1n_2+p_1p_2=0$；

(2) 直线 L_1 与 L_2 平行 $\Leftrightarrow \frac{m_1}{m_2}=\frac{n_1}{n_2}=\frac{p_1}{p_2}$. (这里规定：若 $m_2=0$，则等式应理解为$m_1=0$，$\frac{n_1}{n_2}=\frac{p_1}{p_2}$；若 $m_2=n_2=0$，则等式应理解为 $m_1=n_1=0$.)

例 3

求直线 $L_1:\frac{x-1}{1}=\frac{y}{-4}=\frac{z+3}{1}$ 与 $L_2:\frac{x}{2}=\frac{y+2}{-2}=\frac{z}{-1}$ 的夹角.

解 由题意知，$\boldsymbol{s}_1=(1,-4,1)$，$\boldsymbol{s}_2=(2,-2,-1)$ 分别为直线 L_1 和 L_2 的方向向量. 于是，直线 L_1 与 L_2 的夹角 θ 满足

$$\cos\theta=\frac{|1\times2+(-4)\times(-2)+1\times(-1)|}{\sqrt{1^2+(-4)^2+1^2}\sqrt{2^2+(-2)^2+(-1)^2}}=\frac{\sqrt{2}}{2},$$

所以所求夹角 $\theta=\frac{\pi}{4}$.

四、直线与平面的夹角

我们称直线 L 与它在平面 Π 上的投影直线 L' 之间的夹角 φ $\left(0\leqslant\varphi\leqslant\frac{\pi}{2}\right)$ 为**直线 L 与平面 Π 的夹角**(见图 7-20).

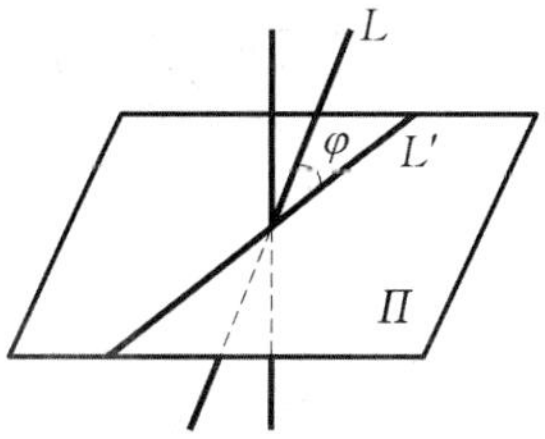

图 7-20

设有直线

$$L:\frac{x-x_0}{m}=\frac{y-y_0}{n}=\frac{z-z_0}{p}$$

及平面

$$\Pi:Ax+By+Cz+D=0.$$

若直线 L 与平面 Π 的夹角为 φ，则 L 的方向向量 $\boldsymbol{s}=(m,n,p)$ 与 Π 的法向量 $\boldsymbol{n}=(A,B,C)$ 的夹角为 $\frac{\pi}{2}-\varphi$ 或 $\frac{\pi}{2}+\varphi$. 而

$$\sin\varphi=\cos\left(\frac{\pi}{2}-\varphi\right)=\left|\cos\left(\frac{\pi}{2}+\varphi\right)\right|,$$

因此

$$\sin\varphi=\frac{|\boldsymbol{n}\cdot\boldsymbol{s}|}{|\boldsymbol{n}||\boldsymbol{s}|}=\frac{|Am+Bn+Cp|}{\sqrt{A^2+B^2+C^2}\sqrt{m^2+n^2+p^2}}.$$

由上式易得下面的结论：

(1) 直线 L 与平面 Π 垂直 $\Leftrightarrow \frac{A}{m}=\frac{B}{n}=\frac{C}{p}$；$\Big($这里规定：若 $m=0$，则等式应理解为 $A=0$，$\frac{B}{n}=\frac{C}{p}$；若 $m=n=0$，则等式应理解为 $A=B=0$.$\Big)$

(2) 直线 L 与平面 Π 平行 $\Leftrightarrow Am+Bn+Cp=0$.

例 4

求直线 $\frac{x-2}{1}=\frac{y-3}{1}=\frac{z-4}{2}$ 与平面 $2x+y+z-6=0$ 的交点与夹角.

解 直线的参数方程为

$$\begin{cases}x=2+t,\\y=3+t,\\z=4+2t,\end{cases}$$

将其代入平面方程，得

$$2(2+t)+(3+t)+(4+2t)-6=0,$$

解得 $t=-1$. 将 $t=-1$ 代入直线的参数方程，即可得直线与平面的交点为 $(1,2,2)$.

由于直线的方向向量为 $\boldsymbol{s}=(1,1,2)$，平面的法向量为 $\boldsymbol{n}=(2,1,1)$，于是直线与平面的夹角 φ 满足

$$\sin\varphi=\frac{|1\times2+1\times1+2\times1|}{\sqrt{1^2+1^2+2^2}\sqrt{2^2+1^2+1^2}}=\frac{5}{6},$$

所以所求夹角 $\varphi=\arcsin\frac{5}{6}$.

习题 7.4

1. 求下列满足所给条件的直线方程：

(1) 过点 $M_1(2,3,1)$ 和点 $M_2(-1,2,0)$；

(2) 过点 $(2,2,-1)$ 且平行于 x 轴；

(3) 过点 $(0,3,-2)$ 且平行于直线 $\frac{x-1}{2}=\frac{y}{1}=\frac{z+1}{3}$；

(4) 过点 $(1,1,5)$ 且垂直于平面 $2y-z=0$.

2. 用对称式方程及参数方程表示直线

$$\begin{cases} x-y+z=1, \\ 2x+y+z=4. \end{cases}$$

3. 求过点 $A(0,2,4)$ 且与两平面 $x+2z=1$ 和 $y-3z=2$ 都平行的直线方程.

4. 试确定下列各组中两直线的位置关系：

(1) $\dfrac{x}{-1}=\dfrac{y}{1}=\dfrac{z+2}{-1}$ 与 $\begin{cases} 2x-y+2z-4=0, \\ x-y+2z-3=0; \end{cases}$

(2) $\dfrac{x+14}{3}=\dfrac{y}{1}=\dfrac{z+21}{5}$ 与 $\begin{cases} x=\dfrac{1}{3}-9t, \\ y=1-3t, \\ z=-\dfrac{1}{3}-15t; \end{cases}$

(3) $\begin{cases} 3x+z-4=0, \\ y+2z-9=0 \end{cases}$ 与 $\begin{cases} 6x-y+1=0, \\ y+2z-9=0. \end{cases}$

5. 试确定下列各组中直线与平面的位置关系：

(1) $\dfrac{x+3}{-2}=\dfrac{y+4}{-7}=\dfrac{z}{3}$ 与 $4x-2y-2z=3$；

(2) $\dfrac{x}{3}=\dfrac{y}{-2}=\dfrac{z}{7}$ 与 $3x-2y+7z=8$；

(3) $\dfrac{x-2}{3}=\dfrac{y+2}{1}=\dfrac{z-3}{-4}$ 与 $x+y+z=3$.

6. 求过点$(1,2,1)$且与两直线

$$\begin{cases} x+2y-z+1=0, \\ x-y+z-1=0 \end{cases} \quad 和 \quad \begin{cases} 2x-y+z=0, \\ x-y+z=0 \end{cases}$$

平行的平面方程.

7. 设 M_0 是直线 L 外一点，M 是直线 L 上任意一点，$\boldsymbol{s}$ 是直线 L 的一个方向向量. 试证：点 M_0 到直线 L 的距离为

$$d=\frac{|\overrightarrow{M_0M}\times\boldsymbol{s}|}{|\boldsymbol{s}|}.$$

8. 求点 $P(3,-1,2)$ 到直线 $\begin{cases} x+y-z+1=0, \\ 2x-y+z-4=0 \end{cases}$ 的距离.

第五节 常见空间曲面的方程

一、曲面方程的概念

与在平面解析几何中将平面曲线作为动点的轨迹一样，在空间解析几何中，任何曲面都可看作动点的轨迹. 在这样的意义下，如果曲面 S 与三元方程

$$F(x,y,z)=0 \tag{7-9}$$

有下述关系：

(1) 曲面 S 上任一点的坐标都满足方程(7-9)，

(2) 不在曲面 S 上的点的坐标都不满足方程(7-9)，

那么方程(7-9) 就叫作曲面 S 的方程，而曲面 S 称为方程(7-9) 的图形(见图7-21).

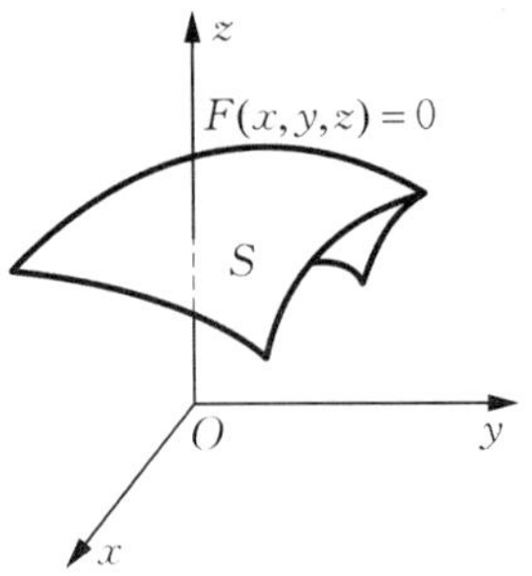

图 7－21

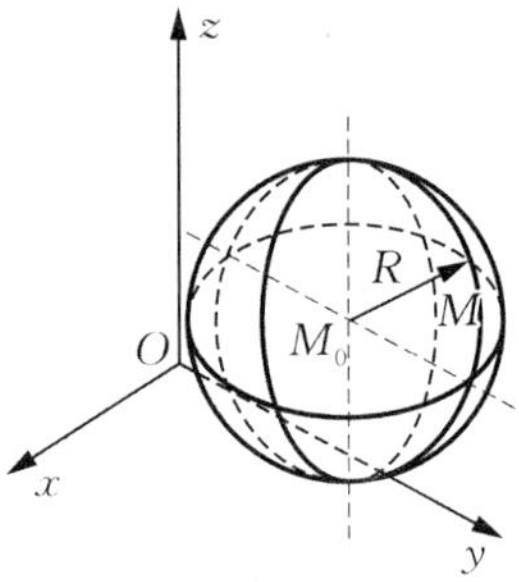

图 7－22

例 1

求球心在点 $M_0(x_0,y_0,z_0)$、半径为 R 的球面方程(见图 7－22).

解　设 $M(x,y,z)$ 为球面上任一点，那么有

$$|M_0M|=R,$$

即

$$\sqrt{(x-x_0)^2+(y-y_0)^2+(z-z_0)^2}=R$$

或

$$(x-x_0)^2+(y-y_0)^2+(z-z_0)^2=R^2. \tag{7-10}$$

这就是球面上的点的坐标所满足的方程，而不在球面上的点的坐标都不满足这个方程. 因此，方程(7－10)就是以 $M_0(x_0,y_0,z_0)$ 为球心、R 为半径的球面方程.

特别地，若球心为坐标原点，即 $x_0=y_0=z_0=0$，则球面方程为

$$x^2+y^2+z^2=R^2.$$

二、柱面

与一条定直线平行的直线 L，沿定曲线 C 移动所形成的曲面叫作**柱面**(见图 7－23)，其中定曲线 C 叫作柱面的**准线**，动直线 L 叫作柱面的**母线**.

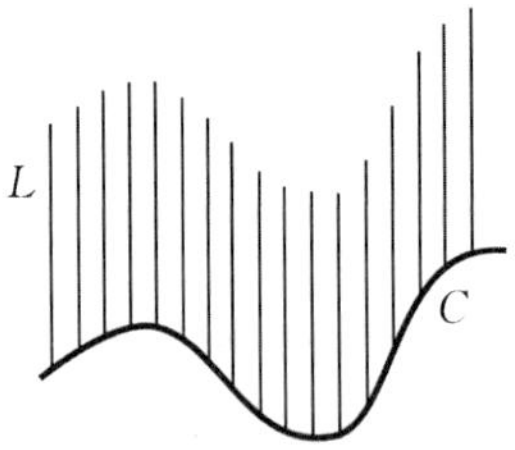

图 7－23

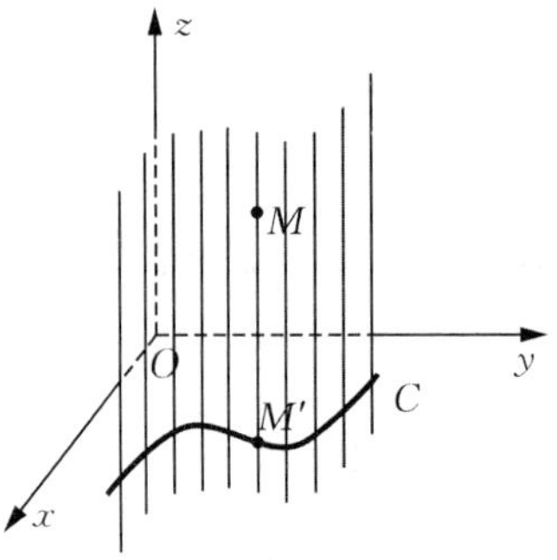

图 7－24

下面我们来建立以 xOy 坐标面上的曲线 C：$F(x,y)=0$ 为准线，以平行于 z 轴的直线 L 为母线的柱面方程.

如图 7－24 所示，设 $M(x,y,z)$ 为柱面上任一点，过点 M 作平行于 z 轴的直线交 xOy 坐标面于点 $M'(x,y,0)$，则由柱面的定义可知，点 M' 必在准线 C 上，所以点 M' 的坐标满足曲线 C 的方程 $F(x,y)=0$. 由于方程 $F(x,y)=0$ 不含 z，因此点 $M(x,y,z)$ 也满足方程 $F(x,y)=0$. 另外，过

不在柱面上的点作平行于 z 轴的直线,它与 xOy 坐标面的交点必不在曲线 C 上.也就是说,不在柱面上的点的坐标不满足方程 $F(x,y)=0$.所以,以 xOy 坐标面上的曲线 $C:F(x,y)=0$ 为准线,以平行于 z 轴的直线 L 为母线的柱面方程为

$$F(x,y)=0.$$

一般地,只含 x,y 而缺 z 的方程 $F(x,y)=0$,在空间直角坐标系 $Oxyz$ 中表示母线平行于 z 轴的柱面,其准线是 xOy 坐标面上的曲线 $C:F(x,y)=0$.

类似地,只含 z,x 而缺 y 的方程 $G(z,x)=0$ 与只含 y,z 而缺 x 的方程 $H(y,z)=0$ 分别表示母线平行于 y 轴和 x 轴的柱面.

例如,方程 $x^2+y^2=R^2$ 表示母线平行于 z 轴的一个柱面,其准线是 xOy 坐标面上的圆 $x^2+y^2=R^2$,该柱面称为**圆柱面**[见图 7-25(a)].又如,方程 $x^2=z$ 表示母线平行于 y 轴的一个**抛物柱面**,其准线是 zOx 坐标面上的抛物线 $x^2=z$[见图 7-25(b)].

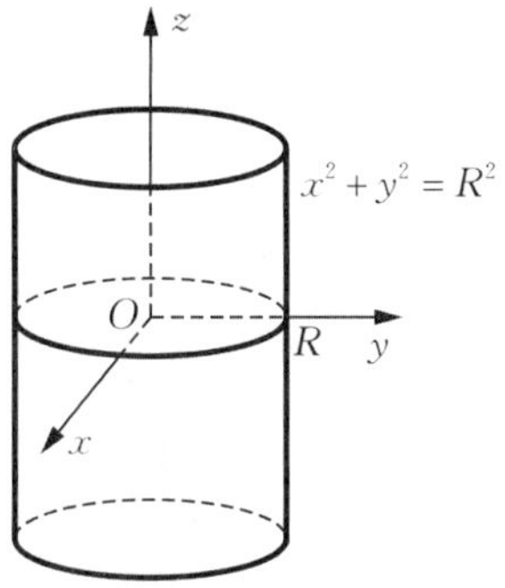

(a)

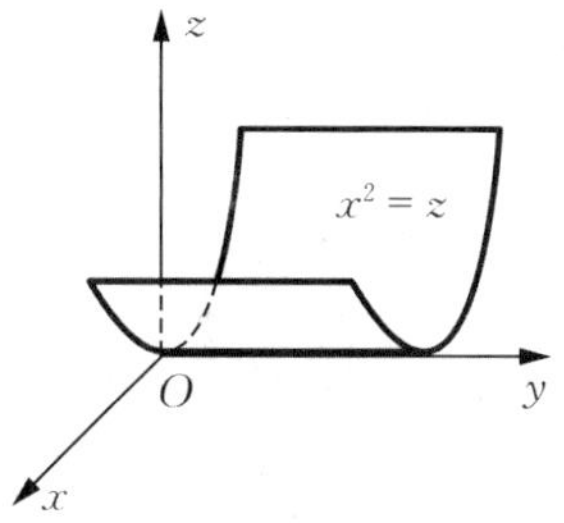

(b)

图 7-25

三、旋转曲面

平面曲线 C 绕其所在平面上的一条定直线 L 旋转一周所形成的曲面叫作**旋转曲面**,其中平面曲线 C 叫作旋转曲面的母线,定直线 L 叫作旋转曲面的**轴**.

下面我们来建立 yOz 坐标面上的曲线 $C:f(y,z)=0$ 绕 z 轴旋转一周所形成的旋转曲面方程.

如图 7-26 所示,设 $M(x,y,z)$ 为曲面上任一点,则该点是由 yOz 坐标面的曲线 C 上一点 $M_1(0,y_1,z_1)$ 绕 z 轴旋转得到的.于是,点 M 与点 M_1 的竖坐标相等,即 $z=z_1$,且这两点到 z 轴的距离相等,有

$$d=\sqrt{x^2+y^2}=|y_1|.$$

而点 M_1 在平面曲线 C 上,故有 $f(y_1,z_1)=0$.于是,将 $z_1=z,y_1=\pm\sqrt{x^2+y^2}$ 代入 $f(y_1,z_1)=0$,便得所求旋转曲面方程为

$$f(\pm\sqrt{x^2+y^2},z)=0.$$

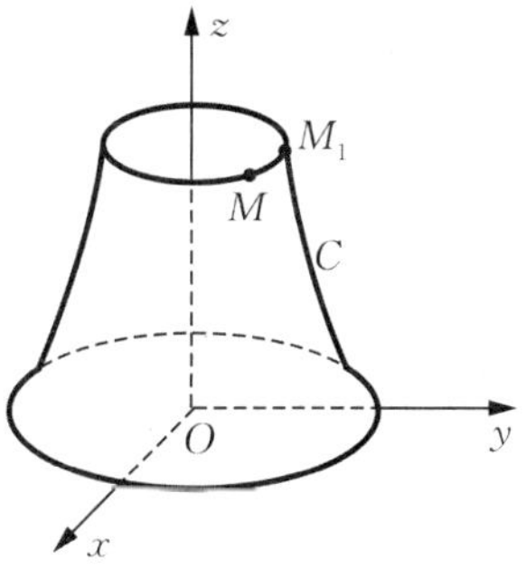

图 7-26

由此可知,求平面曲线 $f(y,z)=0$ 绕 z 轴旋转一周所形成的旋转曲面方程时,只需将方程 $f(y,z)=0$ 中的 y 用 $\pm\sqrt{x^2+y^2}$ 替代即可.

同理,求平面曲线 $f(y,z)=0$ 绕 y 轴旋转一周所形成的旋转曲面方程时,只需将方程

$f(y,z)=0$ 中的 z 用 $\pm\sqrt{z^2+x^2}$ 替代,得所求旋转曲面方程为

$$f(y,\pm\sqrt{z^2+x^2})=0.$$

例 2

求下列平面曲线绕指定坐标轴旋转一周所形成的旋转曲面方程:

(1) yOz 坐标面上的曲线 $z=y^2$ 绕 z 轴旋转;

(2) yOz 坐标面上的曲线 $z=ky(k>0)$ 绕 y 轴旋转.

解 (1) 因 $z=y^2$ 绕 z 轴旋转,故将方程中的 y 用 $\pm\sqrt{x^2+y^2}$ 替代,即得所求旋转曲面方程为

$$z=x^2+y^2.$$

该曲面称为**旋转抛物面**[见图 7-27(a)].

(2) 因 $z=ky$ 绕 y 轴旋转,故将方程中的 z 用 $\pm\sqrt{z^2+x^2}$ 替代,即得所求旋转曲面方程为

$$\pm\sqrt{x^2+z^2}=ky \quad 或 \quad x^2+z^2=k^2y^2.$$

该曲面称为**圆锥面**[见图 7-27(b)].

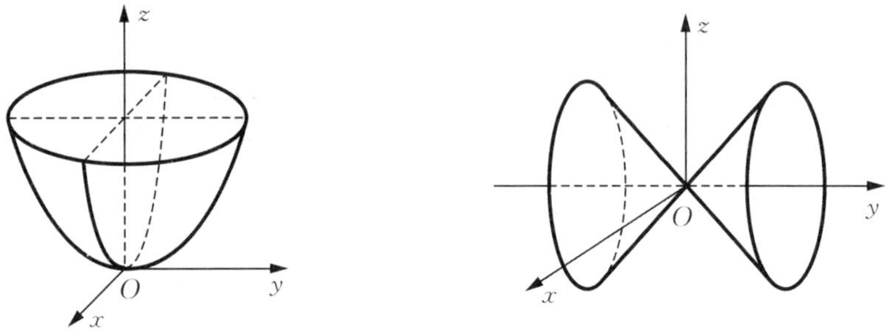

(a) (b)

图 7-27

四、二次曲面

与平面解析几何中规定的二次曲线类似,我们把三元二次方程 $F(x,y,z)=0$ 所表示的曲面称为**二次曲面**,而把平面称为**一次曲面**.

下面我们利用截痕法来介绍几种常见二次曲面的方程和形状.所谓**截痕法**就是利用一些与坐标面平行的平面去截曲面,考察其截线的形状,通过综合截线的变化来了解曲面形状的一种方法.

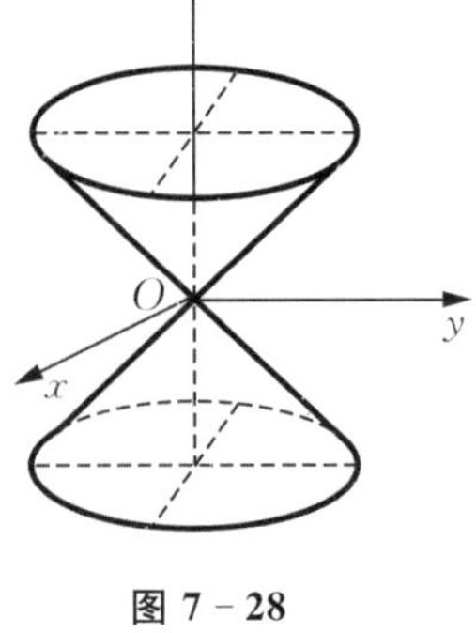

图 7-28

1. 椭圆锥面 $\frac{x^2}{a^2}+\frac{y^2}{b^2}=z^2(a>0,b>0)$

以平行于 xOy 坐标面的平面 $z=z_0$ 去截此曲面,当 $z_0=0$ 时,得一截点$(0,0,0)$;当 $z_0\neq0$ 时,得一截线,即平面 $z=z_0$ 上的椭圆

$$\frac{x^2}{(az_0)^2}+\frac{y^2}{(bz_0)^2}=1.$$

当 z_0 变化时,上式表示一族长短轴比例不变的椭圆,且当 $|z_0|$ 从大到小直至变为0时,这族椭圆从大到小直至缩为一点.综合上述讨论,可得椭圆锥面的形状如图 7-28 所示.

2. 椭球面 $\frac{x^2}{a^2}+\frac{y^2}{b^2}+\frac{z^2}{c^2}=1(a>0,b>0,c>0)$

易知，$|x|\leqslant a$，$|y|\leqslant b$，$|z|\leqslant c$. 以平行于 xOy 坐标面的平面 $z=z_0$ $(|z_0|\leqslant c)$ 去截此曲面，得一截线，即平面 $z=z_0$ 上的椭圆

$$\frac{x^2}{a^2\left(1-\frac{z_0^2}{c^2}\right)}+\frac{y^2}{b^2\left(1-\frac{z_0^2}{c^2}\right)}=1.$$

当 z_0 在区间 $(-c,c)$ 内变化时，上式表示一族长短轴比例不变的椭圆，而当 $|z_0|=c$ 时，截线退缩成一点 $(0,0,\pm c)$.

同理，以平行于 yOz 坐标面的平面 $x=x_0$ $(|x_0|\leqslant a)$ 和平行于 zOx 坐标面的平面 $y=y_0$ $(|y_0|\leqslant b)$ 去截此曲面，所得截线与上述情况类似. 综合上述讨论，可得椭球面的形状如图 7-29 所示.

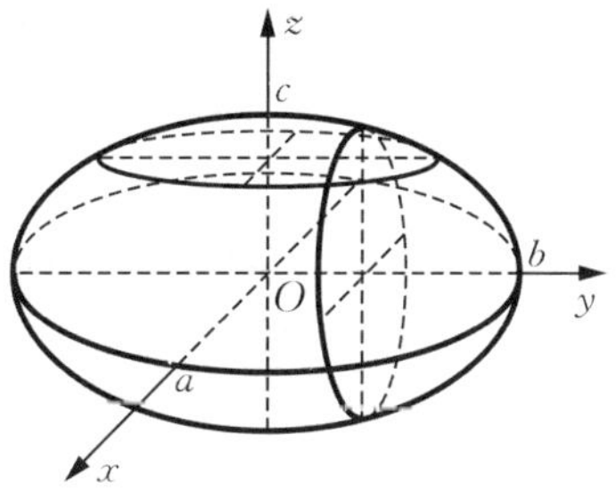

图 7-29

当 $a=b$ 时，椭球面方程变为 $\frac{x^2}{a^2}+\frac{y^2}{a^2}+\frac{z^2}{c^2}=1$，它是由 zOx 坐标面上的椭圆 $\frac{x^2}{a^2}+\frac{z^2}{c^2}=1$ 绕 z 轴旋转一周所形成的，称此曲面为**旋转椭球面**. 同理可得 $a=c$ 和 $b=c$ 时的旋转椭球面.

当 $a=b=c$ 时，椭球面方程变为 $x^2+y^2+z^2=a^2$，它表示一个球心在坐标原点、半径为 a 的球面.

显然，球面是旋转椭球面的特殊情形，而旋转椭球面又是椭球面的特殊情形.

3. 椭圆抛物面 $\frac{x^2}{a^2}+\frac{y^2}{b^2}=z(a>0,b>0)$

用平行于坐标面的平面截此曲面，得到的截线为椭圆或抛物线. 椭圆抛物面的形状如图 7-30 所示.

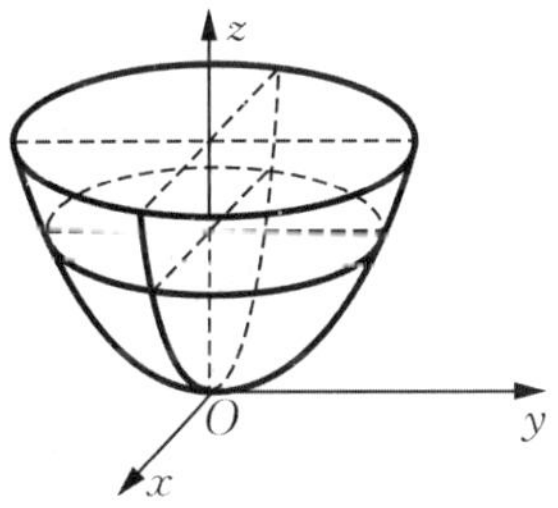

图 7-30

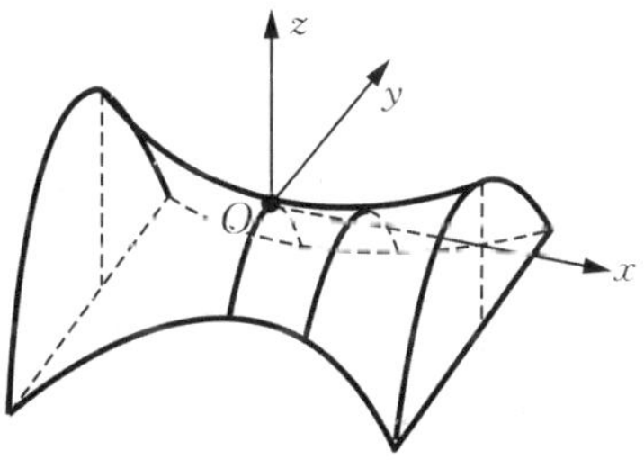

图 7-31

4. 双曲抛物面 $\frac{x^2}{a^2}-\frac{y^2}{b^2}=z(a>0,b>0)$

双曲抛物面又称为**马鞍面**. 用平面 $x=t$ 截此曲面，所得截线 l 为平面 $x=t$ 上的抛物线

$$-\frac{y^2}{b^2}=z-\frac{t^2}{a^2}.$$

此抛物线开口朝下，其顶点坐标为

$$x=t,\quad y=0,\quad z=\frac{t^2}{a^2}.$$

当 t 变化时，截线 l 的形状不变，位置只做平移，而 l 的顶点的轨迹 L 为平面 $y=0$ 上的抛物线

$$z=\frac{x^2}{a^2}.$$

因此，以 l 为母线，以 L 为准线，且母线 l 随着其顶点在准线 L 上的滑动而平行移动，这样得到的曲面便是双曲抛物面，其形状如图 7－31 所示.

5. 单叶双曲面 $\dfrac{x^2}{a^2}+\dfrac{y^2}{b^2}-\dfrac{z^2}{c^2}=1(a>0,b>0,c>0)$

用平行于坐标面的平面(除平面 $x=\pm a,y=\pm b$ 外)截此曲面，得到的截线为椭圆或双曲线；用平面 $x=\pm a$ 和 $y=\pm b$ 截此曲面，均得到两条相交直线. 单叶双曲面的形状如图 7－32 所示.

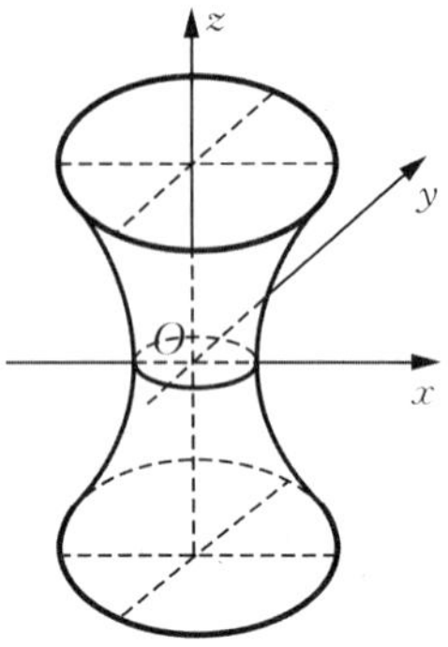

图 7－32

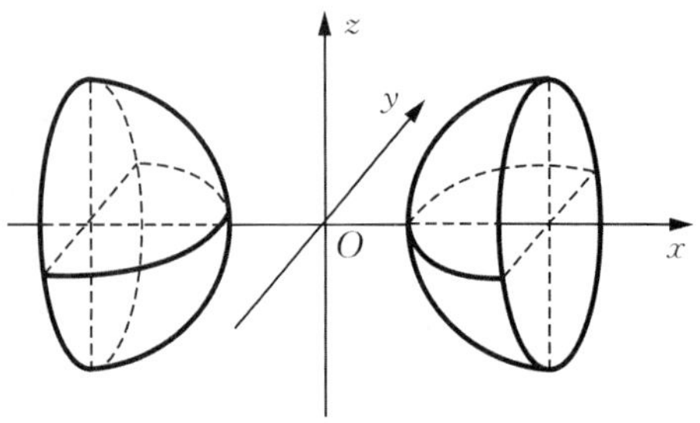

图 7－33

6. 双叶双曲面 $\dfrac{x^2}{a^2}-\dfrac{y^2}{b^2}-\dfrac{z^2}{c^2}=1(a>0,b>0,c>0)$

用平行于坐标面的平面截此曲面，得到的截线为双曲线或椭圆. 双叶双曲面的形状如图 7－33 所示.

习 题 7.5

1. 求球心在点$(-1,-3,2)$且通过点$(1,-1,1)$的球面方程.

2. 求与坐标原点 O 及点$(2,3,4)$的距离之比为 $1:2$ 的点的全体所组成的曲面方程，并说明它表示怎样的曲面.

3. 写出下列曲线绕指定轴旋转一周所形成的旋转曲面方程：

(1) yOz 坐标面上的抛物线 $z^2=2y$ 绕 y 轴旋转；

(2) xOy 坐标面上的双曲线 $2x^2-3y^2=6$ 绕 x 轴旋转；

(3) xOy 坐标面上的椭圆 $\dfrac{x^2}{3}+\dfrac{y^2}{4}=1$ 绕 y 轴旋转；

(4) zOx 坐标面上的直线 $x-2z+1=0$ 绕 z 轴旋转.

4. 说出下列方程所表示的曲面类型：

(1) $x^2+2y^2=1$；　　(2) $y^2-z=0$；

(3) $x^2+2y^2=z^2$；　　(4) $\dfrac{x^2}{3}+\dfrac{y^2}{3}+\dfrac{z^2}{4}=1$；

(5) $x^2-y^2-z^2=1$；　　(6) $x^2-y^2=z^2$.

5. 指出下列方程在平面解析几何与空间解析几何中分别表示什么图形：

(1) $x=2$；　　(2) $x^2+y^2=4$；

(3) $x^2-y^2=1$；　　(4) $1+x^2=2y$.

6. 说明下列旋转曲面是怎样形成的：

(1) $\dfrac{x^2}{4}+\dfrac{y^2}{9}+\dfrac{z^2}{9}=1$；　　(2) $x^2-\dfrac{y^2}{4}+z^2=1$；

(3) $x^2-y^2-z^2=1$；　　(4) $(z-a)^2=x^2+y^2$.

7. 画出下列方程所表示的曲面：

(1) $4x^2+y^2-z^2=4$；　　(2) $x^2-y^2-4z^2=4$；

(3) $\frac{z}{3}=\frac{x^2}{4}+\frac{y^2}{9}$.

第六节　空间曲线及其方程

一、空间曲线的一般方程

空间曲线可看作两个曲面的交线. 设有两个曲面 $F(x,y,z)=0$ 和 $G(x,y,z)=0$，其交线为 C，则曲线 C 上点的坐标满足方程组

$$\begin{cases}F(x,y,z)=0,\\G(x,y,z)=0.\end{cases}\tag{7-11}$$

反之，若点 M 的坐标满足方程组(7－11)，则点 M 必在交线 C 上. 因此，曲线 C 可以用方程组(7－11) 来表示. 方程组(7－11) 称为**空间曲线 C 的一般方程**.

例 1

方程组

$$\begin{cases}x^2+y^2=1,\\2x+3z=6\end{cases}$$

表示怎样的曲线？

解　方程组中第一个方程表示母线平行于 z 轴的圆柱面，其准线是 xOy 坐标面上的圆心为坐标原点 O 的单位圆；方程组中第二个方程表示一个母线平行于 y 轴的柱面，因为它的准线是 zOx 坐标面上的直线 $2x+3z=6$，所以它是一个平面. 因此，方程组就表示上述圆柱面与平面的交线，如图 7－34 所示.

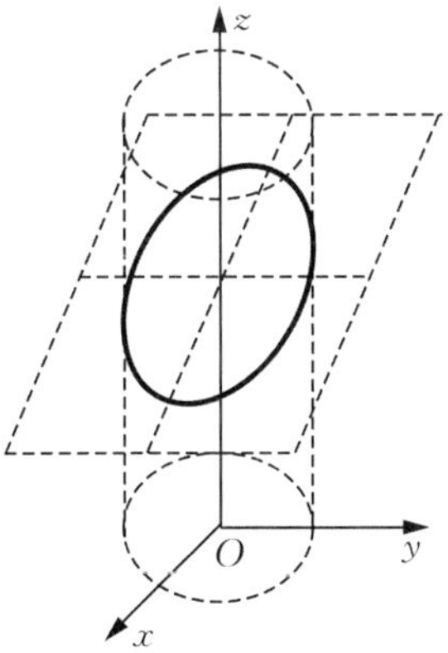

图 7－34

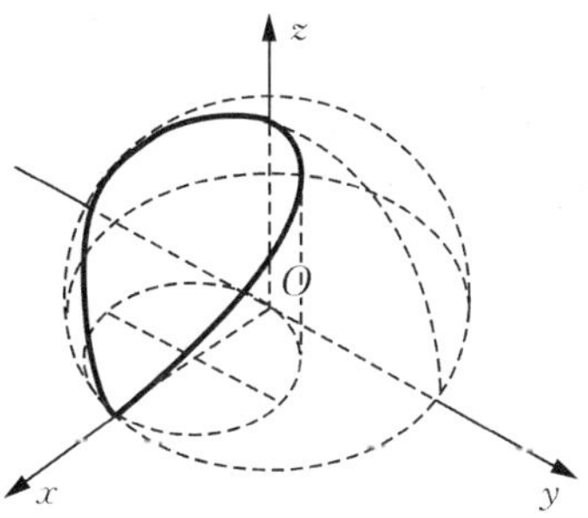

图 7－35

例 2

方程组

$$\begin{cases} z = \sqrt{a^2 - x^2 - y^2}, \\ \left(x - \dfrac{a}{2}\right)^2 + y^2 = \left(\dfrac{a}{2}\right)^2 \end{cases} \quad (a > 0)$$

表示怎样的曲线?

解 方程组中第一个方程表示球心为坐标原点 O、半径为 a 的上半球面；方程组中第二个方程表示母线平行于 z 轴的圆柱面，它的准线是 xOy 坐标面上的圆心为 $\left(\dfrac{a}{2},0\right)$、半径为 $\dfrac{a}{2}$ 的圆. 因此，方程组就表示上述半球面与圆柱面的交线，如图 7－35 所示.

二、空间曲线的参数方程

正如平面直线可用参数方程表示一样，空间曲线也可用参数方程表示.

设空间曲线 C 上的动点 M 的坐标 x,y,z 可表示为参数 t 的函数：

$$\begin{cases} x = x(t), \\ y = y(t), \quad (t \in I). \\ z = z(t) \end{cases} \tag{7-12}$$

参数 t 在给定范围 I 内取定一个值，就得到曲线 C 上的一个点，当 t 取遍范围 I 内的所有值时，就得到曲线 C 上的全部点. 方程组(7－12) 叫作**空间曲线 C 的参数方程**.

例 3

若空间中的点 M 在圆柱面 $x^2 + y^2 = a^2$ 上以角速度 ω 绕 z 轴旋转，同时又以线速度 v 沿平行于 z 轴的正向上升，其中 ω, v 都是正常数，则点 M 运动的轨迹称为**螺旋线**. 试建立其参数方程.

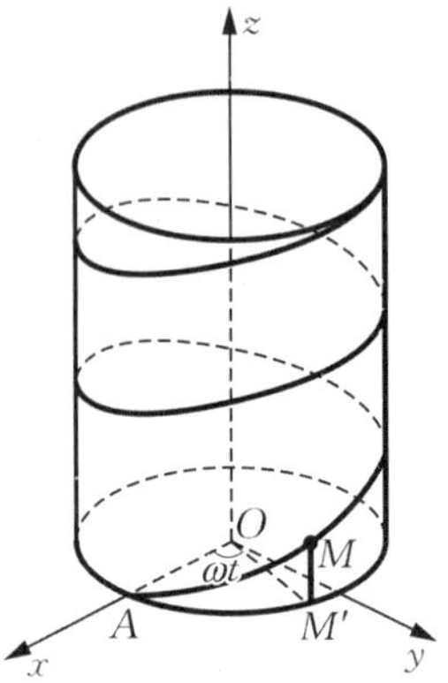

图 7－36

解 取时间 t 为参数. 假设当 $t = 0$ 时，动点在点 $A(a,0,0)$ 处；在 t 时刻，动点位置为$M(x,y,z)$(见图 7-36). 点 M 在 xOy 坐标面上的投影点为 M'，则点 M' 的坐标为$(x,y,0)$. 易知，从点 A 到点 M，动点转过的角度为 $\theta = \omega t$，上升的高度为 $|MM'| = vt$，故有

$$\begin{cases} x = a\cos \omega t, \\ y = a\sin \omega t, \\ z = vt. \end{cases}$$

这就是所求螺旋线的参数方程.

螺旋线是实践中常用的曲线. 例如，平头螺丝钉的外缘曲线就是螺旋线.

三、空间曲线在坐标面上的投影

设空间曲线 C 的一般方程为

$$\begin{cases} F(x,y,z) = 0, \\ G(x,y,z) = 0. \end{cases} \tag{7-13}$$

将两方程联立消去变量 z，得

$$H(x,y) = 0. \tag{7-14}$$

方程(7－14) 所表示的是一柱面，这个柱面以曲线 C 为准线，以平行于 z 轴的直线为母线，我们称这一柱面为曲线 C 关于 xOy 坐标面的**投影柱面**，而方程(7－14) 称为**投影柱面的方程**. 投影柱面 $H(x,y) = 0$ 与 xOy 坐标面的交线

$$\begin{cases} H(x,y)=0, \\ z=0 \end{cases}$$

称为曲线 C 在 xOy 坐标面上的**投影曲线**.

类似地,消去方程组(7-13)中的变量 x 或 y,可得曲线 C 关于 yOz 坐标面或 zOx 坐标面的投影柱面 $R(y,z)=0$ 或 $T(z,x)=0$. 两投影柱面再分别与 $x=0$, $y=0$ 联立,便得曲线 C 在 yOz 坐标面和 zOx 坐标面上的投影曲线的方程分别为

$$\begin{cases} R(y,z)=0, \\ x=0 \end{cases} \quad 和 \quad \begin{cases} T(z,x)=0, \\ y=0. \end{cases}$$

例 4

求球面 $x^2+y^2+z^2=64$ 与柱面 $x^2+y^2=8y$ 的交线 C 分别在 xOy 坐标面和 yOz 坐标面上的投影曲线的方程.

解 要求曲线 C 在 xOy 坐标面上的投影曲线的方程,本来应从题设两曲面方程所联立的方程组中消去变量 z,得到曲线 C 关于 xOy 坐标面的投影柱面的方程. 但是,因为第二个方程就是母线平行于 z 轴的柱面,所以

$$x^2+y^2=8y$$

就是曲线 C 关于 xOy 坐标面的投影柱面的方程. 故曲线 C 在 xOy 坐标面上的投影曲线是圆

$$\begin{cases} x^2+y^2=8y, \\ z=0. \end{cases}$$

从曲线 C 的方程中消去变量 x,得到曲线 C 关于 yOz 坐标面的投影柱面的方程为

$$z^2+8y=64.$$

因此,曲线 C 在 yOz 坐标面上的投影曲线是一段抛物线

$$\begin{cases} z^2+8y=64, \\ x=0 \end{cases} \quad (0\leqslant y\leqslant 8).$$

例 5

设一个立体由两个旋转抛物面 $z=2x^2+2y^2$ 与 $z=3-x^2-y^2$ 围成,求它在 xOy 坐标面上的投影区域.

解 两曲面的交线为

$$C:\begin{cases} z=2x^2+2y^2, \\ z=3-x^2-y^2. \end{cases}$$

在上述方程组中消去变量 z,得 $x^2+y^2=1$. 于是,交线 C 在 xOy 坐标面上的投影曲线为

$$\begin{cases} x^2+y^2=1, \\ z=0. \end{cases}$$

故所求立体在 xOy 坐标面上的投影区域为

$$\begin{cases} x^2+y^2\leqslant 1, \\ z=0. \end{cases}$$

习 题 7.6

1. 指出下列方程所表示的曲线类型:

(1) $\begin{cases} x^2+4y^2+9z^2=36, \\ x=3; \end{cases}$ (2) $\begin{cases} y^2+z^2-4x+8=0, \\ y=4; \end{cases}$

(3) $\begin{cases}(x-1)^2+(y+4)^2+z^2=25,\\ y+1=0;\end{cases}$　　(4) $\begin{cases}x^2-4y^2=3z^2,\\ z=2.\end{cases}$

2. 求母线分别平行于 x 轴和 y 轴，且过曲线

$$\begin{cases}2x^2+y^2+z^2=16,\\ x^2+z^2-y^2=0\end{cases}$$

的柱面方程.

3. 求下列各组曲面的交线在各坐标面上的投影曲线的方程：

(1) $z=\sqrt{4-x^2-y^2}$ 与 $x^2+y^2=2x$；

(2) $x^2+y^2=a^2$ 与 $y^2+z^2=a^2$；

(3) $x^2+y^2+z^2=9$ 与 $x+z=1$.

4. 求下列各组曲面所围成的立体在各坐标面上的投影区域：

(1) $z=x^2+y^2$ 与 $z=2-x^2-y^2$；

(2) $z=\sqrt{x^2+y^2}$，$x^2+y^2=1$ 与 $z=0$.

5. 画出下列各组曲面所围成的立体的图形：

(1) $z=\sqrt{4-x^2-y^2}$ 与 $z=\sqrt{3(x^2+y^2)}$；

(2) $z=x^2+y^2$ 与 $z=2-x^2-y^2$；

(3) $x=0,z=0,x=1,y=2$ 与 $z=\dfrac{1}{4}y$.

综合习题七

1. 已知动点 M 到 xOy 坐标面的距离与点 M 到点 $(3,-2,2)$ 的距离相等，求点 M 的轨迹方程.

2. 已知 $\triangle ABC$ 的顶点为 $A(3,2,-1)$，$B(5,-4,7)$ 和 $C(-1,1,2)$，求从顶点 C 所引中线的长度.

3. 试用向量证明：如果平面上一个四边形的对角线互相平分，那么该四边形是平行四边形.

4. 已知顶点 $A(1,2,-1)$，$B(0,3,2)$ 及 $C(0,0,4)$，求 $\triangle ABC$ 的重心坐标.

5. 设 $|\boldsymbol{a}+\boldsymbol{b}|=|\boldsymbol{a}-\boldsymbol{b}|$，$\boldsymbol{a}=(3,-5,8)$，$\boldsymbol{b}=(-1,1,z)$，求 z.

6. 设 $|\boldsymbol{a}|=\sqrt{3}$，$|\boldsymbol{b}|=1$，$(\widehat{\boldsymbol{a},\boldsymbol{b}})=\dfrac{\pi}{6}$，求向量 $\boldsymbol{a}+\boldsymbol{b}$ 与 $\boldsymbol{a}-\boldsymbol{b}$ 的夹角.

7. 设 $(\boldsymbol{a}+2\boldsymbol{b})\perp(4\boldsymbol{a}-\boldsymbol{b})$，$(2\boldsymbol{a}-\boldsymbol{b})\perp(2\boldsymbol{a}+3\boldsymbol{b})$，求 $(\widehat{\boldsymbol{a},\boldsymbol{b}})$.

8. 设向量 $\boldsymbol{a}=(2,-1,-2)$，$\boldsymbol{b}=(1,1,z)$. z 为何值时，$(\widehat{\boldsymbol{a},\boldsymbol{b}})$ 最小？并求出此最小值.

9. 设 $|\boldsymbol{a}|=4$，$|\boldsymbol{b}|=3$，$(\widehat{\boldsymbol{a},\boldsymbol{b}})=\dfrac{\pi}{6}$，求以向量 $\boldsymbol{a}+2\boldsymbol{b}$ 和 $\boldsymbol{a}-3\boldsymbol{b}$ 为邻边的平行四边形的面积.

10. 已知点 $A(-1,0,0)$ 和 $B(0,3,2)$. 试在 z 轴上求一点 C，使得 $\triangle ABC$ 的面积最小.

11. 求通过点 $A(3,0,0)$ 和 $B(0,0,1)$，且与 xOy 坐标面成 $\dfrac{\pi}{4}$ 角的平面方程.

12. 设一平面过坐标原点，且通过从点 $(1,-1,0)$ 到直线 $\begin{cases}y-2x+3=0,\\ x-z-3=0\end{cases}$ 的垂线，求此平面方程.

13. 证明：直线 $\begin{cases}x-y=1,\\ x+z=0\end{cases}$ 与直线 $\begin{cases}x+y=1,\\ z=-1\end{cases}$ 相交，并求出交点的坐标.

14. 求过点 $(-1,0,4)$ 且平行于平面 $3x-4y+z-10=0$，又与直线 $x+1=y-3=\dfrac{z}{2}$ 相交的直线方程.

15. 设一直线过点 $(2,-1,2)$，且与两条直线

$$L_1: \frac{x-1}{1} = \frac{y-1}{0} = \frac{z-1}{1}, \quad L_2: \frac{x-2}{1} = \frac{y-1}{1} = \frac{z+3}{-1}$$

同时相交,求此直线的方程.

16. 求点 $P(3,-1,2)$ 到直线 $\begin{cases} x+y-z+1=0, \\ 2x-y+z-4=0 \end{cases}$ 的距离.

17. 确定 λ 的值,使得直线 $\frac{x-1}{1} = \frac{y+1}{2} = \frac{z-1}{\lambda}$ 与直线 $\frac{x+1}{1} = \frac{y-1}{1} = \frac{z}{1}$ 相交.

18. 求曲线 $\begin{cases} z = 2 - x^2 - y^2, \\ z = (x-1)^2 + (y-1)^2 \end{cases}$ 在各坐标面上的投影曲线的方程.

19. 求锥面 $z = \sqrt{x^2+y^2}$ 与柱面 $z^2 = 2x$ 所围成的立体在各坐标面上的投影区域.

20. 画出下列各组曲面所围成的立体的图形:

(1) 抛物柱面 $x^2 = 1 - z$,平面 $y = 0, z = 0$ 及 $x + y = 1$;

(2) 抛物柱面 $2y^2 = x$,平面 $z = 0$ 及 $\frac{x}{4} + \frac{y}{2} + \frac{z}{2} = 1$;

(3) 圆锥面 $z = \sqrt{x^2+y^2}$ 及旋转抛物面 $z = 2 - x^2 - y^2$;

(4) 旋转抛物面 $x^2 + y^2 = z$,柱面 $y^2 = x$,平面 $z = 0$ 及 $x = 1$.

第八章

多元函数的微分学

上册内容中我们研究的函数只含有一个自变量，这样的函数称为一元函数. 而在许多实际问题中常常会涉及含有两个甚至更多个自变量的函数，即所谓的多元函数.

本章将在一元函数微分学的基础上，讨论多元函数的微分学及其应用. 由于从一元函数到二元函数会产生许多不同的特性，而从二元函数到二元以上的多元函数可以简单类推，因此讨论过程中以二元函数为主.

第一节　多元函数的基本概念

一、平面点集

在讨论一元函数时，其定义域为 $\mathbf{R}^1$ 中的点集，我们曾经引入了邻域和区间等概念. 为了将一元函数推广到二元函数，而二元函数的定义域为 $\mathbf{R}^2$ 中的点集，有必要先将上述概念进行推广.

1. 邻域

设 $P_0(x_0,y_0)$ 是 xOy 坐标面上的一个点，δ 是某一正数，与点 $P_0(x_0,y_0)$ 之间的距离小于 δ 的点 $P(x,y)$ 的全体称为点 P_0 的 δ **邻域**，记作 $U(P_0,\delta)$，即

$$U(P_0,\delta)=\{P\mid |P_0P|<\delta\}=\{(x,y)\mid \sqrt{(x-x_0)^2+(y-y_0)^2}<\delta\}.$$

几何上，$U(P_0,\delta)$ 就是 xOy 坐标面上以点 $P_0(x_0,y_0)$ 为圆心，以 $\delta>0$ 为半径的圆内部的点 $P(x,y)$ 的全体.

$U(P_0,\delta)$ 中除去中心点 $P_0(x_0,y_0)$ 后所剩部分，称为点 $P_0(x_0,y_0)$ 的**去心 δ 邻域**，记作 $\hat{U}(P_0,\delta)$ 或 $\mathring{U}(P_0,\delta)$，即

$$\hat{U}(P_0,\delta)=\{P\mid 0<|P_0P|<\delta\}=\{(x,y)\mid 0<\sqrt{(x-x_0)^2+(y-y_0)^2}<\delta\}.$$

如果不需要强调邻域的半径，则通常用 $U(P_0)$ 或 $\hat{U}(P_0)$ 分别表示点 P_0 的某个邻域或某个去心邻域.

2. 内点、外点和边界点

设点集 $E\subset\mathbf{R}^2$，点 $P\in\mathbf{R}^2$. 如果存在点 P 的某个邻域 $U(P)$，使得 $U(P)\subset E$，则称 P 为 E 的**内点**；如果存在点 P 的某个邻域 $U(P)$，使得 $U(P)\cap E=\varnothing$，则称 P 为 E 的**外点**；如果点 P 的任一邻域内既含有属于 E 的点，又含有不属于 E 的点，则称 P 为 E 的**边界点**. E 的边界点的全体，称

为 E 的**边界**,记作 ∂E.

例如,在图 8-1 中,P_1 为 E 的内点,P_2 为 E 的外点,P_3 为 E 的边界点.

不难发现,E 的内点必属于 E;E 的外点必定不属于 E;而 E 的边界点可能属于 E,也可能不属于 E.

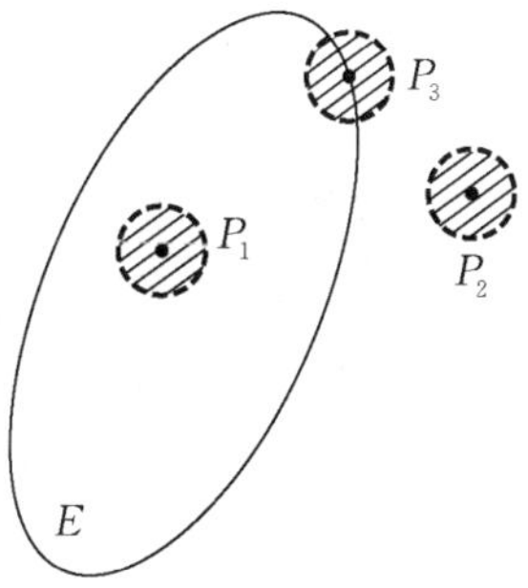

图 8-1

如果对于任意给定的正数 δ,点 P 的去心邻域 $\mathring{U}(P,\delta)$ 内总有 E 中的点,则称 P 是 E 的**聚点**(聚点 P 本身可以属于 E,也可以不属于 E).

例如,对于平面点集 $E=\{(x,y)\mid 1\leqslant x^2+y^2<4\}$,满足 $1<x^2+y^2<4$ 的一切点 (x,y) 都是 E 的内点;满足 $x^2+y^2=1$ 的一切点 (x,y) 都是 E 的边界点,它们都属于 E;满足 $x^2+y^2=4$ 的一切点 (x,y) 都是 E 的边界点,它们都不属于 E;满足 $0\leqslant x^2+y^2<1$ 或 $x^2+y^2>4$ 的一切点 (x,y) 都是 E 的外点;点集 E 以及它的边界 ∂E 上的一切点 (x,y) 都是 E 的聚点.

3. 开集与闭集

如果点集 $E\subset \mathbf{R}^2$ 的点都是 E 的内点,则称 E 为**开集**;如果点集 E 的边界 $\partial E\subset E$,则称 E 为**闭集**.

例如,集合 $\{(x,y)\mid 1<x^2+y^2<4\}$ 是开集,集合 $\{(x,y)\mid 1\leqslant x^2+y^2\leqslant 4\}$ 是闭集,而集合 $\{(x,y)\mid 1\leqslant x^2+y^2<4\}$ 既非开集,也非闭集.

4. 开区域与闭区域

如果点集 $E\subset \mathbf{R}^2$ 内的任意两点都可用 E 中的折线联结起来,则称 E 为**连通集**.

连通的开集称为**区域**或**开区域**;开区域连同它的边界一起构成的点集称为**闭区域**.

例如,集合 $\{(x,y)\mid 1<x^2+y^2<4\}$ 是区域,而集合 $\{(x,y)\mid 1\leqslant x^2+y^2\leqslant 4\}$ 是闭区域.

5. 有界集与无界集

对于点集 $E\subset \mathbf{R}^2$,如果存在某一正数 r,使得 $E\subset U(O,r)$,其中 O 是坐标原点,则称 E 为**有界集**;否则,就称这个集合为**无界集**.

例如,集合 $\{(x,y)\mid 1\leqslant x^2+y^2\leqslant 4\}$ 是有界闭区域;集合 $\{(x,y)\mid x^2+y^2>4\}$ 是无界开区域;集合 $\{(x,y)\mid x+y\geqslant 1\}$ 是无界闭区域.

上述概念可以逐一推广到三维空间 $\mathbf{R}^3$ 甚至 n 维空间 $\mathbf{R}^n(n>3)$ 中去.

例如,设 $P_0(x_0,y_0,z_0)$ 是 $\mathbf{R}^3$ 中的一个点,δ 为某一正数,则点 P_0 的 δ 邻域为

$$\begin{aligned}U(P_0,\delta)&=\{P\mid |P_0P|<\delta\}\\&=\{(x,y,z)\mid \sqrt{(x-x_0)^2+(y-y_0)^2+(z-z_0)^2}<\delta\}.\end{aligned}$$

几何上,$U(P_0,\delta)$ 就是 $\mathbf{R}^3$ 中以点 $P_0(x_0,y_0,z_0)$ 为球心,以 $\delta>0$ 为半径的球内部的点 $P(x,y,z)$ 的全体.

二、多元函数的概念

在实际问题中,经常会遇到多个变量之间的依赖关系,首先看几个例子.

例 1

设圆柱体的底半径为 r,高为 h,则圆柱体的体积 V 与 r 和 h 的关系为

$$V=\pi r^2h.$$

当 r,h 取定一组值时,V 的值将随之确定.例如,当 $r=2,h=3$ 时,$V=12\pi$.

例 2

设某产品的价格为 P，相应的需求量为 Q，则厂商销售该产品的总收益 R 与 P,Q 的关系为

$$R = PQ.$$

当 P,Q 取定一组值时，R 的值将随之确定. 例如，当 $P = 15, Q = 2\,000$ 时，总收益 $R = 30\,000$.

例 1 和例 2 的具体意义各不相同，却有共同的特性，就是一个变量的变化要受到另外两个变量的影响，将其抽象出来可得到二元函数的定义.

定义 1 设 D 是 $\mathbf{R}^2$ 的一个非空子集，称映射 $f: D \to \mathbf{R}$ 为定义在 D 上的**二元函数**，通常记为

$$z = f(x,y) \quad ((x,y) \in D)$$

或

$$z = f(P) \quad (P \in D),$$

其中点集 D 称为该函数的**定义域**，x,y 称为**自变量**，z 称为**因变量**.

在定义 1 中，与自变量 x,y 的一组值 (x,y) 相对应的因变量 z 的值，也称为二元函数 f 在点 (x,y) 处的函数值，记作 $f(x,y)$，即 $z = f(x,y)$. 函数值 $f(x,y)$ 的全体所构成的集合称为二元函数 f 的**值域**，记作 $f(D)$，即

$$f(D) = \{z \mid z = f(x,y), (x,y) \in D\}.$$

类似地，定义三元函数 $u = f(x,y,z)((x,y,z) \in D)$ 以及三元以上的多元函数时，只需要将定义 1 中的平面点集 D 换成三维空间 $\mathbf{R}^3$ 中的点集 D 及相应的 n 维空间 $\mathbf{R}^n$ 内的点集 D 即可.

二元及二元以上的函数统称为**多元函数**.

例 3

设梯形的上底长为 x，下底长为 y，高为 h，则梯形的面积 S 便是关于 x,y,h 的三元函数：

$$S = \frac{1}{2}(x+y)h.$$

关于多元函数的定义域，我们做如下约定：在一般地讨论用算式表达的多元函数 $u = f(X)(X = (x_1, x_2, \cdots, x_n))$ 时，就以使得这个算式有意义的变元 X 的取值所组成的点集为这个多元函数的**自然定义域**.

例如，函数 $z = \ln(x+y)$ 的定义域为

$$\{(x,y) \mid x + y > 0\}.$$

这是一个无界开区域.

又如，函数 $z = \sqrt{1 - x^2 - y^2}$ 的定义域为

$$\{(x,y) \mid x^2 + y^2 \leqslant 1\}.$$

这是一个有界闭区域.

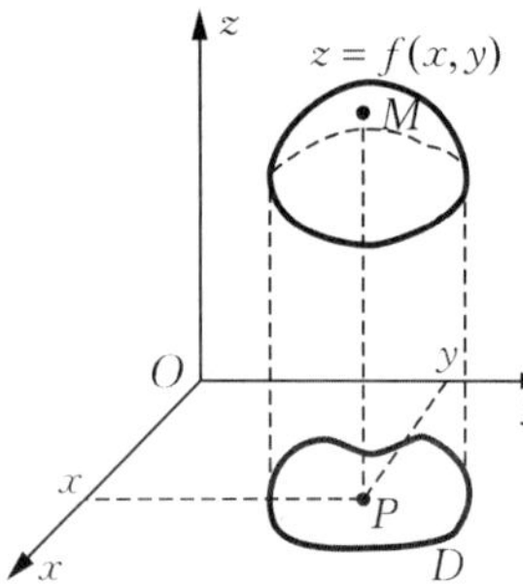

图 8-2

设函数 $z = f(x,y)$ 的定义域为 D，对于任意取定的点 $P(x,y) \in D$，对应的函数值为 $z = f(x,y)$. 这样，以 x 为横坐标、y 为纵坐标、$z = f(x,y)$ 为竖坐标在空间中就确定了一点 $M(x,y,z)$（见图 8-2）. 当点 (x,y) 取遍 D 上的一切点时，得到一个空间点集

$$\{(x,y,z) \mid z = f(x,y), (x,y) \in D\}.$$

这个点集称为**二元函数的图形**. 一般来说，它是空间 $\mathbf{R}^3$ 中的一张曲面.

例如,线性函数 $z=1-x-y$ 的图形是一张平面,如图 8-3 所示;二次函数 $z=\sqrt{a^2-x^2-y^2}$ 的图形是球心为坐标原点、半径为 a 的上半球面,如图 8-4 所示.

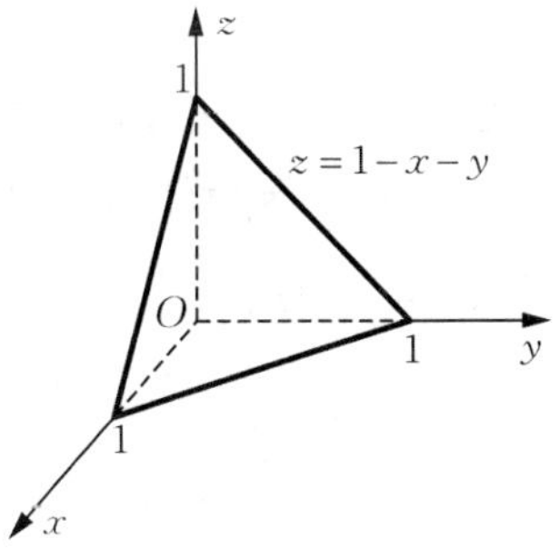

图 8-3

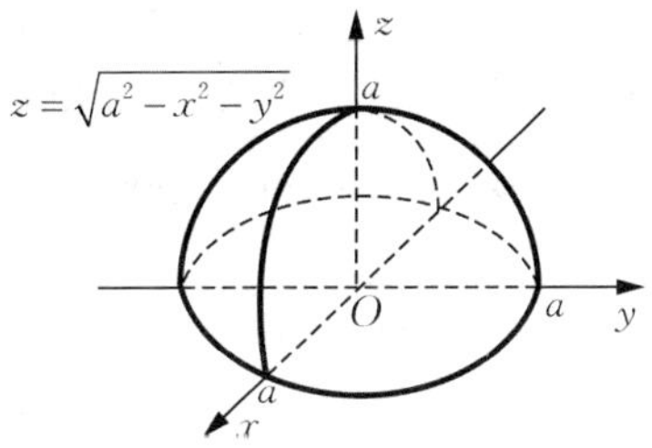

图 8-4

三、多元函数的极限

先讨论二元函数 $z=f(x,y)$ 当 $(x,y)\to(x_0,y_0)$,即 $P(x,y)\to P_0(x_0,y_0)$ 时的极限.这里 $P\to P_0$ 表示点 P 以任何方式趋于点 P_0,也就是点 P_0 与点 P 之间的距离趋于零,即

$$|P_0P|=\sqrt{(x-x_0)^2+(y-y_0)^2}\to 0.$$

利用 $\mathbf{R}^2$ 中的邻域概念,可将一元函数的极限推广到二元函数中.

定义 2 设二元函数 $f(P)=f(x,y)$ 的定义域为 D,$P_0(x_0,y_0)$ 是 D 的聚点.如果存在常数 A,对于任意给定的正数 ε,总存在正数 δ,使得当点 $P(x,y)\in D\cap\mathring{U}(P_0,\delta)$ 时,都有

$$|f(P)-A|=|f(x,y)-A|<\varepsilon,$$

那么就称常数 A 为**函数 $f(x,y)$ 当 $(x,y)\to(x_0,y_0)$ 时的极限**,记作

$$\lim_{(x,y)\to(x_0,y_0)} f(x,y)=A \quad 或 \quad f(x,y)\to A\ ((x,y)\to(x_0,y_0)),$$

也记作

$$\lim_{P\to P_0} f(P)=A \quad 或 \quad f(P)\to A\ (P\to P_0).$$

为了区别于一元函数的极限,我们把二元函数的极限称为**二重极限**.

类似地,可以定义 n 元函数的极限.

例 4

设函数 $f(x,y)=(x^2+y^2)\sin\dfrac{1}{x^2+y^2}$,证明:$\lim\limits_{(x,y)\to(0,0)} f(x,y)=0$.

证 函数 $f(x,y)$ 的定义域为 $D=\mathbf{R}^2-\{(0,0)\}$,且点 $O(0,0)$ 为 D 的一个聚点.

$\forall\varepsilon>0$,因为

$$|f(x,y)-0|=\left|(x^2+y^2)\sin\frac{1}{x^2+y^2}\right|\leqslant x^2+y^2,$$

所以要使得 $|f(x,y)-0|<\varepsilon$,只需 $x^2+y^2<\varepsilon$,即 $\sqrt{x^2+y^2}<\sqrt{\varepsilon}$.取 $\delta=\sqrt{\varepsilon}$,于是当点 $P(x,y)\in D\cap\mathring{U}(O,\delta)$ 时,就有

$$|f(x,y)-0|<\varepsilon.$$

故有

$$\lim_{(x,y)\to(0,0)}(x^2+y^2)\sin\frac{1}{x^2+y^2}=0.$$

按照二重极限的定义，必须当动点 $P(x,y)$ 在 D 上以任何方式趋于定点 $P_0(x_0,y_0)$ 时，函数 $f(x,y)$ 都以常数 A 为极限，才有

$$\lim_{(x,y)\to(x_0,y_0)} f(x,y)=A.$$

如果仅当动点 $P(x,y)$ 在 D 上以某一种(或几种)特殊方式趋于定点 $P_0(x_0,y_0)$ 时，函数 $f(x,y)$ 才趋于常数 A，那么不能断定二重极限 $\lim\limits_{(x,y)\to(x_0,y_0)} f(x,y)=A$. 但是，如果当动点 $P(x,y)$ 在 D 上以不同方式趋于定点 $P_0(x_0,y_0)$ 时，函数 $f(x,y)$ 趋于不同的常数，便能断定 $\lim\limits_{(x,y)\to(x_0,y_0)} f(x,y)$ 不存在.

例 5

设函数 $f(x,y)=\dfrac{xy}{x^2+y^2}$，证明：当 $(x,y)\to(0,0)$ 时，$f(x,y)$ 的极限不存在.

证 当点 (x,y) 沿直线 $y=kx$ (k 为任意常数) 趋于点 $(0,0)$ 时，有

$$\lim_{(x,y)\to(0,0)} f(x,y)=\lim_{\substack{x\to0\\y=kx}}\frac{kx^2}{x^2+k^2x^2}=\lim_{x\to0}\frac{k}{1+k^2}=\frac{k}{1+k^2}.$$

显然，极限值随直线的斜率 k 的不同而不同，因此 $\lim\limits_{(x,y)\to(0,0)} f(x,y)$ 不存在.

多元函数极限的定义与一元函数极限的定义有着完全相同的形式，因而有关一元函数的极限运算法则和方法都可以推广到多元函数上来(洛必达法则及单调有界法则等除外).

例 6

求 $\lim\limits_{(x,y)\to(0,5)}\dfrac{\sin(xy)}{x}$.

解 原式 $=\lim\limits_{(x,y)\to(0,5)}\left[\dfrac{\sin(xy)}{xy}\cdot y\right]=\lim\limits_{(x,y)\to(0,5)}\dfrac{\sin(xy)}{xy}\cdot\lim\limits_{(x,y)\to(0,5)} y=1\times5=5.$

例 7

求 $\lim\limits_{(x,y)\to(0,1)} xy\sin\dfrac{1}{x^2+y^2}$.

解 由于 $\lim\limits_{(x,y)\to(0,1)} xy=0\times1=0$，而

$$\left|\sin\frac{1}{x^2+y^2}\right|\leqslant1,$$

因此

$$\lim_{(x,y)\to(0,1)} xy\sin\frac{1}{x^2+y^2}=0.$$

四、多元函数的连续性

定义 3 设二元函数 $f(x,y)$ 的定义域为 D，$P_0(x_0,y_0)$ 是 D 的聚点，且 $P_0(x_0,y_0)\in D$. 若

$$\lim_{(x,y)\to(x_0,y_0)} f(x,y)=f(x_0,y_0),$$

则称**函数** $f(x,y)$ **在点** $P_0(x_0,y_0)$ **处连续**. 若 $f(x,y)$ 在 D 上的每一点处都连续，则称**函数** $f(x,y)$ **在** D **上连续**，或称 $f(x,y)$ 是 D 上的**连续函数**.

若函数 $f(x,y)$ 在点 $P_0(x_0,y_0)$ 处不连续，则称 P_0 为函数 $f(x,y)$ 的**间断点**. 函数 $f(x,y)$ 不但可以有间断点，有时间断点还可以形成间断曲线.

例如,点(0,0)是函数 $f(x,y)=\dfrac{1}{x^2+y^2}$ 的间断点,而 $x^2+y^2=1$ 是函数 $f(x,y)=\dfrac{1}{x^2+y^2-1}$ 的间断曲线.

类似地,可定义 n 元函数的连续性与间断点.

与一元函数类似,可以证明,多元连续函数的和、差、积、商(在分母不为零处)仍是连续函数,多元连续函数的复合函数也是连续函数.

多元初等函数是指能用具有不同自变量的一元基本初等函数经过有限次的四则运算或复合运算来构成的函数. 例如,$f(x,y)=e^{xy^2}\sin(2x+3y)$,$f(x,y,z)=\dfrac{xyz}{x+y+z}-\tan(\sqrt{x^2+y^2+z^2}-1)$ 都是多元初等函数. 根据上述分析,即可得到结论:一切多元初等函数在它有定义的区域内都是连续的.

若 $f(P)$ 为多元初等函数,点 P_0 为其定义域 D 的内点,则

$$\lim_{P\to P_0}f(P)=f(P_0).$$

例如:

$$\lim_{(x,y)\to(0,0)}e^{\sin(xy)}(x^2+y^2+1)=e^0(0+0+1)=1,$$

$$\lim_{(x,y,z)\to(0,1,1)}\frac{x+e^{x+y+z}}{2x+y+z}=\frac{e^2}{2}.$$

特别地,对应于闭区间上一元连续函数的性质,有界闭区域上的多元连续函数有以下性质.

性质 1(有界性定理) 有界闭区域 D 上的多元连续函数 $f(P)$ 必定在 D 上有界,即存在常数 $M>0$,使得对一切点 $P\in D$,有 $|f(P)|\leqslant M$.

性质 2(最值定理) 有界闭区域 D 上的多元连续函数 $f(P)$ 必定在 D 上取得最大值和最小值,即存在点 $P_1,P_2\in D$,使得

$$f(P_1)=\max\{f(P)\mid P\in D\},\quad f(P_2)=\min\{f(P)\mid P\in D\}.$$

性质 3(介值定理) 有界闭区域 D 上的多元连续函数 $f(P)$ 必定取得介于最大值和最小值之间的任何值.

习题 8.1

1. 求下列函数表达式:

(1) 设 $f(x,y)=x^2-y^2$,求 $f\left(x+y,\dfrac{y}{x}\right)$;

(2) 设 $f(x,y)=x^2+y^2-xy\tan\dfrac{x}{y}$,求 $f(tx,ty)$;

(3) 设 $f\left(x+y,\dfrac{y}{x}\right)=x^2-y^2$,求 $f(x,y)$.

2. 求下列函数的定义域,并绘出定义域的图形:

(1) $z=\ln(y^2-4x+1)$;

(2) $z=\sqrt{x^2+9y^2-1}$;

(3) $z=\sqrt{x-\sqrt{y}}$;

(4) $z=\sqrt{1-x^2}+\sqrt{y^2-1}$;

(5) $z=\ln(y-x)+\dfrac{\sqrt{x}}{\sqrt{1-x^2-y^2}}$.

3. 求下列极限:

(1) $\displaystyle\lim_{(x,y)\to(1,0)}\frac{1-xy}{x^2+y^2}$;

(2) $\displaystyle\lim_{(x,y)\to(0,0)}\frac{2-\sqrt{xy+4}}{xy}$;

(3) $\lim\limits_{(x,y)\to(0,0)}\left(x\sin\dfrac{1}{y}+y\sin\dfrac{1}{x}\right)$；　　(4) $\lim\limits_{(x,y)\to(3,0)}\dfrac{\tan(xy)}{y}$.

4. 证明下列极限不存在：

(1) $\lim\limits_{(x,y)\to(0,0)}\dfrac{x+2y}{2x-y}$；　　(2) $\lim\limits_{(x,y)\to(0,0)}\dfrac{x^2y}{x^3+y^3}$.

5. 函数 $z=\dfrac{y^2+2x}{x^2+y^2-4}$ 在何处是间断的？

第二节　偏　导　数

一、偏导数的定义及其计算方法

在研究一元函数的变化率时，我们引入了导数的概念. 对于多元函数，同样需要研究它的变化率，但多元函数的自变量不止一个，函数关系也更加复杂，因此研究的角度会有所不同. 本节我们首先考虑多元函数关于其中一个自变量的变化率. 以二元函数 $z=f(x,y)$ 为例，如果只考虑自变量 x 的变化，即另一个自变量 y 保持不变(看作常量)，这时它就是 x 的一元函数，这个函数对 x 的导数，就称为二元函数 $z=f(x,y)$ 对 x 的偏导数.

定义 1　设函数 $z=f(x,y)$ 在点 (x_0,y_0) 的某个邻域内有定义，当 y 固定在 y_0，而 x 在 x_0 处有增量 Δx 时，相应的函数值有增量 $f(x_0+\Delta x,y_0)-f(x_0,y_0)$. 若

$$\lim_{\Delta x\to 0}\frac{f(x_0+\Delta x_0,y_0)-f(x_0,y_0)}{\Delta x}$$

存在，则称此极限值为**函数 $z=f(x,y)$ 在点 (x_0,y_0) 处对 x 的偏导数**，记作

$$\left.\frac{\partial z}{\partial x}\right|_{(x_0,y_0)},\quad z'_x(x_0,y_0),\quad \left.\frac{\partial f}{\partial x}\right|_{(x_0,y_0)}\quad 或\quad f'_x(x_0,y_0).$$

类似地，若

$$\lim_{\Delta y\to 0}\frac{f(x_0,y_0+\Delta y)-f(x_0,y_0)}{\Delta y}$$

存在，则称此极限值为**函数 $z=f(x,y)$ 在点 (x_0,y_0) 处对 y 的偏导数**，记作

$$\left.\frac{\partial z}{\partial y}\right|_{(x_0,y_0)},\quad z'_y(x_0,y_0),\quad \left.\frac{\partial f}{\partial y}\right|_{(x_0,y_0)}\quad 或\quad f'_y(x_0,y_0).$$

当函数 $z=f(x,y)$ 在点 (x_0,y_0) 处同时存在对 x 和对 y 的偏导数时，称**函数 $f(x,y)$ 在点 (x_0,y_0) 处可偏导.**

如果函数 $z=f(x,y)$ 在某平面区域 D 内的每一点 (x,y) 处均可偏导，那么这些偏导数仍然是 x,y 的函数，称它们为 $f(x,y)$ 的**偏导函数**，记作

$$\frac{\partial z}{\partial x},\quad \frac{\partial f}{\partial x},\quad z'_x,\quad f'_x(x,y);\quad \frac{\partial z}{\partial y},\quad \frac{\partial f}{\partial y},\quad z'_y,\quad f'_y(x,y).$$

显然，函数 $f(x,y)$ 在点 (x_0,y_0) 处的偏导数 $f'_x(x_0,y_0)$ 和 $f'_y(x_0,y_0)$ 就是偏导函数 $f'_x(x,y)$ 和 $f'_y(x,y)$ 在点 (x_0,y_0) 处的函数值. 以后在不致产生误解的情形下，偏导函数也简称偏导数.

从偏导数的定义可以看出，计算多元函数的偏导数并不需要新的方法，一元函数的求导公式和求导法则都可以利用.

例 1

设函数 $z=x^2-xy+y^2$，求 $\left.\frac{\partial z}{\partial x}\right|_{(0,1)}$，$\left.\frac{\partial z}{\partial y}\right|_{(1,2)}$.

解 因 $\frac{\partial z}{\partial x}=2x-y$，故 $\left.\frac{\partial z}{\partial x}\right|_{(0,1)}=2\times0-1=-1$.

因 $\frac{\partial z}{\partial y}=-x+2y$，故 $\left.\frac{\partial z}{\partial y}\right|_{(1,2)}=-1+2\times2=3$.

例 2

设函数 $z=x^y(x>0,x\neq1)$，求证：

$$\frac{x}{y}\cdot\frac{\partial z}{\partial x}+\frac{1}{\ln x}\cdot\frac{\partial z}{\partial y}=2z.$$

证 因为

$$\frac{\partial z}{\partial x}=yx^{y-1},\quad \frac{\partial z}{\partial y}=x^y\ln x,$$

所以

$$\frac{x}{y}\cdot\frac{\partial z}{\partial x}+\frac{1}{\ln x}\cdot\frac{\partial z}{\partial y}=\frac{x}{y}\cdot yx^{y-1}+\frac{1}{\ln x}\cdot x^y\ln x=2x^y=2z.$$

偏导数的概念可推广到三元及三元以上的多元函数情形.例如，三元函数 $u=f(x,y,z)$ 在点 (x,y,z) 处对 x 的偏导数为

$$f'_x(x,y,z)=\lim_{\Delta x\to0}\frac{f(x+\Delta x,y,z)-f(x,y,z)}{\Delta x}.$$

在计算 $f'_x(x,y,z)$ 时，只需将 y,z 看成常量，再对 x 用一元函数的求导方法求导数即可.

例 3

设函数 $u(x,y,z)=x^2+2y^2+3z^2$，求 $\frac{\partial u}{\partial x},\frac{\partial u}{\partial y},\frac{\partial u}{\partial z}$.

解 $\frac{\partial u}{\partial x}=2x,\quad \frac{\partial u}{\partial y}=4y,\quad \frac{\partial u}{\partial z}=6z.$

例 4

已知一定量理想气体的状态方程为

$$PV=RT\quad (R\text{ 为常数}).$$

证明：$\frac{\partial P}{\partial V}\cdot\frac{\partial V}{\partial T}\cdot\frac{\partial T}{\partial P}=-1$.

证 因为

$$P=\frac{RT}{V},\quad \frac{\partial P}{\partial V}=-\frac{RT}{V^2},$$

$$V=\frac{RT}{P},\quad \frac{\partial V}{\partial T}=\frac{R}{P},$$

$$T=\frac{PV}{R},\quad \frac{\partial T}{\partial P}=\frac{V}{R},$$

所以

$$\frac{\partial P}{\partial V}\cdot\frac{\partial V}{\partial T}\cdot\frac{\partial T}{\partial P}=-\frac{RT}{V^2}\cdot\frac{R}{P}\cdot\frac{V}{R}=-\frac{RT}{PV}=-1.$$

例 4 表明，偏导数记号应当作整体记号来看待，不能看作分子与分母之商.

二、偏导数的几何意义

由偏导数的定义可知，二元函数 $z = f(x,y)$ 在点(x_0,y_0)处的偏导数 $f'_x(x_0,y_0)$ 和 $f'_y(x_0,y_0)$ 就是该函数在点(x_0,y_0)处分别沿 x 轴和 y 轴正向的变化率，即

$$f'_x(x_0,y_0) = \frac{\mathrm{d}}{\mathrm{d}x}f(x,y_0)\Big|_{x=x_0}, \quad f'_y(x_0,y_0) = \frac{\mathrm{d}}{\mathrm{d}y}f(x_0,y)\Big|_{y=y_0}.$$

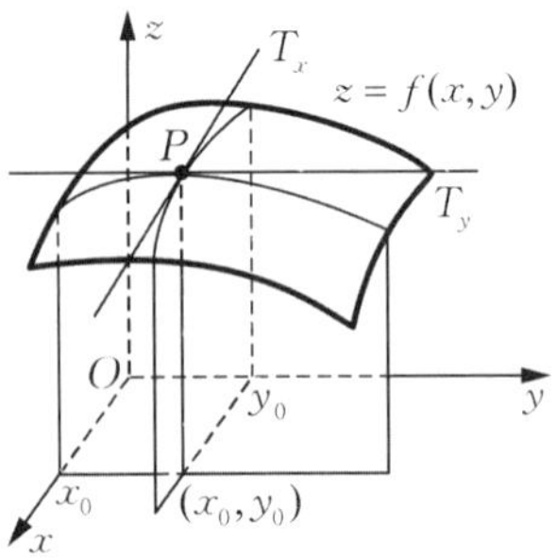

图 8－5

因此，偏导数具有以下几何意义：$f'_x(x_0,y_0)$ 表示曲面 $z = f(x,y)$ 与平面 $y = y_0$ 的交线在空间中点 $P(x_0,y_0,f(x_0,y_0))$ 处的切线 PT_x 的斜率；$f'_y(x_0,y_0)$ 表示曲面 $z = f(x,y)$ 与平面 $x = x_0$ 的交线在空间中点 $P(x_0,y_0,f(x_0,y_0))$ 处的切线 PT_y 的斜率(见图 8-5). 这与一元函数导数的几何意义是类似的.

我们知道，如果一元函数在某一点处可导，那么它在该点处一定连续. 但对于二元函数来说，即使它在某一点处可偏导，也不能保证它在该点处连续. 这与一元函数的结论完全不同.

例 5

设函数 $f(x,y) = \begin{cases} \dfrac{xy}{x^2+y^2}, & x^2+y^2 \neq 0, \\ 0, & x^2+y^2 = 0, \end{cases}$ 求 $f(x,y)$ 的偏导数，并讨论 $f(x,y)$ 在点$(0,0)$处的连续性.

解 当 $x^2+y^2 \neq 0$ 时，

$$f'_x(x,y) = \frac{y(x^2+y^2) - xy \cdot 2x}{(x^2+y^2)^2} = \frac{y(y^2-x^2)}{(x^2+y^2)^2},$$

$$f'_y(x,y) = \frac{x(x^2+y^2) - xy \cdot 2y}{(x^2+y^2)^2} = \frac{x(x^2-y^2)}{(x^2+y^2)^2};$$

当 $x^2+y^2 = 0$ 时，

$$f'_x(0,0) = \lim_{\Delta x \to 0} \frac{f(\Delta x,0) - f(0,0)}{\Delta x} = \lim_{\Delta x \to 0} \frac{0-0}{\Delta x} = 0,$$

$$f'_y(0,0) = \lim_{\Delta y \to 0} \frac{f(0,\Delta y) - f(0,0)}{\Delta y} = \lim_{\Delta y \to 0} \frac{0-0}{\Delta y} = 0.$$

又由第一节例 5 可知，$\lim\limits_{(x,y)\to(0,0)} f(x,y)$ 不存在，故函数 $f(x,y)$ 在点$(0,0)$处不连续.

可见，二元函数在某一点处可偏导却不一定连续.

三、高阶偏导数

如果函数 $z = f(x,y)$ 在平面区域 D 上存在偏导函数 $f'_x(x,y)$ 与 $f'_y(x,y)$，且这两个偏导函数仍可求偏导，则称它们的偏导数为 $z = f(x,y)$ 的**二阶偏导数**，而把 $f'_x(x,y)$，$f'_y(x,y)$ 称为 $z = f(x,y)$ 的**一阶偏导数**.

按对自变量求导次序的不同，有下列 4 种不同的二阶偏导数，记作

$$\frac{\partial}{\partial x}\left(\frac{\partial z}{\partial x}\right) = \frac{\partial^2 z}{\partial x^2} = f''_{xx}(x,y), \quad \frac{\partial}{\partial y}\left(\frac{\partial z}{\partial x}\right) = \frac{\partial^2 z}{\partial x \partial y} = f''_{xy}(x,y),$$

$$\frac{\partial}{\partial x}\left(\frac{\partial z}{\partial y}\right)=\frac{\partial^2 z}{\partial y\partial x}=f''_{yx}(x,y),\quad \frac{\partial}{\partial y}\left(\frac{\partial z}{\partial y}\right)=\frac{\partial^2 z}{\partial y^2}=f''_{yy}(x,y),$$

其中偏导数 $f''_{xy}(x,y)$，$f''_{yx}(x,y)$ 称为 $z=f(x,y)$ 的**二阶混合偏导数**.

例 6

求函数 $z=x^2y^2-2xy+y+3$ 的二阶偏导数.

解 因为$\frac{\partial z}{\partial x}=2xy^2-2y$，$\frac{\partial z}{\partial y}=2x^2y-2x+1$，所以

$$\frac{\partial^2 z}{\partial x^2}=2y^2,\quad \frac{\partial^2 z}{\partial y^2}=2x^2,\quad \frac{\partial^2 z}{\partial x\partial y}=4xy-2,\quad \frac{\partial^2 z}{\partial y\partial x}=4xy-2.$$

从例 6 中可以看到，该函数的两个混合偏导数相等，即

$$\frac{\partial^2 z}{\partial x\partial y}=\frac{\partial^2 z}{\partial y\partial x}.$$

这表明，该函数的二阶混合偏导数与求导次序无关. 一般地，二元函数满足什么条件时才会有这种特性呢？

定理 1 **如果二元函数 $z=f(x,y)$ 的两个二阶混合偏导数在区域 D 内连续，则这两个混合偏导数在 D 内必相等，即有**

$$\frac{\partial^2 z}{\partial x\partial y}=\frac{\partial^2 z}{\partial y\partial x}.$$

对于二元函数 $z=f(x,y)$ 的二阶偏导数来说，如果可以继续对 x 及 y 求偏导数，则得到的是 $z=f(x,y)$ 的三阶偏导数. 以此类推，可以定义更高阶的偏导数. 二阶及二阶以上的偏导数统称为**高阶偏导数**.

类似地，对于三元及三元以上的多元函数也可以定义高阶偏导数.

例 7

证明：函数 $u=\frac{1}{\sqrt{x^2+y^2+z^2}}$ 在其定义域内满足方程

$$\frac{\partial^2 u}{\partial x^2}+\frac{\partial^2 u}{\partial y^2}+\frac{\partial^2 u}{\partial z^2}=0^{①}.$$

证 令 $r=\sqrt{x^2+y^2+z^2}$，则 $u=\frac{1}{r}$，于是

$$\frac{\partial u}{\partial x}=\frac{\mathrm{d}u}{\mathrm{d}r}\cdot\frac{\partial r}{\partial x}=-\frac{1}{r^2}\cdot\frac{x}{\sqrt{x^2+y^2+z^2}}=-\frac{x}{r^3},$$

$$\frac{\partial^2 u}{\partial x^2}=-\frac{r^3-x\cdot 3r^2\frac{\partial r}{\partial x}}{r^6}=-\frac{r^3-3xr^2\cdot\frac{x}{r}}{r^6}=\frac{3x^2-r^2}{r^5}.$$

同理，可得

$$\frac{\partial^2 u}{\partial y^2}=\frac{3y^2-r^2}{r^5},\quad \frac{\partial^2 u}{\partial z^2}=\frac{3z^2-r^2}{r^5}.$$

故有

① 该方程称为拉普拉斯(Laplace) 方程，是含有偏导数的偏微分方程.

$$\frac{\partial^2 u}{\partial x^2}+\frac{\partial^2 u}{\partial y^2}+\frac{\partial^2 u}{\partial z^2}=\frac{3(x^2+y^2+z^2)-3r^2}{r^5}=0.$$

四、偏导数在经济分析中的应用

在上册中,应用导数建立了一元经济函数的边际分析和弹性分析基本概念.本节将应用偏导数建立多元经济函数的边际分析和弹性分析基本概念,它们被称为**偏边际**和**偏弹性**,在经济学中有着广泛的应用.这里仅以需求函数为例进行讨论.

1. 需求函数的偏边际分析

假设A,B两种商品彼此相关,则商品A与B的需求量Q_1与Q_2都是商品A的价格P_1和商品B的价格P_2及消费者收入y的函数,即

$$Q_1=Q_1(P_1,P_2,y),\quad Q_2=Q_2(P_1,P_2,y).\tag{8-1}$$

可以求得6个偏导数

$$\frac{\partial Q_1}{\partial P_1},\quad \frac{\partial Q_1}{\partial P_2},\quad \frac{\partial Q_1}{\partial y},\quad \frac{\partial Q_2}{\partial P_1},\quad \frac{\partial Q_2}{\partial P_2},\quad \frac{\partial Q_2}{\partial y},$$

其中$\frac{\partial Q_1}{\partial P_1}$称为商品A的需求函数关于其价格$P_1$的偏边际需求,它表示在商品B的价格$P_2$和消费者收入$y$固定的情形下,商品A的需求量在商品A的价格$P_1$变化1单位时的近似改变量;$\frac{\partial Q_1}{\partial y}$称为商品A的需求函数关于消费者收入$y$的偏边际需求,它表示在商品A,B的价格$P_1,P_2$固定的情形下,商品A的需求量在消费者收入$y$变化1单位时的近似改变量.类似地,可得到其他偏导数的经济意义.

对于一般的需求函数,当P_2,y固定而P_1上升时,商品A的需求量Q_1将减少,即有$\frac{\partial Q_1}{\partial P_1}<0$;当$P_1,P_2$固定而$y$增加时,$Q_1$将增大,即有$\frac{\partial Q_1}{\partial y}>0$.其他情形可类似讨论.

如果$\frac{\partial Q_1}{\partial P_2}>0,\frac{\partial Q_2}{\partial P_1}>0$,则说明这两种商品中任意一个价格减少,都将使得其中一个需求量增加,另一个需求量减少,这时称A,B两种商品为**替代品关系**.例如,可口可乐和百事可乐就是替代品关系.如果$\frac{\partial Q_1}{\partial P_2}<0,\frac{\partial Q_2}{\partial P_1}<0$,则说明这两种商品中任意一个价格减少,都将使得两种商品的需求量同时增加,这时称A,B两种商品为**互补品关系**.例如,汽车和汽油就是互补品关系.

例8

设A,B两种商品是彼此相关的,它们的需求函数分别为

$$Q_A=150\,\frac{\sqrt[3]{P_B}}{P_A^2},\quad Q_B=90\,\frac{P_A}{\sqrt{P_B}}.$$

试确定A,B两种商品的关系.

解 由题意知,$\frac{\partial Q_A}{\partial P_B}=\frac{50}{P_A^2\sqrt[3]{P_B^2}},\frac{\partial Q_B}{\partial P_A}=\frac{90}{\sqrt{P_B}}$.

因为$P_A>0,P_B>0$,所以

$$\frac{\partial Q_A}{\partial P_B}>0,\quad \frac{\partial Q_B}{\partial P_A}>0.$$

这说明，A，B 两种商品是替代品关系.

2. 需求函数的偏弹性分析

设 A，B 两种商品的需求函数仍由式(8-1)给出，当商品 B 的价格 P_2 和消费者收入 y 保持不变，而商品 A 的价格 P_1 发生变化时，需求量 Q_1 和 Q_2 对价格 P_1 的偏弹性分别定义为

$$E_{AA}=E_{11}=\lim_{\Delta P_1\to 0}\frac{\Delta_1 Q_1/Q_1}{\Delta P_1/P_1}=\frac{P_1}{Q_1}\cdot\frac{\partial Q_1}{\partial P_1},$$

$$E_{BA}=E_{21}=\lim_{\Delta P_1\to 0}\frac{\Delta_1 Q_2/Q_2}{\Delta P_1/P_1}=\frac{P_1}{Q_2}\cdot\frac{\partial Q_2}{\partial P_1},$$

其中 $\Delta_1 Q_i=Q_i(P_1+\Delta P_1,P_2,y)-Q_i(P_1,P_2,y)(i=1,2)$.

类似地，当 P_1 和 y 保持不变而 P_2 发生变化时，需求量 Q_1 和 Q_2 对价格 P_2 的偏弹性分别定义为

$$E_{AB}=E_{12}=\lim_{\Delta P_2\to 0}\frac{\Delta_2 Q_1/Q_1}{\Delta P_2/P_2}=\frac{P_2}{Q_1}\cdot\frac{\partial Q_1}{\partial P_2},$$

$$E_{BB}=E_{22}=\lim_{\Delta P_2\to 0}\frac{\Delta_2 Q_2/Q_2}{\Delta P_2/P_2}=\frac{P_2}{Q_2}\cdot\frac{\partial Q_2}{\partial P_2},$$

其中 $\Delta_2 Q_i=Q_i(P_1,P_2+\Delta P_2,y)-Q_i(P_1,P_2,y)(i=1,2)$.

E_{11}，E_{22} 依次是商品 A，B 的需求量对自身价格的偏弹性，称为**直接价格偏弹性**(或**自价格弹性**)；而 E_{12}，E_{21} 依次是商品 A，B的需求量对商品 B，A 的价格的偏弹性，它们称为**交叉价格偏弹性**(或**互价格弹性**). 相应地，$\dfrac{\Delta_2 Q_1/Q_1}{\Delta P_2/P_2}$ 称为需求量 Q_1 在点 P_2 到 $P_2+\Delta P_2$ 的区间上关于 P_2 的**区间(弧)交叉价格弹性**，$\dfrac{\Delta_1 Q_2/Q_2}{\Delta P_1/P_1}$ 称为需求量 Q_2 在点 P_1 到 $P_1+\Delta P_1$ 的区间上关于 P_1 的区间(弧)交叉价格弹性.

偏弹性 $E_{ij}(i,j=1,2)$ 具有明确的经济意义. 例如，E_{11} 表示在 A，B 两种商品的价格分别为 P_1 和 P_2 的情形下，当商品 A 的价格 P_1 改变 1% 时其需求量 Q_1 改变的百分数；E_{12} 表示在 A，B 两种商品的价格分别为 P_1 和 P_2 的情形下，当商品 B 的价格 P_2 改变 1% 时其需求量 Q_1 改变的百分数. 对 E_{21}，E_{22} 可做类似的解释.

与一元需求函数的价格弹性 e_d 总是保持负号不同，偏弹性 $E_{ij}(i,j=1,2)$ 可能有正有负. 一般地，有 $E_{ii}<0(i=1,2)$，即一种商品提价时其需求量会下降. 若 $|E_{ii}|>1$，则表明该商品提价的百分数小于其需求量下降的百分数，通常可认为它是"奢侈品"；若 $|E_{ii}|<1$，则通常可认为这种商品为"必需品". 又若 $E_{12}>0$，则表明商品 B 提价时商品 A 的需求量也随之增加，所以商品 A 为商品 B 的替代品；若 $E_{12}<0$，则商品 A 为商品 B 的互补品. E_{21} 的符号也有类似的经济意义.

除了上述 4 种偏弹性，还有需求对收入的偏弹性(称为**需求收入偏弹性**)

$$E_{iy}=\frac{y}{Q_i}\cdot\frac{\partial Q_i}{\partial y}\quad(i=1,2).$$

若 $E_{1y}>0$，则表明商品 A 的需求量将随着消费者收入的增加而增加，此时可认为它是"正常品"；若 $E_{1y}<0$，则可认为 A 是"低档品"或"劣质品". E_{2y} 的符号也有类似的经济意义.

例 9

设 A，B，C 这 3 种商品的价格分别为 P_A，P_B，P_C. 已知商品 A 的需求函数为 $Q_A=150-4P_A-5P_B+2P_C+0.002y$，其中 y 为消费者收入，试在 $P_A=10$，$P_B=8$，$P_C=5$，$y=10\,000$，$Q_A=100$ 的情形下，

(1) 利用交叉价格偏弹性判断商品 A 与商品 B,C 的关系；

(2) 分别考察其他商品的价格上涨 10% 对 Q_A 的影响.

解 (1) $E_{AB}=\dfrac{P_B}{Q_A}\cdot\dfrac{\partial Q_A}{\partial P_B}=\dfrac{8}{100}\times(-5)=-0.4$，$E_{AC}=\dfrac{P_C}{Q_A}\cdot\dfrac{\partial Q_A}{\partial P_C}=\dfrac{5}{100}\times 2=0.1$.

因 $E_{AB}<0$，故表明商品 A 与商品 B 是互补品关系，P_B 的上涨将会导致 Q_A 的下降.

因 $E_{AC}>0$，故表明商品 A 与商品 C 是替代品关系，P_C 的上涨将会导致 Q_A 的上涨.

(2) 由 $E_{AB}=\dfrac{\partial Q_A}{Q_A}\Big/\dfrac{\partial P_B}{P_B}$ 可得

$$\frac{\partial Q_A}{Q_A}=E_{AB}\cdot\frac{\partial P_B}{P_B}=-0.4\times 0.1=-0.04.$$

它说明，当 P_B 上涨 10% 时，Q_A 将下降 4%.

由 $E_{AC}=\dfrac{\partial Q_A}{Q_A}\Big/\dfrac{\partial P_C}{P_C}$ 可得

$$\frac{\partial Q_A}{Q_A}=E_{AC}\cdot\frac{\partial P_C}{P_C}=0.1\times 0.1=0.01.$$

它说明，当 P_C 上涨 10% 时，Q_A 将上涨 1%.

例 10

设一商品的需求量 Q_1 与其价格 P_1、另一相关商品的价格 P_2 及消费者收入 y 有以下关系：

$$Q_1=CP_1^{-\alpha}P_2^{-\beta}y^{\gamma},$$

其中 C,α,β,γ 均为正常数. 求直接价格偏弹性 E_{11}、交叉价格偏弹性 E_{12} 及需求收入偏弹性 E_{1y}.

解 由偏弹性的定义公式得

$$E_{11}=\frac{P_1}{Q_1}\cdot\frac{\partial Q_1}{\partial P_1}=-\alpha,$$

$$E_{12}=\frac{P_2}{Q_1}\cdot\frac{\partial Q_1}{\partial P_2}=-\beta,$$

$$E_{1y}=\frac{y}{Q_1}\cdot\frac{\partial Q_1}{\partial y}=\gamma.$$

可见需求函数中的参数的经济意义.

习题 8.2

1. 求下列函数的偏导数：

(1) $z=2x^2+3xy$；　　(2) $z=\dfrac{y}{x}\sin x$；

(3) $z=\sqrt{\ln(xy)}$；　　(4) $z=(1+xy)^y$；

(5) $u=xy+yz+zx$；　　(6) $u=x^{\frac{y}{z}}$.

2. 设函数 $f(x,y)=x+(y-1)\arcsin\sqrt{\dfrac{x}{y}}$，求 $f'_x(x,1)$.

3. 曲线 $\begin{cases}z=\dfrac{1}{4}(x^2+y^2),\\ y=4\end{cases}$ 在点 $(2,4,5)$ 处的切线关于 x 轴的倾角是多少？

4. 是否存在一个函数 $f(x,y)$，使得 $f'_x(x,y)=2x+3y$，$f'_y(x,y)=5x-2y$？

5. 求下列函数的二阶偏导数：

(1) $z=x^4+y^4-4x^2y^2$；　　(2) $z=y^{2x}$；

(3) $z=\arctan\frac{y}{x}$.

6. 设函数 $r=\sqrt{x^2+y^2+z^2}$，证明：

(1) $\left(\frac{\partial r}{\partial x}\right)^2+\left(\frac{\partial r}{\partial y}\right)^2+\left(\frac{\partial r}{\partial z}\right)^2=1$；

(2) $\frac{\partial^2 r}{\partial x^2}+\frac{\partial^2 r}{\partial y^2}+\frac{\partial^2 r}{\partial z^2}=\frac{2}{r}$.

7. 设函数 $z=x\ln(xy)$，求 $\frac{\partial^3 z}{\partial x^2\partial y}$ 及 $\frac{\partial^3 z}{\partial x\partial y^2}$.

8. 已知两种相关商品 A，B 的需求量 Q_1，Q_2 和它们的价格 P_1，P_2 之间的需求函数分别为

$$Q_1=\frac{P_2}{P_1},\quad Q_2=\frac{P_1^2}{P_2}.$$

求直接价格偏弹性 E_{11} 和 E_{22}、交叉价格偏弹性 E_{21} 和 E_{12}，并分析 A，B 两种商品的关系.

9. 某种数码相机 A 的销售量 Q_A 除与它自身的价格 P_A 有关外，还与彩色喷墨打印机 B 的价格 P_B 有关. 已知 $Q_A=120+\frac{250}{P_A}-10P_B-P_B^2$，在 $P_A=50$，$P_B=5$ 的情形下，试求直接价格偏弹性 E_{AA} 和交叉价格偏弹性 E_{AB}.

第三节 全 微 分

一、全微分的概念

上册已经提过，在一元函数 $y=f(x)$ 中，因变量 y 的微分 $\mathrm{d}y$ 是自变量 x 的改变量 Δx 的线性函数，且当 $\Delta x\to 0$ 时，$\mathrm{d}y$ 与函数改变量 Δy 的差是一个比 Δx 高阶的无穷小量. 类似地，我们来讨论二元函数的情形.

设二元函数 $z=f(x,y)$，当自变量 x,y 在点 (x_0,y_0) 处分别有增量 Δx 和 Δy 时，函数相应的增量为

$$\Delta z=f(x_0+\Delta x,y_0+\Delta y)-f(x_0,y_0),$$

称为函数 $z=f(x,y)$ 在点 (x_0,y_0) 处的**全增量**.

假设有一块矩形金属薄片，x 和 y 分别为它的长和宽，则薄片面积为 $z=xy$. 因该薄片受热膨胀，使得原长 x_0 增加了 Δx，原宽 y_0 增加了 Δy，这时面积相应地增加了 Δz，且

$$\Delta z=(x_0+\Delta x)(y_0+\Delta y)-x_0y_0=y_0\Delta x+x_0\Delta y+\Delta x\Delta y.$$

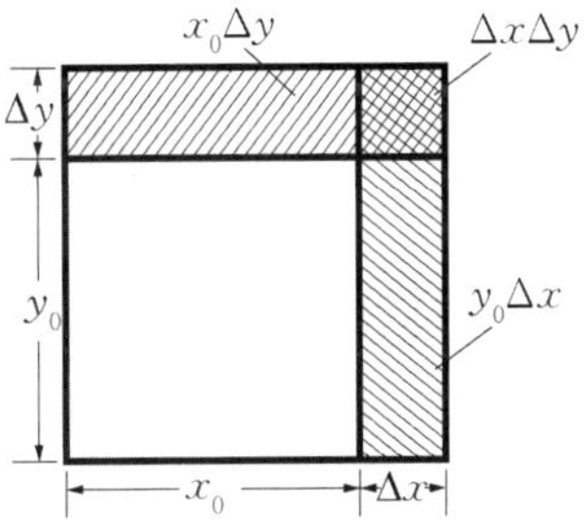

图 8-6

上式右端的 3 项分别表示图 8-6 中的 3 块阴影部分的面积. 前两项之和 $y_0\Delta x+x_0\Delta y$ 是 $\Delta x,\Delta y$ 的线性函数；第三项 $\Delta x\Delta y$，当 $\Delta x\to 0,\Delta y\to 0$ 时，是比 $\rho=\sqrt{(\Delta x)^2+(\Delta y)^2}$ 高阶的无穷小量，即 $\Delta x\Delta y=o(\rho)$. 于是，面积的全增量可以表示为

$$\Delta z=A\Delta x+B\Delta y+o(\rho),$$

其中记 y_0 为 A，x_0 为 B.

一般地，计算全增量比较复杂，我们希望用自变量的增量 $\Delta x,\Delta y$ 的线性函数来近似替代函数的全增量，从而引入如下定义：

定义 1 设函数 $z=f(x,y)$ 在点 (x,y) 的某个邻域内有定义. 如果函数 $z=f(x,y)$ 在点

(x,y) 处的全增量

$$\Delta z = f(x+\Delta x, y+\Delta y) - f(x,y)$$

可以表示为

$$\Delta z = A\Delta x + B\Delta y + o(\rho), \tag{8-2}$$

其中 A,B 不依赖于 Δx 和 Δy 而仅与 x 和 y 有关，$\rho = \sqrt{(\Delta x)^2 + (\Delta y)^2}$，那么称函数 $z = f(x,y)$ 在点 (x,y) 处**可微**，而 $A\Delta x + B\Delta y$ 称为函数 $z = f(x,y)$ 在点 (x,y) 处的**全微分**，记作 $\mathrm{d}z$，即

$$\mathrm{d}z = A\Delta x + B\Delta y.$$

习惯上，自变量的增量 Δx 与 Δy 通常记为 $\mathrm{d}x$ 与 $\mathrm{d}y$，并分别称它们为自变量 x,y 的微分. 于是，函数 $z = f(x,y)$ 在点 (x,y) 处的全微分也可写为

$$\mathrm{d}z = A\mathrm{d}x + B\mathrm{d}y. \tag{8-3}$$

若函数 $z = f(x,y)$ 在区域 D 内各点处都可微，则称 $z = f(x,y)$ 在 D 内可微.

由上述定义，我们容易得到函数 $z = f(x,y)$ 在点 (x,y) 处可微的条件.

定理 1（必要条件） **若函数 $z = f(x,y)$ 在点 (x,y) 处可微，则**

(1) $f(x,y)$ 在点 (x,y) 处连续；

(2) $f(x,y)$ 在点 (x,y) 处可偏导，且有 $A = \frac{\partial z}{\partial x}, B = \frac{\partial z}{\partial y}$，即 $z = f(x,y)$ 在点 (x,y) 处的全微分为

$$\mathrm{d}z = \frac{\partial z}{\partial x}\mathrm{d}x + \frac{\partial z}{\partial y}\mathrm{d}y. \tag{8-4}$$

证 由于函数 $z = f(x,y)$ 在点 (x,y) 处可微，则存在 A,B，使得

$$\Delta z = A\Delta x + B\Delta y + o(\rho).$$

(1) 令 $\rho \to 0$，即 $\Delta x \to 0$ 且 $\Delta y \to 0$，得

$$\lim_{\rho\to 0}\Delta z = \lim_{\substack{\Delta x\to 0\\ \Delta y\to 0}}\Delta z = 0,$$

即

$$\lim_{\substack{\Delta x\to 0\\ \Delta y\to 0}} f(x+\Delta x, y+\Delta y) = f(x,y).$$

所以，函数 $z = f(x,y)$ 在点 (x,y) 处连续.

(2) 令 $\Delta y = 0$，即取 $\rho = |\Delta x|$，则有

$$f(x+\Delta x, y) - f(x,y) = A\Delta x + o(|\Delta x|).$$

上式两边同除以 Δx，并令 $\Delta x \to 0$，得

$$\lim_{\Delta x\to 0}\frac{f(x+\Delta x, y) - f(x,y)}{\Delta x} = A,$$

从而偏导数 $\frac{\partial z}{\partial x}$ 存在，且等于 A.

类似地，可证 $\frac{\partial z}{\partial y} = B$.

定理 2（充分条件） **如果函数 $z = f(x,y)$ 的偏导数 $\frac{\partial z}{\partial x}, \frac{\partial z}{\partial y}$ 在点 (x,y) 处连续，那么 $z = f(x,y)$ 在该点处可微.**

以上关于二元函数全微分的定义及可微的必要条件和充分条件，可以类似地推广到三元及三元以上的多元函数.

若二元函数 $z=f(x,y)$ 可微,则它的全微分

$$dz=\frac{\partial z}{\partial x}dx+\frac{\partial z}{\partial y}dy,$$

此表达式中的两项分别是 z 关于 x 和 y 的"微分",称为**偏微分**.上式称为二元函数的**全微分叠加原理**.

叠加原理也适用于二元以上的多元函数的情形.例如,若三元函数 $u=f(x,y,z)$ 可微,则它的全微分就等于它的 3 个偏微分之和,即

$$du=\frac{\partial u}{\partial x}dx+\frac{\partial u}{\partial y}dy+\frac{\partial u}{\partial z}dz.$$

例 1

求函数 $z=x^2+xy+y^2$ 在点(1,1)处的全微分.

解 因为

$$\frac{\partial z}{\partial x}=2x+y,\quad \left.\frac{\partial z}{\partial x}\right|_{(1,1)}=3,\quad \frac{\partial z}{\partial y}=x+2y,\quad \left.\frac{\partial z}{\partial y}\right|_{(1,1)}=3,$$

故函数 $z=x^2+xy+y^2$ 在点(1,1)处的全微分为

$$dz=\left.\frac{\partial z}{\partial x}\right|_{(1,1)}dx+\left.\frac{\partial z}{\partial y}\right|_{(1,1)}dy=3dx+3dy.$$

例 2

求函数 $z=\frac{1}{2}x^2\ln y$ 的全微分.

解 因为

$$\frac{\partial z}{\partial x}=x\ln y,\quad \frac{\partial z}{\partial y}=\frac{x^2}{2y},$$

故函数 $z=\frac{1}{2}x^2\ln y$ 的全微分为

$$dz=\frac{\partial z}{\partial x}dx+\frac{\partial z}{\partial y}dy=x\ln y dx+\frac{x^2}{2y}dy.$$

例 3

求函数 $u=3x^2+z^2-2yz+2zx$ 的全微分.

解 因为

$$\frac{\partial u}{\partial x}=6x+2z,\quad \frac{\partial u}{\partial y}=-2z,\quad \frac{\partial u}{\partial z}=2z-2y+2x,$$

故函数 $u=3x^2+z^2-2yz+2zx$ 的全微分为

$$du=\frac{\partial u}{\partial x}dx+\frac{\partial u}{\partial y}dy+\frac{\partial u}{\partial z}dz=(6x+2z)dx-2zdy+(2z-2y+2x)dz.$$

二、全微分在近似计算中的应用

由全微分的定义及全微分存在的充分条件可知,当二元函数 $z=f(x,y)$ 的偏导数在点 (x,y) 处连续,且 $|\Delta x|$,$|\Delta y|$ 都较小时,可得近似公式

$$\Delta z\approx dz=f'_x(x,y)\Delta x+f'_y(x,y)\Delta y,$$

或者写成

$$f(x+\Delta x, y+\Delta y) \approx f(x,y) + f'_x(x,y)\Delta x + f'_y(x,y)\Delta y. \tag{8-5}$$

利用上述两式可以对二元函数做近似计算和误差估计.

例 4

求$(1.04)^{1.98}$的近似值.

解 设函数 $z=f(x,y)=x^y$，取 $x=1, y=2, \Delta x=0.04, \Delta y=-0.02$. 要求$(1.04)^{1.98}$，即求 $f(x+\Delta x, y+\Delta y)$ 的值. 由于

$$f(1,2)=1, \quad f'_x(x,y)=yx^{y-1}, \quad f'_y(x,y)=x^y \ln x,$$
$$f'_x(1,2)=2, \quad f'_y(1,2)=0,$$

因此由公式(8－5)可得

$$(1.04)^{1.98} \approx 1+2\times 0.04+0\times(-0.02)=1.08.$$

例 5

一圆柱形无盖的金属罐，内半径为 3 cm，内高为 8 cm，壁厚为 0.1 cm，求所用金属的体积的近似值.

解 设圆柱体半径为 r，高为 h，则圆柱体体积为

$$V=\pi r^2 h.$$

依题意，当 $r=3, h=8, \Delta r=0.1, \Delta h=0.1$ 时，要求 ΔV. 由于

$$\frac{\partial V}{\partial r}=2\pi rh, \quad \frac{\partial V}{\partial h}=\pi r^2,$$

于是

$$\Delta V \approx \mathrm{d}V = \frac{\partial V}{\partial r}\Delta r + \frac{\partial V}{\partial h}\Delta h = 2\pi rh\Delta r + \pi r^2 \Delta h$$
$$=2\pi\times 3\times 8\times 0.1+\pi\times 3^2\times 0.1=5.7\pi\approx 17.907(\mathrm{cm}^3).$$

因此，所用金属的体积约为 17.907 cm^3.

习题 8.3

1. 求下列函数的全微分：

(1) $z=2x^2y+y^3$；　　(2) $z=xy+\dfrac{x}{y}$；

(3) $u=\ln(3x-2y+z)$；　　(4) $u=x^{yz}$.

2. 求函数 $z=\ln(1+x^2+y^2)$ 当 $x=1, y=2$ 时的全微分.

3. 求下列数的近似值：

(1) $(1.97)^{1.05}$ （注：$\ln 2=0.693$）；

(2) $\sqrt{(1.02)^2+(1.97)^3}$.

4. 要在高为 20 cm，半径为 4 cm 的圆柱体表面均匀地镀上一层厚度为 0.1 cm 的铬镍钨合金材料. 已知该合金材料的密度为 7.8 g/cm^3，大约会消耗多少铬镍钨合金材料？

第四节 多元复合函数的求导法则

在一元函数的微分学中，复合函数的求导法则起着重要作用，现将其推广至多元函数，得到多元复合函数的求导法则.

下面按照多元复合函数不同的复合情形，分 3 种情况讨论.

一、复合函数的中间变量均为一元函数

定理 1 **若函数 $u=\varphi(t)$ 及 $v=\psi(t)$ 都在点 t 处可导，函数 $z=f(u,v)$ 在对应点(u,v)处具有连续偏导数，则复合函数 $z=f(\varphi(t),\psi(t))$ 在点 t 处可导，且有**

$$\frac{\mathrm{d}z}{\mathrm{d}t}=\frac{\partial z}{\partial u}\cdot\frac{\mathrm{d}u}{\mathrm{d}t}+\frac{\partial z}{\partial v}\cdot\frac{\mathrm{d}v}{\mathrm{d}t}.$$

上式中的导数 $\frac{\mathrm{d}z}{\mathrm{d}t}$ 称为**全导数**.

例 1

设函数 $z=\mathrm{e}^{2u-3v}$，$u=x^2$，$v=\cos x$，求 $\frac{\mathrm{d}z}{\mathrm{d}x}$.

解 因为

$$\frac{\partial z}{\partial u}=2\mathrm{e}^{2u-3v},\quad \frac{\partial z}{\partial v}=-3\mathrm{e}^{2u-3v},\quad \frac{\mathrm{d}u}{\mathrm{d}x}=2x,\quad \frac{\mathrm{d}v}{\mathrm{d}x}=-\sin x,$$

所以

$$\frac{\mathrm{d}z}{\mathrm{d}x}=\frac{\partial z}{\partial u}\cdot\frac{\mathrm{d}u}{\mathrm{d}x}+\frac{\partial z}{\partial v}\cdot\frac{\mathrm{d}v}{\mathrm{d}x}=\mathrm{e}^{2u-3v}(4x+3\sin x)=\mathrm{e}^{2x^2-3\cos x}(4x+3\sin x).$$

定理 1 的结论可推广到复合函数的中间变量多于两个的情形.

例如，若函数 $u=\varphi(t)$，$v=\psi(t)$，$w=\omega(t)$ 都在点 t 处可导，函数 $z=f(u,v,w)$ 在对应点(u,v,w)处具有连续偏导数，则复合函数 $z=f(\varphi(t),\psi(t),\omega(t))$ 在点 t 处可导，且有

$$\frac{\mathrm{d}z}{\mathrm{d}t}=\frac{\partial z}{\partial u}\cdot\frac{\mathrm{d}u}{\mathrm{d}t}+\frac{\partial z}{\partial v}\cdot\frac{\mathrm{d}v}{\mathrm{d}t}+\frac{\partial z}{\partial w}\cdot\frac{\mathrm{d}w}{\mathrm{d}t}.$$

例 2

设函数 $z=f(\sin t,\cos t,\mathrm{e}^{-t})$，其中 f 具有连续偏导数，求 $\frac{\mathrm{d}z}{\mathrm{d}t}$.

解 令 $u=\sin t$，$v=\cos t$，$w=\mathrm{e}^{-t}$，则

$$\begin{aligned}\frac{\mathrm{d}z}{\mathrm{d}t}&=\frac{\partial f}{\partial u}\cdot\frac{\mathrm{d}u}{\mathrm{d}t}+\frac{\partial f}{\partial v}\cdot\frac{\mathrm{d}v}{\mathrm{d}t}+\frac{\partial f}{\partial w}\cdot\frac{\mathrm{d}w}{\mathrm{d}t}\\&=\frac{\partial f}{\partial u}\cdot\cos t+\frac{\partial f}{\partial v}\cdot(-\sin t)+\frac{\partial f}{\partial w}\cdot(-\mathrm{e}^{-t})\\&=\cos t\,\frac{\partial f}{\partial u}-\sin t\,\frac{\partial f}{\partial v}-\mathrm{e}^{-t}\,\frac{\partial f}{\partial w}.\end{aligned}$$

二、复合函数的中间变量均为多元函数

定理 2 若函数 $u=\varphi(x,y),v=\psi(x,y)$ 都在点 (x,y) 处具有对 x 及 y 的偏导数,函数 $z=f(u,v)$ 在对应点 (u,v) 处具有连续偏导数,则复合函数 $z=f(\varphi(x,y),\psi(x,y))$ 在点 (x,y) 处的两个偏导数都存在,且有

$$\frac{\partial z}{\partial x}=\frac{\partial z}{\partial u}\cdot\frac{\partial u}{\partial x}+\frac{\partial z}{\partial v}\cdot\frac{\partial v}{\partial x},\quad \frac{\partial z}{\partial y}=\frac{\partial z}{\partial u}\cdot\frac{\partial u}{\partial y}+\frac{\partial z}{\partial v}\cdot\frac{\partial v}{\partial y}.$$

例 3

设函数 $z=u^2\ln v,u=\frac{x}{y},v=3x-2y$,求 $\frac{\partial z}{\partial x}$ 及 $\frac{\partial z}{\partial y}$.

解

$$\begin{aligned}\frac{\partial z}{\partial x}&=\frac{\partial z}{\partial u}\cdot\frac{\partial u}{\partial x}+\frac{\partial z}{\partial v}\cdot\frac{\partial v}{\partial x}=2u\ln v\cdot\frac{1}{y}+\frac{u^2}{v}\cdot 3\\&=\frac{2x}{y^2}\ln(3x-2y)+\frac{3x^2}{(3x-2y)y^2},\\\frac{\partial z}{\partial y}&=\frac{\partial z}{\partial u}\cdot\frac{\partial u}{\partial y}+\frac{\partial z}{\partial v}\cdot\frac{\partial v}{\partial y}=2u\ln v\cdot\left(-\frac{x}{y^2}\right)+\frac{u^2}{v}\cdot(-2)\\&=-\frac{2x^2}{y^3}\ln(3x-2y)-\frac{2x^2}{(3x-2y)y^2}.\end{aligned}$$

类似地,可以把中间变量和自变量推广到多于两个的情形.

例如,设函数 $u=\varphi(x,y),v=\psi(x,y)$ 及 $w=\omega(x,y)$ 都在点 (x,y) 处具有偏导数,函数 $z=f(u,v,w)$ 在对应点 (u,v,w) 处具有连续偏导数,则复合函数

$$z=f(\varphi(x,y),\psi(x,y),\omega(x,y))$$

在点 (x,y) 处的偏导数都存在,且有

$$\frac{\partial z}{\partial x}=\frac{\partial z}{\partial u}\cdot\frac{\partial u}{\partial x}+\frac{\partial z}{\partial v}\cdot\frac{\partial v}{\partial x}+\frac{\partial z}{\partial w}\cdot\frac{\partial w}{\partial x},$$

$$\frac{\partial z}{\partial y}=\frac{\partial z}{\partial u}\cdot\frac{\partial u}{\partial y}+\frac{\partial z}{\partial v}\cdot\frac{\partial u}{\partial y}+\frac{\partial z}{\partial w}\cdot\frac{\partial w}{\partial y}.$$

又如,设函数 $u=\varphi(x,y,z),v=\psi(x,y,z)$ 在点 (x,y,z) 处具有偏导数,函数 $w=f(u,v)$ 在对应点 (u,v) 处具有连续偏导数,则复合函数

$$w=f(\varphi(x,y,z),\psi(x,y,z))$$

在点 (x,y,z) 处的偏导数都存在,且有

$$\frac{\partial w}{\partial x}=\frac{\partial w}{\partial u}\cdot\frac{\partial u}{\partial x}+\frac{\partial w}{\partial v}\cdot\frac{\partial v}{\partial x},$$

$$\frac{\partial w}{\partial y}=\frac{\partial w}{\partial u}\cdot\frac{\partial u}{\partial y}+\frac{\partial w}{\partial v}\cdot\frac{\partial v}{\partial y},$$

$$\frac{\partial w}{\partial z}=\frac{\partial w}{\partial u}\cdot\frac{\partial u}{\partial z}+\frac{\partial w}{\partial v}\cdot\frac{\partial v}{\partial z}.$$

例 4

设函数 $w=f(x+y+z,xyz)$,f 具有二阶连续偏导数,求 $\frac{\partial w}{\partial x},\frac{\partial w}{\partial y},\frac{\partial w}{\partial z}$ 及 $\frac{\partial^2 w}{\partial x\partial z}$.

解 令 $u=x+y+z,v=xyz$,则 $w=f(u,v)$.

为了表达简便起见,引入以下记号:

$$f'_1=\frac{\partial f(u,v)}{\partial u},\quad f'_2=\frac{\partial f(u,v)}{\partial v},$$

$$f''_{12}=\frac{\partial^2 f(u,v)}{\partial u\partial v},\quad f''_{21}=\frac{\partial^2 f(u,v)}{\partial v\partial u},$$

$$f''_{11}=\frac{\partial^2 f(u,v)}{\partial u^2},\quad f''_{22}=\frac{\partial^2 f(u,v)}{\partial v^2},$$

可得

$$\frac{\partial w}{\partial x}=\frac{\partial f}{\partial u}\cdot\frac{\partial u}{\partial x}+\frac{\partial f}{\partial v}\cdot\frac{\partial v}{\partial x}=f'_1+yzf'_2.$$

同理,可得

$$\frac{\partial w}{\partial y}=f'_1+xzf'_2,\quad \frac{\partial w}{\partial z}=f'_1+xyf'_2.$$

应当注意到偏导数 $f'_1=f'_1(x+y+z,xyz)$,$f'_2=f'_2(x+y+z,xyz)$ 仍旧是复合函数,于是

$$\begin{aligned}\frac{\partial^2 w}{\partial x\partial z}&=\frac{\partial}{\partial z}(f'_1(x+y+z,xyz)+yzf'_2(x+y+z,xyz))\\&=\frac{\partial f'_1}{\partial u}\cdot\frac{\partial u}{\partial z}+\frac{\partial f'_1}{\partial v}\cdot\frac{\partial v}{\partial z}+yf'_2+yz\left(\frac{\partial f'_2}{\partial u}\cdot\frac{\partial u}{\partial z}+\frac{\partial f'_2}{\partial v}\cdot\frac{\partial v}{\partial z}\right)\\&=f''_{11}+xyf''_{12}+yf'_2+yzf''_{21}+xy^2zf''_{22}\\&=f''_{11}+y(x+z)f''_{12}+xy^2zf''_{22}+yf'_2.\end{aligned}$$

三、复合函数的中间变量既有一元函数又有多元函数

定理 3 **如果函数 $u=\varphi(x,y)$ 在点 (x,y) 处可偏导,函数 $v=\psi(y)$ 在点 y 处可导,函数 $z=f(u,v)$ 在对应点 (u,v) 处具有连续偏导数,则复合函数 $z=f(\varphi(x,y),\psi(y))$ 在点 (x,y) 处可偏导,且有**

$$\frac{\partial z}{\partial x}=\frac{\partial z}{\partial u}\cdot\frac{\partial u}{\partial x},\quad \frac{\partial z}{\partial y}=\frac{\partial z}{\partial u}\cdot\frac{\partial u}{\partial y}+\frac{\partial z}{\partial v}\cdot\frac{\mathrm{d}v}{\mathrm{d}y}.$$

这种情形实际上可看作第二种情形的一种特例,其中中间变量 v 与 x 无关,从而 $\frac{\partial v}{\partial x}=0$;在 v 对 y 求导时,由于 v 是 y 的一元函数,因此 $\frac{\partial v}{\partial y}$ 可写成 $\frac{\mathrm{d}v}{\mathrm{d}y}$,就得到上述结果.

有时多元函数的复合还会遇到这样的情形:复合函数的某些中间变量本身又是复合函数的自变量.

例如,设函数 $z=f(u,x,y)$ 具有连续偏导数,而函数 $u=\varphi(x,y)$ 可偏导,则复合函数 $z=f(\varphi(x,y),x,y)$ 可看作第二种情形中当 $u=\varphi(x,y)$,$v=x$,$w=y$ 时的特殊情形,因此

$$\frac{\partial v}{\partial x}=1,\quad \frac{\partial w}{\partial x}=0,\quad \frac{\partial v}{\partial y}=0,\quad \frac{\partial w}{\partial y}=1,$$

从而复合函数 $z=f(\varphi(x,y),x,y)$ 可偏导,且有

$$\frac{\partial z}{\partial x}=\frac{\partial f}{\partial u}\cdot\frac{\partial u}{\partial x}+\frac{\partial f}{\partial x},\quad \frac{\partial z}{\partial y}=\frac{\partial f}{\partial u}\cdot\frac{\partial u}{\partial y}+\frac{\partial f}{\partial y}.$$

需要注意这里的 $\frac{\partial z}{\partial x}$ 与 $\frac{\partial f}{\partial x}$ 是不同的,$\frac{\partial z}{\partial x}$ 是把复合函数 $z=f(\varphi(x,y),x,y)$ 中的 y 看作常量而对 x 的偏导数,$\frac{\partial f}{\partial x}$ 是把 $f(u,x,y)$ 中的 u 与 y 看作常量而对 x 的偏导数. $\frac{\partial z}{\partial y}$ 与 $\frac{\partial f}{\partial y}$ 也有类似的区别.

例 5

设函数 $z=f(u,x,y)=\mathrm{e}^{u^2+x^2+y^2}$，$u=x^2\sin y$，求 $\dfrac{\partial z}{\partial x}$ 及 $\dfrac{\partial z}{\partial y}$.

解 $$\begin{aligned}\frac{\partial z}{\partial x}&=\frac{\partial f}{\partial u}\cdot\frac{\partial u}{\partial x}+\frac{\partial f}{\partial x}=2u\mathrm{e}^{u^2+x^2+y^2}\cdot 2x\sin y+2x\mathrm{e}^{u^2+x^2+y^2}\\&=2x(1+2x^2\sin^2 y)\mathrm{e}^{x^4\sin^2 y+x^2+y^2},\\\frac{\partial z}{\partial y}&=\frac{\partial f}{\partial u}\cdot\frac{\partial u}{\partial y}+\frac{\partial f}{\partial y}=2u\mathrm{e}^{u^2+x^2+y^2}\cdot x^2\cos y+2y\mathrm{e}^{u^2+x^2+y^2}\\&=2(y+x^4\sin y\cos y)\mathrm{e}^{x^4\sin^2 y+x^2+y^2}.\end{aligned}$$

例 6

设函数 $z=uv+\sin t$，$u=\mathrm{e}^t$，$v=\cos t$，求 $\dfrac{\mathrm{d}z}{\mathrm{d}t}$.

解 $$\begin{aligned}\frac{\mathrm{d}z}{\mathrm{d}t}&=\frac{\partial z}{\partial u}\cdot\frac{\mathrm{d}u}{\mathrm{d}t}+\frac{\partial z}{\partial v}\cdot\frac{\mathrm{d}v}{\mathrm{d}t}+\frac{\partial z}{\partial t}=v\cdot\mathrm{e}^t+u\cdot(-\sin t)+\cos t\\&=\mathrm{e}^t\cos t-\mathrm{e}^t\sin t+\cos t.\end{aligned}$$

例 7

设函数 $z=f(u,v)$ 具有二阶连续偏导数，$u=x-y$，$v=x+y$. 试用 z 关于 u,v 的偏导数表示方程 $\dfrac{\partial^2 z}{\partial x^2}+\dfrac{\partial^2 z}{\partial y^2}=2$.

解 由多元复合函数的求导法则得

$$\frac{\partial z}{\partial x}=\frac{\partial z}{\partial u}\cdot\frac{\partial u}{\partial x}+\frac{\partial z}{\partial v}\cdot\frac{\partial v}{\partial x}=\frac{\partial z}{\partial u}+\frac{\partial z}{\partial v},$$

上式两边再对 x 求偏导数，得

$$\frac{\partial^2 z}{\partial x^2}=\left(\frac{\partial^2 z}{\partial u^2}+\frac{\partial^2 z}{\partial v\partial u}\right)\cdot\frac{\partial u}{\partial x}+\left(\frac{\partial^2 z}{\partial u\partial v}+\frac{\partial^2 z}{\partial v^2}\right)\cdot\frac{\partial v}{\partial x}=\frac{\partial^2 z}{\partial u^2}+2\frac{\partial^2 z}{\partial u\partial v}+\frac{\partial^2 z}{\partial v^2}.$$

同样，有

$$\frac{\partial z}{\partial y}=\frac{\partial z}{\partial u}\cdot\frac{\partial u}{\partial y}+\frac{\partial z}{\partial v}\cdot\frac{\partial v}{\partial y}=-\frac{\partial z}{\partial u}+\frac{\partial z}{\partial v},$$

上式两边再对 y 求偏导数，得

$$\frac{\partial^2 z}{\partial y^2}=\left(-\frac{\partial^2 z}{\partial u^2}+\frac{\partial^2 z}{\partial v\partial u}\right)\cdot\frac{\partial u}{\partial y}+\left(-\frac{\partial^2 z}{\partial u\partial v}+\frac{\partial^2 z}{\partial v^2}\right)\cdot\frac{\partial v}{\partial y}=\frac{\partial^2 z}{\partial u^2}-2\frac{\partial^2 z}{\partial u\partial v}+\frac{\partial^2 z}{\partial v^2}.$$

因此，可得

$$\frac{\partial^2 z}{\partial x^2}+\frac{\partial^2 z}{\partial y^2}=2\left(\frac{\partial^2 z}{\partial u^2}+\frac{\partial^2 z}{\partial v^2}\right).$$

故所求方程可表示为

$$\frac{\partial^2 z}{\partial u^2}+\frac{\partial^2 z}{\partial v^2}=1.$$

全微分形式不变性 设函数 $z=f(u,v)$ 具有连续偏导数，则有全微分

$$\mathrm{d}z=\frac{\partial z}{\partial u}\mathrm{d}u+\frac{\partial z}{\partial v}\mathrm{d}v.$$

如果 u,v 又是中间变量，即 $u=\varphi(x,y)$，$v=\psi(x,y)$，且这两个函数也具有连续偏导数，那么复合函数 $z=f(\varphi(x,y),\psi(x,y))$ 的全微分为

$$\mathrm{d}z=\frac{\partial z}{\partial x}\mathrm{d}x+\frac{\partial z}{\partial y}\mathrm{d}y=\left(\frac{\partial z}{\partial u}\cdot\frac{\partial u}{\partial x}+\frac{\partial z}{\partial v}\cdot\frac{\partial v}{\partial x}\right)\mathrm{d}x+\left(\frac{\partial z}{\partial u}\cdot\frac{\partial u}{\partial y}+\frac{\partial z}{\partial v}\cdot\frac{\partial v}{\partial y}\right)\mathrm{d}y$$

$$=\frac{\partial z}{\partial u}\left(\frac{\partial u}{\partial x}\mathrm{d}x+\frac{\partial u}{\partial y}\mathrm{d}y\right)+\frac{\partial z}{\partial v}\left(\frac{\partial v}{\partial x}\mathrm{d}x+\frac{\partial v}{\partial y}\mathrm{d}y\right)=\frac{\partial z}{\partial u}\mathrm{d}u+\frac{\partial z}{\partial v}\mathrm{d}v.$$

由此可见，无论 z 是自变量 u,v 的函数还是中间变量 u,v 的函数，它的全微分形式都是一样的. 这个性质叫作**全微分形式不变性**.

例 8

利用全微分形式不变性解例 3.

解 易知 $\mathrm{d}z=\mathrm{d}(u^2\ln v)=2u\ln v\mathrm{d}u+\dfrac{u^2}{v}\mathrm{d}v$. 又

$$\mathrm{d}u=\mathrm{d}\left(\frac{x}{y}\right)=\frac{y\mathrm{d}x-x\mathrm{d}y}{y^2},\quad \mathrm{d}v=\mathrm{d}(3x-2y)=3\mathrm{d}x-2\mathrm{d}y,$$

代入全微分 $\mathrm{d}z$ 后，合并含 $\mathrm{d}x$ 及 $\mathrm{d}y$ 的项，得

$$\mathrm{d}z=2\,\frac{x}{y}\ln(3x-2y)\,\frac{y\mathrm{d}x-x\mathrm{d}y}{y^2}+\frac{x^2}{(3x-2y)y^2}(3\mathrm{d}x-2\mathrm{d}y)$$

$$=\left[\frac{2x}{y^2}\ln(3x-2y)+\frac{3x^2}{(3x-2y)y^2}\right]\mathrm{d}x+\left[-\frac{2x^2}{y^3}\ln(3x-2y)-\frac{2x^2}{(3x-2y)y^2}\right]\mathrm{d}y.$$

将上式和全微分公式 $\mathrm{d}z=\dfrac{\partial z}{\partial x}\mathrm{d}x+\dfrac{\partial z}{\partial y}\mathrm{d}y$ 比较，即可同时得到两个偏导数：

$$\frac{\partial z}{\partial x}=\frac{2x}{y^2}\ln(3x-2y)+\frac{3x^2}{(3x-2y)y^2},$$

$$\frac{\partial z}{\partial y}=-\frac{2x^2}{y^3}\ln(3x-2y)-\frac{2x^2}{(3x-2y)y^2}.$$

它们与例 3 的结果一致.

习题 8.4

1. 求下列函数的全导数：

(1) 设 $z=u^2v, u=\cos t, v=\sin t$，求 $\dfrac{\mathrm{d}z}{\mathrm{d}t}$；

(2) 设 $z=\mathrm{e}^{2x+3y}, x=\cos t, y=t^2$，求 $\dfrac{\mathrm{d}z}{\mathrm{d}t}$；

(3) 设 $u=\dfrac{\mathrm{e}^{ax}(y-z)}{a^2+1}, y=a\sin x, z=\cos x$，求 $\dfrac{\mathrm{d}u}{\mathrm{d}x}$.

2. 设函数 $z=u^2+v^2, u=x+y, v=x-y$，求 $\dfrac{\partial z}{\partial x}$ 及 $\dfrac{\partial z}{\partial y}$.

3. 设函数 $z=x^y$，求 $\dfrac{\partial z}{\partial x}$ 及 $\dfrac{\partial z}{\partial y}$.

4. 设函数 $z=(x-y)^{xy}$，求 $\dfrac{\partial z}{\partial x}$ 及 $\dfrac{\partial z}{\partial y}$.

5. 设函数 $z=xy+xF(u), u=\dfrac{y}{x}$，其中 $F(u)$ 为可导函数. 验证：$x\dfrac{\partial z}{\partial x}+y\dfrac{\partial z}{\partial y}=z+xy$.

6. 设函数 $z=\dfrac{y}{f(x^2-y^2)}$，其中 $f(u)$ 为可导函数. 验证：$\dfrac{1}{x}\cdot\dfrac{\partial z}{\partial x}+\dfrac{1}{y}\cdot\dfrac{\partial z}{\partial y}=\dfrac{z}{y^2}$.

7. 求下列函数的一阶偏导数：

(1) $u=f(x^2-y^2,\mathrm{e}^{xy})$；

(2) $u=f\left(\dfrac{x}{y},\dfrac{y}{z}\right)$；

(3) $u=f(x,xy,xyz)$.

8. 求下列函数的二阶偏导数：

(1) $z=\sin^2(ax+by)$；　　(2) $z=\ln(y+\sqrt{x^2+y^2})$.

9. 求下列函数的二阶偏导数(函数 f 具有二阶连续偏导数)：

(1) $z=f\left(2x,\dfrac{x}{y}\right)$；　　(2) $z=f(x\ln y,y-x)$；

(3) $z=f(\sin x,\cos y,e^{2x-y})$.

10. 设函数 $f(x,y)=\int_0^{\sqrt{xy}}e^{-t^2}dt\ (x>0,y>0)$，求 $df(x,y)$.

第五节　隐函数的求导公式

一、一个方程的情形

在一元函数的微分学中，我们已经提出了隐函数的概念，并且给出了不经过显化直接求由方程

$$F(x,y)=0 \tag{8-6}$$

所确定的隐函数的导数的方法. 现在列出隐函数存在定理，并根据多元复合函数的求导法则来导出隐函数的求导公式.

隐函数存在定理 1　设函数 $F(x,y)$ 在点 (x_0,y_0) 的某个邻域内有连续偏导数，且 $F(x_0,y_0)=0$，$F'_y(x_0,y_0)\neq 0$，则方程 $F(x,y)=0$ 在点 (x_0,y_0) 的某个邻域内恒能唯一确定一个具有连续导数的函数 $y=f(x)$，它满足条件 $y_0=f(x_0)$，并有

$$\frac{dy}{dx}=-\frac{F'_x}{F'_y}. \tag{8-7}$$

公式(8-7)就是隐函数的求导公式. 这个定理我们不予证明，仅就公式(8-7)做如下推导：

将方程(8-6)所确定的函数 $y=f(x)$ 代入式(8-6)，得恒等式

$$F(x,f(x))\equiv 0,$$

其左端可以看作 x 的一个复合函数，下面求这个函数的全导数. 由于恒等式两端求导后仍然恒等，故得

$$\frac{\partial F}{\partial x}+\frac{\partial F}{\partial y}\cdot\frac{dy}{dx}=0.$$

由于 F'_y 连续且 $F'_y(x_0,y_0)\neq 0$，因此存在点 (x_0,y_0) 的某个邻域，在这个邻域内 $F'_y\neq 0$. 于是，得

$$\frac{dy}{dx}=-\frac{F'_x}{F'_y}.$$

如果函数 $F(x,y)$ 的二阶偏导数也都连续，则可以把等式(8-7)的两端看成复合函数对 x 再一次求导，于是得

$$\begin{aligned}\frac{d^2y}{dx^2}&=\frac{\partial}{\partial x}\left(-\frac{F'_x}{F'_y}\right)+\frac{\partial}{\partial y}\left(-\frac{F'_x}{F'_y}\right)\cdot\frac{dy}{dx}\\&=-\frac{F''_{xx}F'_y-F''_{yx}F'_x}{F'^2_y}-\frac{F''_{xy}F'_y-F''_{yy}F'_x}{F'^2_y}\left(-\frac{F'_x}{F'_y}\right)\end{aligned}$$

$$=-\frac{F''_{xx}F'^2_y-2F''_{xy}F'_xF'_y+F''_{yy}F'^2_x}{F'^3_y}.$$

例 1

验证:方程 $x^2+y^2=1$ 在点(0,1) 的某个邻域内能唯一确定一个有连续导数的隐函数 $y=f(x)$,使它满足 $y(0)=1$,并求这个函数的一阶、二阶导数在点 $x=0$ 处的值.

证 方程可化为

$$x^2+y^2-1=0.$$

设函数 $F(x,y)=x^2+y^2-1$,则 $F'_x=2x, F'_y=2y, F(0,1)=0, F'_y(0,1)=2\neq 0$. 因此,由隐函数存在定理 1 可知,方程 $x^2+y^2-1=0$ 在点(0,1) 的某个邻域内能唯一确定一个有连续导数的隐函数 $y=f(x)$,使它满足 $y(0)=1$.

下面求这函数的一阶、二阶导数:

$$\frac{\mathrm{d}y}{\mathrm{d}x}=-\frac{F'_x}{F'_y}=-\frac{x}{y},\quad \left.\frac{\mathrm{d}y}{\mathrm{d}x}\right|_{(0,1)}=0;$$

又 $F''_{xx}=2, F''_{xy}=0, F''_{yy}=2$,所以

$$\frac{\mathrm{d}^2y}{\mathrm{d}x^2}=-\frac{F''_{xx}F'^2_y-2F''_{xy}F'_xF'_y+F''_{yy}F'^2_x}{F'^3_y}=-\frac{2(2y)^2+2(2x)^2}{8y^3}=-\frac{1}{y^3},$$

$$\left.\frac{\mathrm{d}^2y}{\mathrm{d}x^2}\right|_{(0,1)}=-1.$$

二阶导数公式形式较复杂,上例也可以直接通过对一阶导数再求导数来进行求解:

$$\frac{\mathrm{d}^2y}{\mathrm{d}x^2}=\frac{\mathrm{d}}{\mathrm{d}x}\left(\frac{\mathrm{d}y}{\mathrm{d}x}\right)=\frac{\mathrm{d}}{\mathrm{d}x}\left(-\frac{x}{y}\right)=-\frac{y-xy'}{y^2}=-\frac{y-x\left(-\frac{x}{y}\right)}{y^2}=-\frac{1}{y^3}.$$

隐函数存在定理还可以推广到多元函数. 一个二元方程(8-6) 可以确定一个一元隐函数,那么一个三元方程

$$F(x,y,z)=0 \tag{8-8}$$

就有可能确定一个二元隐函数,这就是下面的定理:

隐函数存在定理 2 设函数 $F(x,y,z)$ 在点 (x_0,y_0,z_0) 的某个邻域内具有连续偏导数,且 $F(x_0,y_0,z_0)=0, F'_z(x_0,y_0,z_0)\neq 0$,**则方程** $F(x,y,z)=0$ **在点** (x_0,y_0,z_0) **的某个邻域内恒能唯一确定一个具有连续偏导数的函数** $z=f(x,y)$,**它满足条件** $z_0=f(x_0,y_0)$,**并有**

$$\frac{\partial z}{\partial x}=-\frac{F'_x}{F'_z},\quad \frac{\partial z}{\partial y}=-\frac{F'_y}{F'_z}. \tag{8-9}$$

这个定理不予证明,与隐函数存在定理 1 类似,仅就公式(8-9) 做如下推导:

由于

$$F(x,y,f(x,y))\equiv 0,$$

将上式两端分别对 x 和 y 求偏导数,应用复合函数的求导法则得

$$F'_x+F'_z\frac{\partial z}{\partial x}=0,\quad F'_y+F'_z\frac{\partial z}{\partial y}=0.$$

因为 F'_z 连续,且 $F'_z(x_0,y_0,z_0)\neq 0$,所以存在点 (x_0,y_0,z_0) 的某个邻域,在这个邻域内 $F'_z\neq 0$. 于是,得

$$\frac{\partial z}{\partial x}=-\frac{F'_x}{F'_z},\quad \frac{\partial z}{\partial y}=-\frac{F'_y}{F'_z}.$$

例 2

设方程 $x^2+y^2+z^2-4z=0$，求 $\dfrac{\partial^2 z}{\partial x^2}$.

解　设函数 $F(x,y,z)=x^2+y^2+z^2-4z$，则 $F'_x=2x, F'_z=2z-4$. 于是，当 $z\neq 2$ 时，应用公式(8－9)，得

$$\frac{\partial z}{\partial x}=-\frac{2x}{2z-4}=\frac{x}{2-z}.$$

上式再次对 x 求偏导数，得

$$\frac{\partial^2 z}{\partial x^2}=\frac{(2-z)+x\dfrac{\partial z}{\partial x}}{(2-z)^2}=\frac{(2-z)+x\left(\dfrac{x}{2-z}\right)}{(2-z)^2}=\frac{(2-z)^2+x^2}{(2-z)^3}.$$

二、方程组的情形

下面我们将隐函数存在定理做另一方面的推广. 我们不仅增加方程中变量的个数，而且增加方程的个数. 例如，考虑方程组

$$\begin{cases}F(x,y,u,v)=0,\\ G(x,y,u,v)=0,\end{cases}\tag{8-10}$$

这时在上述 4 个变量中，一般只能有两个变量独立变化，因此方程组(8－10) 就有可能确定两个二元隐函数. 在这种情况下，我们可以由函数 F,G 的性质来断定由方程组(8－10) 所确定的两个二元隐函数的存在性以及它们的性质，即如下的定理：

隐函数存在定理 3　**设函数 $F(x,y,u,v)$，$G(x,y,u,v)$ 在点(x_0,y_0,u_0,v_0) 的某个邻域内具有对各个变量的连续偏导数，又 $F(x_0,y_0,u_0,v_0)=0$，$G(x_0,y_0,u_0,v_0)=0$，且偏导数所组成的函数行列式[称为雅可比(Jacobi) 行列式]**

$$J=\frac{\partial(F,G)}{\partial(u,v)}=\begin{vmatrix}\dfrac{\partial F}{\partial u} & \dfrac{\partial F}{\partial v}\\[2mm] \dfrac{\partial G}{\partial u} & \dfrac{\partial G}{\partial v}\end{vmatrix}$$

在点(x_0,y_0,u_0,v_0) 处的值不等于零，则方程组(8－10) 在点(x_0,y_0,u_0,v_0) 的某个邻域内恒能唯一确定一组连续且具有连续偏导数的函数 $u=u(x,y)$，$v=v(x,y)$，它们满足条件 $u_0=u(x_0,y_0)$，$v_0=v(x_0,y_0)$，并有

$$\begin{aligned}
\frac{\partial u}{\partial x}&=-\frac{1}{J}\cdot\frac{\partial(F,G)}{\partial(x,v)}=-\frac{\begin{vmatrix}F'_x & F'_v\\ G'_x & G'_v\end{vmatrix}}{\begin{vmatrix}F'_u & F'_v\\ G'_u & G'_v\end{vmatrix}},\\
\frac{\partial v}{\partial x}&=-\frac{1}{J}\cdot\frac{\partial(F,G)}{\partial(u,x)}=-\frac{\begin{vmatrix}F'_u & F'_x\\ G'_u & G'_x\end{vmatrix}}{\begin{vmatrix}F'_u & F'_v\\ G'_u & G'_v\end{vmatrix}},\\
\frac{\partial u}{\partial y}&=-\frac{1}{J}\cdot\frac{\partial(F,G)}{\partial(y,v)}=-\frac{\begin{vmatrix}F'_y & F'_v\\ G'_y & G'_v\end{vmatrix}}{\begin{vmatrix}F'_u & F'_v\\ G'_u & G'_v\end{vmatrix}},
\end{aligned}\tag{8-11}$$

$$\frac{\partial v}{\partial y}=-\frac{1}{J}\cdot\frac{\partial(F,G)}{\partial(u,y)}=-\frac{\begin{vmatrix}F'_u & F'_y\\ G'_u & G'_y\end{vmatrix}}{\begin{vmatrix}F'_u & F'_v\\ G'_u & G'_v\end{vmatrix}}.$$

与前面两个定理类似，下面仅就公式(8－11)做如下推导：

由条件得

$$F(x,y,u(x,y),v(x,y))\equiv 0,\quad G(x,y,u(x,y),v(x,y))\equiv 0,$$

将上述两个恒等式两边分别对 x 求偏导数，应用复合函数的求导法则得

$$\begin{cases}F'_x+F'_u\dfrac{\partial u}{\partial x}+F'_v\dfrac{\partial v}{\partial x}=0,\\[2ex] G'_x+G'_u\dfrac{\partial u}{\partial x}+G'_v\dfrac{\partial v}{\partial x}=0.\end{cases}$$

这是关于 $\dfrac{\partial u}{\partial x},\dfrac{\partial v}{\partial x}$ 的线性方程组. 由假设可知，在点 (x_0,y_0,u_0,v_0) 的某个邻域内，这个方程组的系数行列式

$$J=\begin{vmatrix}F'_u & F'_v\\ G'_u & G'_v\end{vmatrix}\neq 0,$$

从而由克拉默法则可解出

$$\frac{\partial u}{\partial x}=-\frac{1}{J}\cdot\frac{\partial(F,G)}{\partial(x,v)},\quad \frac{\partial v}{\partial x}=-\frac{1}{J}\cdot\frac{\partial(F,G)}{\partial(u,x)}.$$

同理，可得

$$\frac{\partial u}{\partial y}=-\frac{1}{J}\cdot\frac{\partial(F,G)}{\partial(y,v)},\quad \frac{\partial v}{\partial y}=-\frac{1}{J}\cdot\frac{\partial(F,G)}{\partial(u,y)}.$$

例 3

设方程组 $xu-yv=0,yu+xv=1$，求 $\dfrac{\partial u}{\partial x},\dfrac{\partial u}{\partial y},\dfrac{\partial v}{\partial x}$ 及 $\dfrac{\partial v}{\partial y}$.

解 此题可直接利用公式(8－11)，也可依照推导公式(8－11)的方法来求解. 下面用后一种方法来求解.

将所给方程组的两边分别对 x 求偏导数，整理后得

$$\begin{cases}x\dfrac{\partial u}{\partial x}-y\dfrac{\partial v}{\partial x}=-u,\\[2ex] y\dfrac{\partial u}{\partial x}+x\dfrac{\partial v}{\partial x}=-v.\end{cases}$$

在 $J=\begin{vmatrix}x & -y\\ y & x\end{vmatrix}=x^2+y^2\neq 0$ 的条件下，解得

$$\frac{\partial u}{\partial x}=\frac{\begin{vmatrix}-u & -y\\ -v & x\end{vmatrix}}{\begin{vmatrix}x & -y\\ y & x\end{vmatrix}}=-\frac{xu+yv}{x^2+y^2},\quad \frac{\partial v}{\partial x}=\frac{\begin{vmatrix}x & -u\\ y & -v\end{vmatrix}}{\begin{vmatrix}x & -y\\ y & x\end{vmatrix}}=\frac{yu-xv}{x^2+y^2}.$$

类似地，将所给方程组两边分别对 y 求偏导数，在 $J=x^2+y^2\neq 0$ 的条件下，可得

$$\frac{\partial u}{\partial y}=\frac{xv-yu}{x^2+y^2},\quad \frac{\partial v}{\partial y}=-\frac{xu+yv}{x^2+y^2}.$$

习题 8.5

1. 求下列由方程所确定的隐函数的导数 $\frac{\mathrm{d}y}{\mathrm{d}x}$：

(1) $\sin y + \mathrm{e}^x - xy^2 = 0$；　　(2) $\ln\sqrt{x^2+y^2} = \arctan\frac{y}{x}$.

2. 求下列由方程所确定的隐函数的偏导数 $\frac{\partial z}{\partial x}$ 及 $\frac{\partial z}{\partial y}$：

(1) $x + 2y + z - 2\sqrt{xyz} = 0$；　　(2) $\cos^2 x + \cos^2 y + \cos^2 z = 1$.

3. 设方程 $2\sin(x+2y-3z) = x+2y-3z$，证明：

$$\frac{\partial z}{\partial x} + \frac{\partial z}{\partial y} = 1.$$

4. 设方程 $F(x,y,z)=0$ 可以确定任一变量为其他两个变量的函数，且这些函数都具有连续偏导数. 证明：

$$\frac{\partial x}{\partial y}\cdot\frac{\partial y}{\partial z}\cdot\frac{\partial z}{\partial x} = -1.$$

5. 设函数 $\Phi(u,v)$ 具有连续偏导数，证明：由方程 $\Phi(cx-az, cy-bz)=0$ 所确定的函数 $z=f(x,y)$ 满足

$$a\frac{\partial z}{\partial x} + b\frac{\partial z}{\partial y} = c.$$

6. 设方程 $\frac{x}{z} = \ln\frac{z}{y}$，求 $\frac{\partial^2 z}{\partial x^2}$ 及 $\frac{\partial^2 z}{\partial y^2}$.

7. 设方程 $\mathrm{e}^z - xyz = 0$，求 $\frac{\partial^2 z}{\partial x^2}$.

8. 设方程 $z^3 - 3xyz = a^3$，求 $\frac{\partial^2 z}{\partial x \partial y}$.

9. 求下列由方程组所确定的隐函数的导数或偏导数：

(1) 设 $\begin{cases} x+y+z=0, \\ x^2+y^2+z^2=1, \end{cases}$ 求 $\frac{\mathrm{d}y}{\mathrm{d}x}$ 及 $\frac{\mathrm{d}z}{\mathrm{d}x}$；

(2) 设 $\begin{cases} x = \mathrm{e}^u + u\sin v, \\ y = \mathrm{e}^u - u\cos v, \end{cases}$ 求 $\frac{\partial u}{\partial x}, \frac{\partial u}{\partial y}$ 及 $\frac{\partial v}{\partial x}, \frac{\partial v}{\partial y}$.

第六节　多元函数的极值及其应用

在一元函数中，可以利用导数研究极值问题. 对于多元函数，则可利用可偏导及可微来研究极值问题. 下面主要研究二元函数的极值问题，所得到的结论，大部分可以推广到三元及三元以上的多元函数中.

一、二元函数的极值

定义 1　设二元函数 $z=f(x,y)$ 的定义域为 D，点 $P_0(x_0,y_0)$ 为 D 的内点. 若存在点 P_0 的某个邻域 $U(P_0)\subset D$，使得对于该邻域内异于点 P_0 的任何点 $P(x,y)$，都有

$$f(x,y) < f(x_0,y_0) \quad (\text{或 } f(x,y) > f(x_0,y_0)),$$

则称函数 $z=f(x,y)$ 在点 $P_0(x_0,y_0)$ 处取得**极大值**（或**极小值**）$f(x_0,y_0)$，此时点 $P_0(x_0,y_0)$ 称为函数 $z=f(x,y)$ 的一个**极大值点**（或**极小值点**）.

极大值与极小值统称为**极值**，极大值点与极小值点（使函数取得极值的点）统称为**极值点**.

例 1

函数 $z=x^2+y^2$ 在点 $O(0,0)$ 处取得极小值 0. 这是因为，函数 $z=x^2+y^2$ 在点 $O(0,0)$ 处的函数值为 0，而在点 $O(0,0)$ 的某个邻域内异于点 $O(0,0)$ 的任何点 (x,y) 处的函数值都为正数.

例 2

函数 $z=1-\sqrt{x^2+y^2}$ 在点 $O(0,0)$ 处取得极大值 1. 这是因为，函数 $z=1-\sqrt{x^2+y^2}$ 在点 $O(0,0)$ 处的函数值为 1，而在点 $O(0,0)$ 的某个邻域内异于点 $O(0,0)$ 的任何点 (x,y) 处的函数值都小于 1.

例 3

函数 $z=xy$ 在点 $O(0,0)$ 处既不取得极大值，也不取得极小值. 这是因为，函数 $z=xy$ 在点 $O(0,0)$ 处的函数值为 0，而在点 $O(0,0)$ 的某个邻域内异于点 $O(0,0)$ 的任何点 (x,y) 处的函数值既可以取正值，也可以取负值.

对于一般的二元函数，通过直接观察获得极值是很困难的，那么该如何去求一个函数的极值呢？我们首先去寻找那些可能成为极值点的点.

定理 1（必要条件） **设函数 $z=f(x,y)$ 在点 $P_0(x_0,y_0)$ 处的两个偏导数都存在. 如果点 $P_0(x_0,y_0)$ 是 $z=f(x,y)$ 的极值点，则有**

$$f'_x(x_0,y_0)=0,\quad f'_y(x_0,y_0)=0.$$

使得二元函数 $z=f(x,y)$ 的两个偏导数同时为零的点，称为函数 $z=f(x,y)$ 的**驻点**. 由定理 1 可知，具有偏导数的函数的极值点必定是函数的驻点. 因此，函数的驻点是函数可能的极值点，如例 1. 但函数的驻点不一定是极值点，如例 3，点 $O(0,0)$ 是函数 $z=xy$ 的驻点，但函数在该点处并不取得极值. 需要注意的是，偏导数不存在的点也可能是函数的极值点，如例 2，函数 $z=1-\sqrt{x^2+y^2}$ 在点 $O(0,0)$ 处取得极大值，但函数在该点处的两个偏导数都不存在.

那么，如何判断驻点是不是极值点呢？

定理 2（充分条件） **设函数 $z=f(x,y)$ 在点 $P_0(x_0,y_0)$ 的某个邻域内连续且有一阶、二阶连续偏导数，又 $f'_x(x_0,y_0)=0,f'_y(x_0,y_0)=0$，记**

$$f''_{xx}(x_0,y_0)=A,\quad f''_{xy}(x_0,y_0)=B,\quad f''_{yy}(x_0,y_0)=C,$$

则 $z=f(x,y)$ 在点 $P_0(x_0,y_0)$ 处取得极值的条件如下：

(1) 当 $AC-B^2>0$ 时取得极值，且当 $A<0$ 时取得极大值，当 $A>0$ 时取得极小值；

(2) 当 $AC-B^2<0$ 时不取得极值；

(3) 当 $AC-B^2=0$ 时，无法做出判断，需另做讨论.

例 4

求函数 $f(x,y)=x^3-y^3+3x^2+3y^2-9x$ 的极值.

解 (1) 求驻点. 解方程组

$$\begin{cases} f'_x(x,y)=3x^2+6x-9=0, \\ f'_y(x,y)=-3y^2+6y=0, \end{cases}$$

得 $x_1=1,x_2=-3$ 及 $y_1=0,y_2=2$. 于是，函数有 4 个驻点 $(1,0),(1,2),(-3,0),(-3,2)$.

(2) 判断驻点是否为极值点. 易知

$$A=f''_{xx}(x,y)=6x+6,$$

$$B = f''_{xy}(x,y) = 0,$$
$$C = f''_{yy}(x,y) = -6y + 6.$$

在点(1,0)处，$AC - B^2 = 12 \times 6 > 0$，且 $A = 12 > 0$，故点(1,0)是极小值点.

在点(1,2)处，$AC - B^2 = 12 \times (-6) < 0$，故点(1,2)不是极值点.

在点(−3,0)处，$AC - B^2 = (-12) \times 6 < 0$，故点(−3,0)不是极值点.

在点(−3,2)处，$AC - B^2 = (-12) \times (-6) > 0$，且 $A = -12 < 0$，故点(−3,2)是极大值点.

(3) 求极值. 函数 $f(x,y)$ 的极小值为 $f(1,0) = -5$，极大值为 $f(-3,2) = 31$.

二、二元函数的最值

由有界闭区域上连续函数的性质可知，连续函数在有界闭区域上必取得最大值和最小值. 与一元函数类似，我们可以通过二元函数的极值来求出二元函数的最值. 然而使得二元函数取得最值的点可能在区域的内部，也可能在区域的边界上，而区域的边界情况却不再像一元函数只需考虑区间的两个端点，往往会相当复杂.

在这里，我们只讨论最值点在区域内部取得的一类实际问题. 如果问题的实际背景让我们能够判定目标函数在区域内确定有最大(小)值，且函数在区域内又只有一个驻点，那么可以肯定该驻点就是所要求的最大(小)值点，从而可以求得二元函数的最大(小)值.

例 5

将常数 $a(a > 0)$ 分成 3 部分，使它们分别为某长方体的相邻 3 条棱边的边长. 试问：如何分才能使长方体的体积最大？

解 设长方体的 3 条棱边长为 x, y 及 $a - x - y$，则长方体的体积为

$$V(x,y) = xy(a - x - y),$$

其中 $0 < x < a, 0 < y < a, 0 < a - x - y < a$.

解方程组

$$\begin{cases} V'_x(x,y) = y(a - x - y) - xy = 0, \\ V'_y(x,y) = x(a - x - y) - xy = 0, \end{cases}$$

两式相减，得

$$(y - x)(a - x - y) = 0, \quad 即 \quad y = x.$$

代入方程组中的第一个方程，得

$$ax - 3x^2 = 0, \quad 即 \quad x = \frac{a}{3}.$$

故获得方程组的唯一解

$$\begin{cases} x = \dfrac{a}{3}, \\ y = \dfrac{a}{3}. \end{cases}$$

由题意可知，点 $\left(\frac{a}{3}, \frac{a}{3}\right)$ 即为所求的体积函数 $V(x,y)$ 的最大值点，且有 $a - x - y = \frac{a}{3}$. 于是，将 a 三等分后，可以使长方体(此时为立方体)的体积最大，最大值为 $\frac{a^3}{27}$.

三、条件极值

前面所讨论的极值问题中，函数的自变量除了受定义域限制外没有其他附加条件，这样的极

值称为**无条件极值**.但在实际问题中,有时会遇到对函数的自变量还有附加条件的约束,这类极值问题就是所谓的**条件极值问题**.

条件极值问题在条件较简单时可将条件代入目标函数直接转化为无条件极值求解.但当附加条件较复杂,特别是遇到隐函数形式时,直接转化就会非常困难,甚至行不通.对于这种情形,下面介绍一种求条件极值的有效方法——拉格朗日乘数法.

现在我们来寻求函数

$$z=f(x,y) \tag{8-12}$$

在条件

$$\varphi(x,y)=0 \tag{8-13}$$

下取得极值的必要条件.

如果函数(8-12)在点(x_0,y_0)处取得所求的极值,那么首先有

$$\varphi(x_0,y_0)=0. \tag{8-14}$$

其次,假定函数 $f(x,y)$ 与 $\varphi(x,y)$ 在点(x_0,y_0)的某个邻域内均有一阶连续偏导数,且 $\varphi'_y(x_0,y_0)\neq 0$,则由隐函数存在定理1可知,方程(8-13)在点$(x_0,y_0)$的某个邻域内能唯一确定一个具有连续导数的函数 $y=\psi(x)$.将其代入函数(8-12),即可得到一个仅关于变量 x 的函数

$$z=f(x,\psi(x)). \tag{8-15}$$

于是,函数(8-12)在点(x_0,y_0)处取得所求的极值,也就是相当于函数(8-15)在点 $x=x_0$ 处取得极值.由一元可导函数取得极值的必要条件可得

$$\left.\frac{\mathrm{d}z}{\mathrm{d}x}\right|_{x=x_0}=f'_x(x_0,y_0)+f'_y(x_0,y_0)\cdot\left.\frac{\mathrm{d}y}{\mathrm{d}x}\right|_{x=x_0}=0, \tag{8-16}$$

而由方程(8-13)用隐函数求导公式,有

$$\left.\frac{\mathrm{d}y}{\mathrm{d}x}\right|_{x=x_0}=-\frac{\varphi'_x(x_0,y_0)}{\varphi'_y(x_0,y_0)}.$$

把上式代入式(8-16),得

$$f'_x(x_0,y_0)-f'_y(x_0,y_0)\cdot\frac{\varphi'_x(x_0,y_0)}{\varphi'_y(x_0,y_0)}=0. \tag{8-17}$$

因此,式(8-14)与式(8-17)就是函数(8-12)在条件(8-13)下在点(x_0,y_0)处取得极值的必要条件.

设$\dfrac{f'_y(x_0,y_0)}{\varphi'_y(x_0,y_0)}=-\lambda$,则上述必要条件就变为

$$\begin{cases}f'_x(x_0,y_0)+\lambda\varphi'_x(x_0,y_0)=0,\\ f'_y(x_0,y_0)+\lambda\varphi'_y(x_0,y_0)=0,\\ \varphi(x_0,y_0)=0.\end{cases} \tag{8-18}$$

此时,若引进辅助函数

$$L(x,y)=f(x,y)+\lambda\varphi(x,y),$$

则可以看出方程组(8-18)中前两个方程就是

$$L'_x(x_0,y_0)=0,\quad L'_y(x_0,y_0)=0.$$

若将 λ 看作参变量,则方程组(8-18)中第三个方程就是

$$L'_\lambda(x_0,y_0)=0.$$

函数 $L(x,y)$ 称为**拉格朗日函数**,参数 λ 称为**拉格朗日乘子**.通过拉格朗日函数可以将条件极值问题转化为无条件极值问题进行求解,这种方法就称为**拉格朗日乘数法**.

例 6

某公司可通过电视和报纸两种方式做销售某种商品的广告. 据统计资料，该商品的销售收入 R（单位：万元）与电视广告费 x（单位：万元）及报纸广告费 y（单位：万元）之间的关系如下：

$$R = 15 + 14x + 32y - 8xy - 2x^2 - 10y^2.$$

若该公司只能提供广告费用 2 万元，求最优的广告策略.

解 要求最优广告策略，即要找出合适的 x 与 y，使得最终产生的利润最大. 利润函数为

$$L(x,y) = R(x,y) - (x+y) = 15 + 13x + 31y - 8xy - 2x^2 - 10y^2,$$

附加条件为 $x + y = 2$，即

$$\varphi(x,y) = x + y - 2 = 0.$$

作拉格朗日函数

$$F(x,y) = L(x,y) + \lambda\varphi(x,y) = 15 + 13x + 31y - 8xy - 2x^2 - 10y^2 + \lambda(x+y-2).$$

解方程组

$$\begin{cases} F'_x(x,y) = -4x - 8y + 13 + \lambda = 0, \\ F'_y(x,y) = -8x - 20y + 31 + \lambda = 0, \\ F'_\lambda(x,y) = x + y - 2 = 0, \end{cases}$$

得

$$\begin{cases} x = 0.75, \\ y = 1.25, \\ \lambda = 0. \end{cases}$$

因此，在广告费用限制在 2 万元时，将 0.75 万元用于电视广告，1.25 万元用于报纸广告可使得利润最大. 此即所求的最优广告策略.

拉格朗日乘数法还可以推广到自变量多于两个或附加条件多于一个的情形. 例如，要求函数

$$u = f(x,y,z)$$

在附加条件

$$\varphi(x,y,z) = 0, \quad \psi(x,y,z) = 0$$

下的极值，可以构造辅助函数

$$L(x,y,z) = f(x,y,z) + \lambda\varphi(x,y,z) + \mu\psi(x,y,z),$$

其中 λ,μ 均为参数.

求解方程组

$$\begin{cases} L'_x(x,y,z) = 0, \\ L'_y(x,y,z) = 0, \\ L'_z(x,y,z) = 0, \\ L'_\lambda(x,y,z) = \varphi(x,y,z) = 0, \\ L'_\mu(x,y,z) = \psi(x,y,z) = 0, \end{cases}$$

即可获得目标函数 $u = f(x,y,z)$ 可能的极值点.

至于如何确定所求的点是否为极值点，在实际问题中可根据问题本身的性质来判定.

例 7

求 3 条棱边长之和为 a 而体积最大的长方体的体积.

解 设长方体的 3 条棱边长分别为 x,y,z，则所求问题即是在条件 $x + y + z = a$ $(x > 0$,

$y>0,z>0$）下求体积函数 $V(x,y,z)=xyz$ 的最大值.

作拉格朗日函数

$$L(x,y,z)=xyz+\lambda(x+y+z-a).$$

解方程组

$$\begin{cases}L'_x(x,y,z)=yz+\lambda=0,\\ L'_y(x,y,z)=xz+\lambda=0,\\ L'_z(x,y,z)=xy+\lambda=0,\\ L'_\lambda(x,y,z)=x+y+z-a=0,\end{cases}$$

得

$$x=y=z=\frac{a}{3},\quad \lambda=-\frac{a^2}{9}.$$

故当3条棱边长均为 $\frac{a}{3}$ 时，所得长方体（此时为立方体）的体积最大，最大值为 $\frac{a^3}{27}$.

在例7中，若将附加条件变形为 $z=a-x-y$，并代入体积函数 $V(x,y,z)$，则问题转化为二元函数 $V(x,y)=xy(a-x-y)$ 的无条件极值问题，其中 $0<x<a,0<y<a,0<a-x-y<a$. 这便是前面的例5.

习题 8.6

1. 求下列函数的极值：

(1) $f(x,y)=(6x-x^2)(4y-y^2)$；　　(2) $f(x,y)=x^4+y^4-4a^2xy+8a^4$.

2. 求函数 $f(x,y)=xy$ 在附加条件 $x+y=1$ 下的极大值.

3. 在周长为 $2P$ 的一切三角形中，求面积最大的三角形.

4. 求下列极值，并说明其几何意义：

(1) 函数 $z=x^2+y^2+1$ 的极值；

(2) 函数 $z=x^2+y^2+1$ 在附加条件 $x+y=3$ 下的极值.

5. 求函数 $z=x^2-y^2$ 在闭区域 $x^2+4y^2\leqslant 4$ 上的最大值和最小值.

6. 从斜边长为 l 的一切直角三角形中，求有最大周长的直角三角形.

7. 试求内接于椭球面 $\frac{x^2}{a^2}+\frac{y^2}{b^2}+\frac{z^2}{c^2}=1(a>0,b>0,c>0)$ 的有最大体积的长方体.

8. 抛物面 $z=x^2+y^2$ 被平面 $x+y+z=1$ 截得一椭圆，求坐标原点到该椭圆的最长与最短距离.

9. 某厂家生产的一种产品同时在两个市场销售，售价分别为 P_1 和 P_2，需求量分别为 Q_1 和 Q_2，需求函数分别为 $Q_1=24-0.2P_1$，$Q_2=10-0.5P_2$，总成本函数为 $C=34+40(Q_1+Q_2)$. 厂家如何确定两个市场的售价，才能使其获得的总利润最大？最大利润为多少？

10. 某养殖场饲养两种鱼，若甲种鱼苗投放量为 x，乙种鱼苗投放量为 y，则收获时节两种鱼的收获量分别为 $(3-\alpha x-\beta y)x$，$(4-\beta x-2\alpha y)y$，其中 $\alpha>\beta>0$. 求使得这两种鱼的总收获量最大的投放量 x,y.

11. 假设某企业在两个相互分割的市场上出售同一产品. 两个市场的需求函数分别为 $P_1=18-2Q_1$，$P_2=12-Q_2$，其中 P_1 和 P_2 分别表示该产品在两个市场上的价格（单位：万元/吨），Q_1 和 Q_2 分别表示该产品在两个市场上的需求量（单位：吨），并且该企业生产该产品的总成本函数是 $C=2Q+5$，其中 Q 表示该产品在两个市场上的需求总量，即 $Q=Q_1+Q_2$.

(1) 如果该企业实行价格差别策略，试确定该产品在两个市场上的需求量和价格，使得该企业获得最大利润；

(2) 如果该企业实行价格无差别策略，试确定该产品在两个市场上的需求量及其统一的价格，使得该企业的总利润最大；

(3) 比较两种价格策略下的总利润大小.

综合习题八

1. 在“充分”“必要”和“充要”这 3 者中选一个正确的填入下列空格内：

(1) 函数 $f(x,y)$ 在点 (x,y) 处可微是 $f(x,y)$ 在该点处连续的______条件，函数 $f(x,y)$ 在点 (x,y) 处连续是 $f(x,y)$ 在该点处可微的______条件；

(2) 函数 $z=f(x,y)$ 在点 (x,y) 处的偏导数 $\frac{\partial z}{\partial x}$ 及 $\frac{\partial z}{\partial y}$ 存在是 $z=f(x,y)$ 在该点处可微的______条件，函数 $z=f(x,y)$ 在点 (x,y) 处可微是 $z=f(x,y)$ 在该点处的偏导数 $\frac{\partial z}{\partial x}$ 及 $\frac{\partial z}{\partial y}$ 存在的______条件；

(3) 函数 $z=f(x,y)$ 的偏导数 $\frac{\partial z}{\partial x}$ 及 $\frac{\partial z}{\partial y}$ 在点 (x,y) 处存在且连续是 $z=f(x,y)$ 在该点处可微的______条件；

(4) 函数 $z=f(x,y)$ 的两个二阶混合偏导数 $\frac{\partial^2 z}{\partial x\partial y}$ 及 $\frac{\partial^2 z}{\partial y\partial x}$ 在区域 D 内连续是这两个二阶混合偏导数在 D 内相等的______条件.

2. 求函数 $f(x,y)=\dfrac{\sqrt{4x-y^2}}{\ln(1-x^2-y^2)}$ 的定义域，并求 $\lim\limits_{(x,y)\to\left(\frac{1}{2},0\right)} f(x,y)$.

3. 证明：极限 $\lim\limits_{(x,y)\to(0,0)} \dfrac{xy^3}{x^2+y^6}$ 不存在.

4. 设函数 $f(x,y)=\begin{cases}\dfrac{x^2y}{x^2+y^2}, & x^2+y^2\neq 0,\\ 0, & x^2+y^2=0,\end{cases}$ 求 $f'_x(x,y)$ 及 $f'_y(x,y)$.

5. 设函数 $f(x,y)$ 有一阶连续偏导数，且 $f(x,x^2)=1$，$f'_x(x,x^2)=x$，求 $f'_y(x,x^2)$.

6. 求下列函数的二阶偏导数：

(1) $z=\ln(x+y^2)$； (2) $z=x\cos(x+y)$.

7. 设可微函数 $F(x,y)$ 在直角坐标系中可表示为 $F(x,y)=f(x)+g(y)$，在极坐标系中可表示为 $F(x,y)=S(r)$（与 θ 无关），求 $F(x,y)$.

8. 设函数 $f(x,y)=\int_0^{xy}\mathrm{e}^{-t^2}\,\mathrm{d}t$，求 $\dfrac{x}{y}\cdot\dfrac{\partial^2 f}{\partial x^2}-2\dfrac{\partial^2 f}{\partial x\partial y}+\dfrac{y}{x}\cdot\dfrac{\partial^2 f}{\partial y^2}$ 的值.

9. 试求由椭圆 $5x^2+4xy+2y^2=1$ 所围区域的面积.

10. 设生产某种产品的数量 z 与所用两种原料 A，B 的数量 x,y 之间有关系式 $z=0.005x^2y$. 现欲用 150 元购买原料，已知原料 A，B 的单价分别为 1 元、2 元. 购进两种原料各多少时，可使生产的产品数量最多？

11. X 公司和 Y 公司是机床行业的两个竞争对手. 这两家公司的主打产品的需求函数分别为 $P_X=1\,000-5Q_X$，$P_Y=1\,600-4Q_Y$，其中 P_X，P_Y 分别为 X 公司和 Y 公司主打产品的价格；Q_X，Q_Y 分别为 X 公司和 Y 公司主打产品的需求量. 已知 X 公司和 Y 公司现在的需求量分别是 100 单位和 250 单位.

(1) X 公司和 Y 公司的直接价格偏弹性是多少？

(2) 假定 Y 公司主打产品降价后，使 Q_Y 增加到 300 单位，同时导致 X 公司主打产品的需求量 Q_X 下降到 75 单位. 试问：X 公司主打产品的交叉价格偏弹性是多少？

第九章

重　积　分

在上册第六章中，由计算曲边梯形的面积这一几何问题导出了定积分的定义. 本章将研究对象推广至多元函数，从而得到重积分的概念，其中最常用的是二重积分和三重积分.

第一节　二重积分的概念与性质

一、二重积分问题举例

设有一立体，如图 9-1 所示，它的底是 xOy 坐标面上的闭区域 D，它的侧面是以 D 的边界曲线为准线而母线平行于 z 轴的柱面，顶是曲面 $z = f(x,y)((x,y) \in D)$，其中函数 $f(x,y)$ 在 D 上连续且 $f(x,y) \geqslant 0$. 这种立体叫作**曲顶柱体**. 现在我们来讨论如何计算该曲顶柱体的体积.

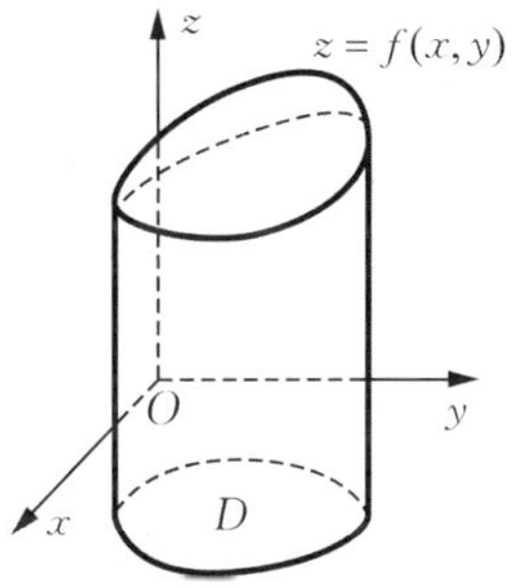

图 9-1

我们已经知道，平顶柱体的高是不变的，其体积可以采用公式

$$体积 = 高 \times 底面积$$

来计算. 而对于曲顶柱体，当点 (x,y) 在闭区域 D 上变动时，高度 $f(x,y)$ 是个变量，因此它的体积不能直接用上式来计算. 回顾上册第六章第一节中求曲边梯形面积的问题，其所采用的方法也可以类似地用来解决目前的问题.

首先，用一组网线把闭区域 D 分成 n 个小闭区域

$$\Delta\sigma_1, \Delta\sigma_2, \cdots, \Delta\sigma_n,$$

其面积也记为 $\Delta\sigma_i (i = 1,2,\cdots,n)$. 分别以这些小闭区域的边界曲线为准线，作母线平行于 z 轴的柱面，这些柱面把原来的曲顶柱体分为 n 个小曲顶柱体. 当这些小闭区域的直径（一个闭区域的直径是指该闭区域上任意两点间距离的最大值）都很小时，由于函数 $f(x,y)$ 连续，所以对同一个小闭区域来说，$f(x,y)$ 变化很小，此时小曲顶柱体可近似看作平顶柱体. 于是，我们可在每个 $\Delta\sigma_i$ 上任取一点 (ξ_i, η_i)，算得以 $f(\xi_i,\eta_i)$ 为高、$\Delta\sigma_i$ 为底的平顶柱体（见图 9-2）的体积为

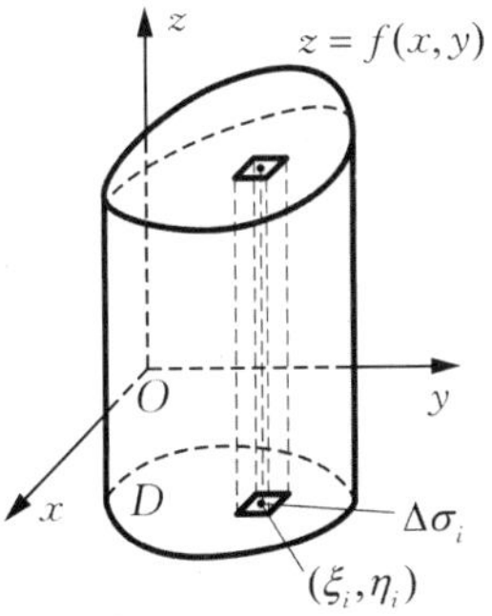

图 9-2

$$f(\xi_i,\eta_i)\Delta\sigma_i \quad (i = 1,2,\cdots,n),$$

则这 n 个平顶柱体的体积之和

$$\sum_{i=1}^{n} f(\xi_i,\eta_i)\Delta\sigma_i$$

可以认为是整个曲顶柱体的体积的近似值. 令 n 个小闭区域的直径中的最大值（记作 λ）趋于零，取上述和式的极限，所得的极限便是所求曲顶柱体的体积 V，即

$$V=\lim_{\lambda\to 0}\sum_{i=1}^{n}f(\xi_i,\eta_i)\Delta\sigma_i.$$

下面我们给出二重积分的精确定义.

二、二重积分的定义

定义 1 设 $f(x,y)$ 是有界闭区域 D 上的有界函数，将闭区域 D 任意分成 n 个小闭区域

$$\Delta\sigma_1,\Delta\sigma_2,\cdots,\Delta\sigma_n,$$

其中 $\Delta\sigma_i(i=1,2,\cdots,n)$ 表示第 i 个小闭区域，也表示它的面积. 在每个 $\Delta\sigma_i(i=1,2,\cdots,n)$ 上任取一点 (ξ_i,η_i)，做和

$$S_n=\sum_{i=1}^{n}f(\xi_i,\eta_i)\Delta\sigma_i, \tag{9-1}$$

记 $\lambda=\max\limits_{1\leqslant i\leqslant n}\{d(\Delta\sigma_i)\}$，其中 $d(\Delta\sigma_i)$ 为 $\Delta\sigma_i$ 的直径. 如果不论怎样分闭区域 D，也不论在小闭区域 $\Delta\sigma_i$ 上怎样取点 (ξ_i,η_i)，只要当 $\lambda\to 0$ 时，S_n 总趋于确定的极限值 I，则称这个极限值 I 为函数 $f(x,y)$ 在有界闭区域 D 上的**二重积分**，记作 $\iint\limits_D f(x,y)\mathrm{d}\sigma$，即

$$\iint\limits_D f(x,y)\mathrm{d}\sigma=\lim_{\lambda\to 0}\sum_{i=1}^{n}f(\xi_i,\eta_i)\Delta\sigma_i=I, \tag{9-2}$$

其中 $f(x,y)$ 叫作**被积函数**，$f(x,y)\mathrm{d}\sigma$ 叫作**被积表达式**，$\mathrm{d}\sigma$ 叫作**面积元素**，D 叫作**积分区域**.

在直角坐标系下，如果用平行于坐标轴的直线来划分闭区域 D，那么除了包含 D 的边界点的一些不规则小闭区域外，得到的其余的小闭区域 $\Delta\sigma_i$ 均为矩形. 设矩形小闭区域 $\Delta\sigma_i$ 的边长为 Δx_j 和 Δy_k，则 $\Delta\sigma_i=\Delta x_j\cdot\Delta y_k$. 因此，在直角坐标系下，有时也把面积元素 $\mathrm{d}\sigma$ 记作 $\mathrm{d}x\mathrm{d}y$，而把二重积分记作

$$\iint\limits_D f(x,y)\mathrm{d}x\mathrm{d}y,$$

其中 $\mathrm{d}x\mathrm{d}y$ 叫作**直角坐标系下的面积元素**.

由二重积分的定义可知，前面讨论的曲顶柱体的体积就是函数 $f(x,y)$ 在底 D 上的二重积分，即

$$V=\iint\limits_D f(x,y)\mathrm{d}\sigma.$$

与一元定积分类似，当函数 $f(x,y)$ 在闭区域 D 上连续或有界且仅在 D 内有限个点或有限条曲线上不连续时，公式(9-1)右端和式的极限必定存在，即函数 $f(x,y)$ 在 D 上的二重积分必定存在，此时也称二元函数 $f(x,y)$ 在闭区域 D 上是**可积的**，记为 $f(x,y)\in R(D)$.

三、二重积分的性质

比较定积分与二重积分的定义，可以得到二重积分具有与定积分类似的下列性质.

性质 1 如果在闭区域 D 上，$f(x,y)\equiv 1$，σ 为 D 的面积，则

$$\sigma=\iint\limits_D 1\mathrm{d}\sigma=\iint\limits_D \mathrm{d}\sigma.$$

该性质的几何意义很明显，因为高为 1 的平顶柱体的体积在数值上就等于该柱体的底面积.

性质 2（线性性质） 若函数 $f(x,y),g(x,y)\in R(D)$，又 $a,b\in\mathbf{R}$，则 $af(x,y)+bg(x,y)\in R(D)$，且

$$\iint\limits_D (af(x,y)+bg(x,y))\mathrm{d}\sigma = a\iint\limits_D f(x,y)\mathrm{d}\sigma + b\iint\limits_D g(x,y)\mathrm{d}\sigma.$$

性质 3（对积分区域的可加性） 设闭区域 $D=D_1\cup D_2$，且 D_1 与 D_2 无公共内点. 若函数 $f(x,y)\in R(D)$，则

$$\iint\limits_D f(x,y)\mathrm{d}\sigma = \iint\limits_{D_1} f(x,y)\mathrm{d}\sigma + \iint\limits_{D_2} f(x,y)\mathrm{d}\sigma.$$

性质 4（保号性） 如果在闭区域 D 上，函数 $f(x,y),g(x,y)\in R(D)$，且 $f(x,y)\leqslant g(x,y)$，则有

$$\iint\limits_D f(x,y)\mathrm{d}\sigma \leqslant \iint\limits_D g(x,y)\mathrm{d}\sigma.$$

特别地，由于

$$-|f(x,y)|\leqslant f(x,y)\leqslant |f(x,y)|,$$

因此有

$$\left|\iint\limits_D f(x,y)\mathrm{d}\sigma\right| \leqslant \iint\limits_D |f(x,y)|\mathrm{d}\sigma.$$

性质 5（估值定理） 如果在闭区域 D 上，函数 $f(x,y)\in R(D)$，且 $m\leqslant f(x,y)\leqslant M$，$\sigma$ 是 D 的面积，则有

$$m\sigma \leqslant \iint\limits_D f(x,y)\mathrm{d}\sigma \leqslant M\sigma.$$

性质 6（二重积分的中值定理） 设函数 $f(x,y)\in C(D)$，σ 是 D 的面积，则在闭区域 D 上至少存在一点 (ξ,η)，使得

$$\iint\limits_D f(x,y)\mathrm{d}\sigma = f(\xi,\eta)\sigma.$$

证 显然 $\sigma\neq 0$.

由于 $f(x,y)\in C(D)$，因此函数 $f(x,y)$ 在闭区域 D 上可取到它的最大值 M 和最小值 m，且 $m\leqslant f(x,y)\leqslant M$. 于是，由性质 5 得

$$m\sigma \leqslant \iint\limits_D f(x,y)\mathrm{d}\sigma \leqslant M\sigma, \quad 即 \quad m\leqslant \frac{1}{\sigma}\iint\limits_D f(x,y)\mathrm{d}\sigma \leqslant M.$$

又由闭区域上连续函数的介值定理可知，在 D 上至少存在一点 (ξ,η)，使得

$$f(\xi,\eta) = \frac{1}{\sigma}\iint\limits_D f(x,y)\mathrm{d}\sigma, \quad 即 \quad \iint\limits_D f(x,y)\mathrm{d}\sigma = f(\xi,\eta)\sigma.$$

四、二重积分的几何意义

从几何上看，当 $f(x,y)\geqslant 0$ 时，二重积分 $\iint\limits_D f(x,y)\mathrm{d}\sigma$ 就是以积分区域 D 为底、曲面 $z=f(x,y)$ 为顶的曲顶柱体的体积 V；当 $f(x,y)\leqslant 0$ 时，由二重积分的定义及极限的保号性可知，二重积分 $\iint\limits_D f(x,y)\mathrm{d}\sigma\leqslant 0$，此时以 D 为底、$z=f(x,y)$ 为顶的曲顶柱体位于 xOy 坐标面的下

方，其体积为 V，则$\iint\limits_D f(x,y)\,d\sigma=-V$. 一般来说，若函数 $f(x,y)$ 在闭区域 D 中的某些小闭区域上为负，而在另一些小闭区域上为正，则二重积分$\iint\limits_D f(x,y)d\sigma$ 就是这些小闭区域上的曲顶柱体体积的代数和：$f(x,y)\geqslant 0$ 的小闭区域上的体积前取"+"号，$f(x,y)\leqslant 0$ 的小闭区域上的体积前取"−"号. 这就是二重积分的几何意义.

习 题 9.1

1. 利用二重积分的几何意义求下列二重积分的值：

(1) $\iint\limits_D \sqrt{R^2-x^2-y^2}\,d\sigma$，其中 $D=\{(x,y)\mid x^2+y^2\leqslant R^2\}$；

(2) $\iint\limits_D 2d\sigma$，其中 $D=\{(x,y)\mid x+y\leqslant 1,y-x\leqslant 1,y\geqslant 0\}$.

2. 根据二重积分的性质，比较下列二重积分的大小：

(1) $\iint\limits_D (x+y)^2 d\sigma$ 与$\iint\limits_D (x+y)^3 d\sigma$，其中 D 是由 x 轴、y 轴与直线 $x+y=1$ 所围成的有界闭区域；

(2) $\iint\limits_D (x+y)^2 d\sigma$ 与$\iint\limits_D (x+y)^3 d\sigma$，其中 D 是由圆$(x-2)^2+(y-1)^2=2$ 所围成的有界闭区域；

(3) $\iint\limits_D \ln(x+y)d\sigma$ 与$\iint\limits_D [\ln(x+y)]^2 d\sigma$，其中 D 是三角形有界闭区域，3 个顶点分别为(1,0)，(1,1)，(2,0)；

(4) $\iint\limits_D \ln(x+y)d\sigma$ 与$\iint\limits_D [\ln(x+y)]^2 d\sigma$，其中 $D=\{(x,y)\mid 3\leqslant x\leqslant 5,0\leqslant y\leqslant 1\}$.

3. 利用二重积分的性质估计下列二重积分的值：

(1) $I=\iint\limits_D xy(x+y)d\sigma$，其中 $D=\{(x,y)\mid 0\leqslant x\leqslant 1,0\leqslant y\leqslant 1\}$；

(2) $I=\iint\limits_D \sin^2 x\sin^2 y\,d\sigma$，其中 $D=\{(x,y)\mid 0\leqslant x\leqslant \pi,0\leqslant y\leqslant \pi\}$；

(3) $I=\iint\limits_D (x+y+1)d\sigma$，其中 $D=\{(x,y)\mid 0\leqslant x\leqslant 1,0\leqslant y\leqslant 2\}$；

(4) $I=\iint\limits_D (x^2+4y^2+9)d\sigma$，其中 $D=\{(x,y)\mid x^2+y^2\leqslant 4\}$.

第二节　二重积分的计算

利用二重积分的定义和性质，只能计算极少数的被积函数和积分区域都特别简单的二重积分. 而对一般的被积函数和积分区域的二重积分，我们将介绍把二重积分化为二次积分的计算方法.

一、直角坐标系下二重积分的计算

下面先从几何上讨论二重积分$\iint\limits_D f(x,y)d\sigma$ 的计算问题. 在讨论中我们假定被积函数 $f(x,y)\geqslant 0$，而由二重积分的几何意义可知，所得结果对一般的可积函数 $f(x,y)$ 也成立.

设积分区域 D 可以用不等式

$$\varphi_1(x)\leqslant y\leqslant \varphi_2(x),\quad a\leqslant x\leqslant b$$

来表示，其中函数 $\varphi_1(x)$，$\varphi_2(x)$ 在闭区间$[a,b]$上连续，如图 9-3 所示．我们称这种区域为 **x-型区域**.

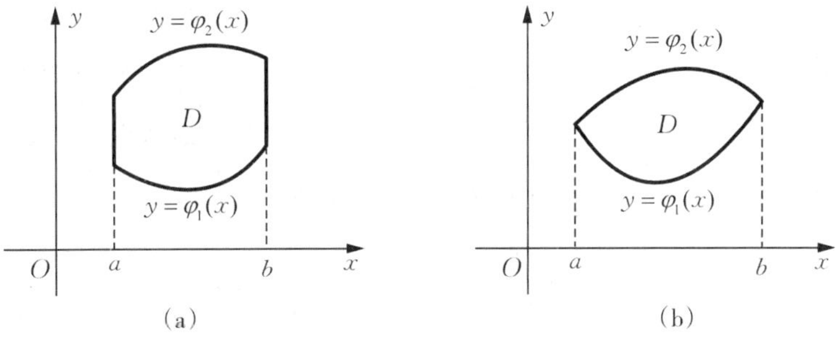

图 9-3

当 $f(x,y)\geqslant 0$ 时，按照二重积分的几何意义，二重积分$\iint\limits_D f(x,y)\mathrm{d}\sigma$的值等于以平面区域$D$为底、曲面 $z=f(x,y)$ 为顶的曲顶柱体的体积．下面我们应用上册第六章定积分中计算平行截面面积为已知的立体体积的方法来求该曲顶柱体的体积．

先计算截面面积．如图 9-4 所示，在闭区间$[a,b]$上任意取定一点 x_0，作平行于 yOz 坐标面的平面 $x=x_0$，则该平面截曲顶柱体所得的截面是一个以闭区间$[\varphi_1(x_0),\varphi_2(x_0)]$为底边、曲线 $z=f(x_0,y)$ 为曲边的曲边梯形（图 9-4 中阴影部分），所以这个截面的面积为

$$A(x_0)=\int_{\varphi_1(x_0)}^{\varphi_2(x_0)}f(x_0,y)\mathrm{d}y.$$

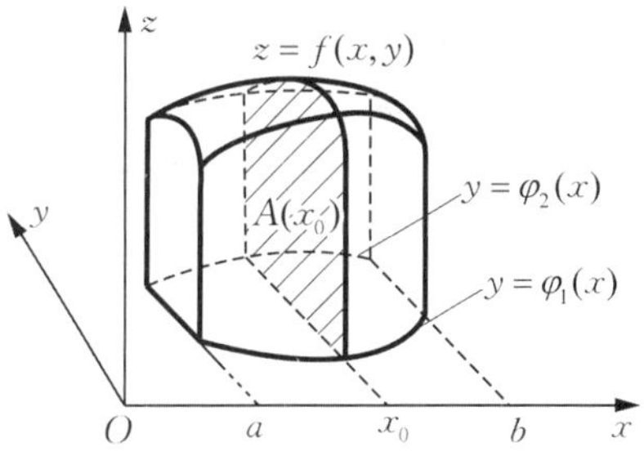

图 9-4

一般地，过闭区间$[a,b]$上任一点 x 且平行于 yOz 坐标面的平面截曲顶柱体的截面的面积为

$$A(x)=\int_{\varphi_1(x)}^{\varphi_2(x)}f(x,y)\mathrm{d}y.$$

于是，应用计算平行截面面积为已知的立体体积的方法，得该曲顶柱体的体积为

$$V=\int_a^b A(x)\mathrm{d}x=\int_a^b\left(\int_{\varphi_1(x)}^{\varphi_2(x)}f(x,y)\mathrm{d}y\right)\mathrm{d}x.$$

这个体积也就是所求二重积分的值，从而有等式

$$\iint\limits_D f(x,y)\mathrm{d}\sigma=\int_a^b\left(\int_{\varphi_1(x)}^{\varphi_2(x)}f(x,y)\mathrm{d}y\right)\mathrm{d}x. \tag{9-3}$$

上式右端的积分叫作**先对 y、后对 x 的二次积分**，即先将 x 看作常量，把$f(x,y)$ 看作 y 的函数，并对 y 计算从 $\varphi_1(x)$ 到 $\varphi_2(x)$ 的定积分，再把计算结果（x 的函数）对 x 计算在闭区间$[a,b]$上的定积分．这个先对 y、后对 x 的二次积分也常记作

$$\int_a^b\mathrm{d}x\int_{\varphi_1(x)}^{\varphi_2(x)}f(x,y)\mathrm{d}y.$$

因此，在直角坐标系下有

$$\iint\limits_D f(x,y)\mathrm{d}\sigma=\iint\limits_D f(x,y)\mathrm{d}x\mathrm{d}y=\int_a^b\mathrm{d}x\int_{\varphi_1(x)}^{\varphi_2(x)}f(x,y)\mathrm{d}y. \tag{9-4}$$

式(9-4)就是在直角坐标系下把二重积分化为先对 y、后对 x 的二次积分的公式．

类似地，如果积分区域 D 可以用不等式

$$\psi_1(y) \leqslant x \leqslant \psi_2(y), \quad c \leqslant y \leqslant d$$

来表示，其中函数 $\psi_1(y)$，$\psi_2(y)$ 在闭区间 $[c,d]$ 上连续，如图 9-5 所示. 我们称这种区域为 **y-型区域**. 此时，同理可得

$$\iint\limits_D f(x,y)\mathrm{d}\sigma = \int_c^d \left(\int_{\psi_1(y)}^{\psi_2(y)} f(x,y)\mathrm{d}x\right)\mathrm{d}y. \tag{9-5}$$

上式右端的积分叫作**先对 x、后对 y 的二次积分**，这个积分也常记作

$$\int_c^d \mathrm{d}y\int_{\psi_1(y)}^{\psi_2(y)} f(x,y)\mathrm{d}x.$$

因此，在直角坐标系下有

$$\iint\limits_D f(x,y)\mathrm{d}\sigma = \iint\limits_D f(x,y)\mathrm{d}x\mathrm{d}y = \int_c^d \mathrm{d}y\int_{\psi_1(y)}^{\psi_2(y)} f(x,y)\mathrm{d}x. \tag{9-6}$$

式(9-6)就是在直角坐标系下把二重积分化为先对 x、后对 y 的二次积分的公式.

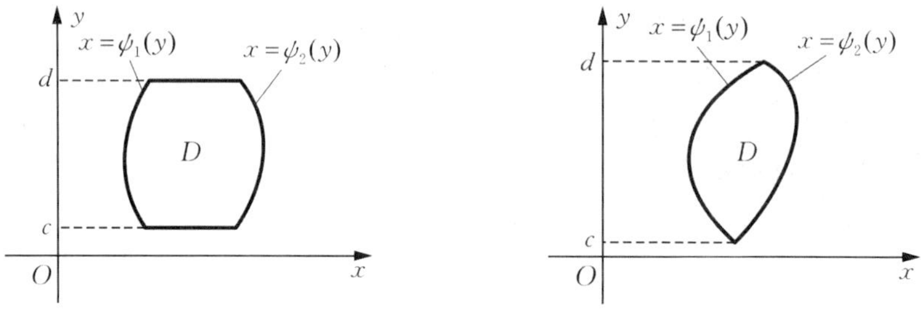

(a) (b)

图 9-5

如果积分区域 D 既是 x-型区域，即可用不等式 $\varphi_1(x) \leqslant y \leqslant \varphi_2(x)$，$a \leqslant x \leqslant b$ 表示，又是 y-型区域，即可用不等式 $\psi_1(y) \leqslant x \leqslant \psi_2(y)$，$c \leqslant y \leqslant d$ 表示（见图 9-6），则由公式(9-4)及公式(9-6)得

$$\iint\limits_D f(x,y)\mathrm{d}\sigma = \int_a^b \mathrm{d}x\int_{\varphi_1(x)}^{\varphi_2(x)} f(x,y)\mathrm{d}y = \int_c^d \mathrm{d}y\int_{\psi_1(y)}^{\psi_2(y)} f(x,y)\mathrm{d}x. \tag{9-7}$$

上式表明，二重积分化成二次积分时有两种不同的积分次序供选择. 选择先对 x 积分还是先对 y 积分，往往要根据具体情况进行分析. 积分次序的选择有时会影响计算的繁简，甚至还会影响到积分能否顺利进行.

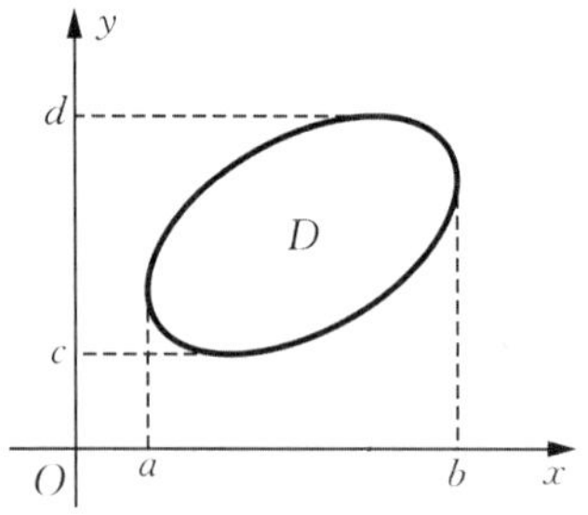

图 9-6

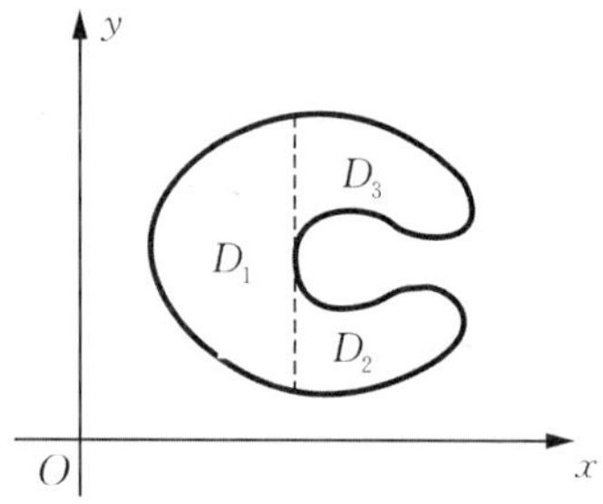

图 9-7

还有一些积分区域，它既不是 x-型区域，也不是 y-型区域. 此时可先将积分区域分成若干个无公共内点的小闭区域，使得每一个小闭区域或者是 x-型区域，或者是 y-型区域，再利用二重积分对积分区域的可加性，便可求得这些积分区域上的二重积分. 例如，设积分区域 D 可分成如

图 9－7 所示的 3 个小闭区域，则有

$$\iint_D f(x,y)\mathrm{d}\sigma=\iint_{D_1} f(x,y)\mathrm{d}\sigma+\iint_{D_2} f(x,y)\mathrm{d}\sigma+\iint_{D_3} f(x,y)\mathrm{d}\sigma. \tag{9-8}$$

将二重积分化为二次积分时，确定积分上、下限是关键. 积分上、下限是根据积分区域 D 来确定的，需要先画出积分区域 D 的图形. 假设积分区域 D 是 x－型区域，则其特点是：穿过 D 内部且平行于 y 轴的直线与 D 的边界相交不多于两点. 如图 9－8 所示，将 D 往 x 轴上投影，可得投影区间 $[a,b]$. 在闭区间 $[a,b]$ 上任意取一个 x 值，积分区域上以这个 x 值为横坐标的点在一直线段上，该直线段平行于 y 轴，且其上点的纵坐标从 $\varphi_1(x)$ 变到 $\varphi_2(x)$，这就是公式(9－4)中先把 x 看作常量而对 y 积分时的积分下限和积分上限. 又因为上面取定的 x 值是在 $[a,b]$ 上任意取的，所以再把 x 看作变量而对 x 积分时，积分区间就是 $[a,b]$.

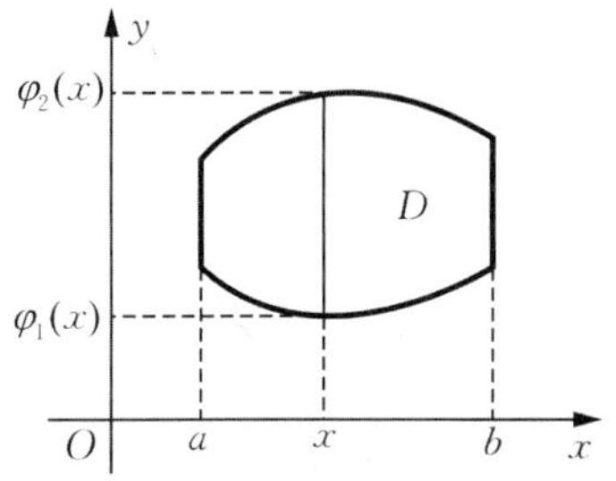

图 9－8

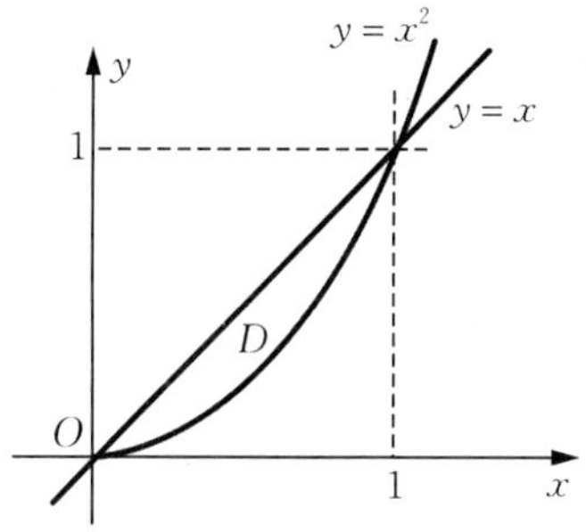

图 9－9

例 1

计算二重积分 $\iint_D (2x-4y)\mathrm{d}x\mathrm{d}y$，其中 D 是由曲线 $y=x^2$ 与直线 $y=x$ 所围成的有界闭区域.

解　方法 1　画出积分区域 D，如图 9－9 所示，D 可以表示为 x－型区域：

$$x^2\leqslant y\leqslant x,\quad 0\leqslant x\leqslant 1.$$

于是，得

$$\begin{aligned}\iint_D (2x-4y)\mathrm{d}x\mathrm{d}y&=\int_0^1\mathrm{d}x\int_{x^2}^{x}(2x-4y)\mathrm{d}y=\int_0^1(2xy-2y^2)\Big|_{x^2}^{x}\mathrm{d}x\\&=\int_0^1[(2x^2-2x^2)-(2x^3-2x^4)]\mathrm{d}x=\int_0^1(2x^4-2x^3)\mathrm{d}x\\&=\left(\frac{2}{5}x^5-\frac{1}{2}x^4\right)\Big|_0^1=-\frac{1}{10}.\end{aligned}$$

方法 2　如图 9－9 所示，D 也可以表示为 y－型区域：

$$y\leqslant x\leqslant\sqrt{y},\quad 0\leqslant y\leqslant 1.$$

于是，得

$$\begin{aligned}\iint_D (2x-4y)\mathrm{d}x\mathrm{d}y&=\int_0^1\mathrm{d}y\int_{y}^{\sqrt{y}}(2x-4y)\mathrm{d}x=\int_0^1(x^2-4xy)\Big|_{y}^{\sqrt{y}}\mathrm{d}y\\&=\int_0^1[(y-4y^{\frac{3}{2}})-(y^2-4y^2)]\mathrm{d}y=\int_0^1(y-4y^{\frac{3}{2}}+3y^2)\mathrm{d}y\\&=\left(\frac{1}{2}y^2-\frac{8}{5}y^{\frac{5}{2}}+y^3\right)\Big|_0^1=-\frac{1}{10}.\end{aligned}$$

例 2

计算 $I=\iint\limits_D xy\,dx\,dy$，其中 D 是由抛物线 $y^2=x$ 与直线 $y=x-2$ 所围成的有界闭区域.

解 联立方程

$$\begin{cases} y^2=x, \\ y=x-2, \end{cases}$$

解此方程组得积分区域 D 的两条边界曲线的交点为 $A(1,-1)$，$B(4,2)$. 将 D 表示为 y-型区域，如图 9-10 所示，即

$$y^2\leqslant x\leqslant y+2,\quad -1\leqslant y\leqslant 2.$$

于是，得

$$I=\int_{-1}^{2}dy\int_{y^2}^{y+2}xy\,dx=\int_{-1}^{2}y\left(\frac{1}{2}x^2\bigg|_{y^2}^{y+2}\right)dy=\int_{-1}^{2}y\left[\frac{1}{2}(y+2)^2-\frac{1}{2}y^4\right]dy=\frac{45}{8}.$$

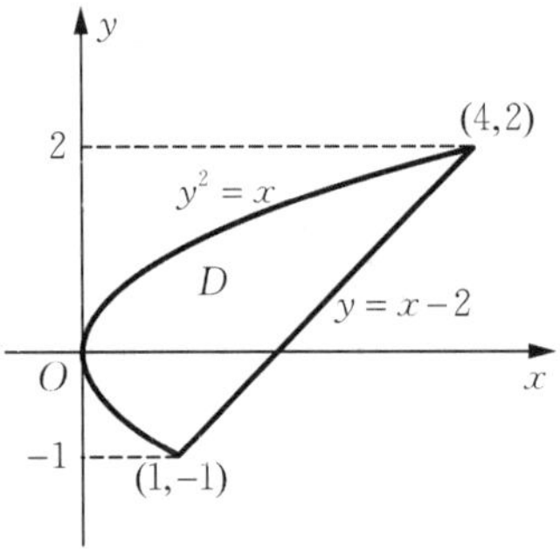

图 9-10

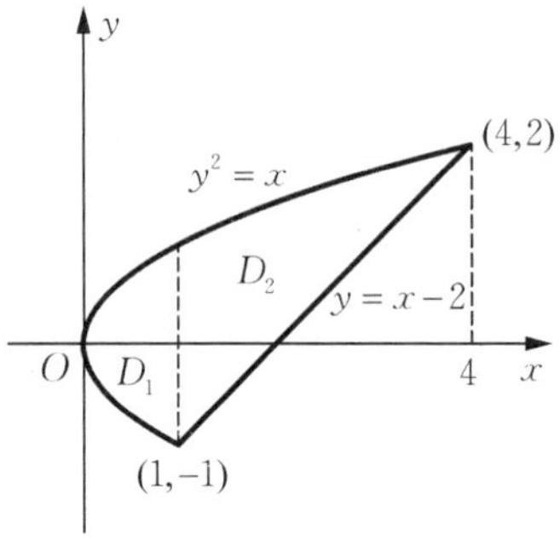

图 9-11

若例 2 选择将积分区域 D 表示为 x-型区域，则必须对 D 进行划分. 用直线 $x=1$ 将 D 分成两个闭区域 D_1 和 D_2（见图 9-11），将它们分别表示成 x-型区域：

$$-\sqrt{x}\leqslant y\leqslant\sqrt{x},\quad 0\leqslant x\leqslant 1$$

及

$$x-2\leqslant y\leqslant\sqrt{x},\quad 1\leqslant x\leqslant 4.$$

于是，得

$$I=\iint\limits_{D_1}xy\,dx\,dy+\iint\limits_{D_2}xy\,dx\,dy=\int_0^1dx\int_{-\sqrt{x}}^{\sqrt{x}}xy\,dy+\int_1^4dx\int_{x-2}^{\sqrt{x}}xy\,dy=\frac{45}{8}.$$

容易看出，将 D 表示成 x-型区域时的计算比较麻烦.

例 3

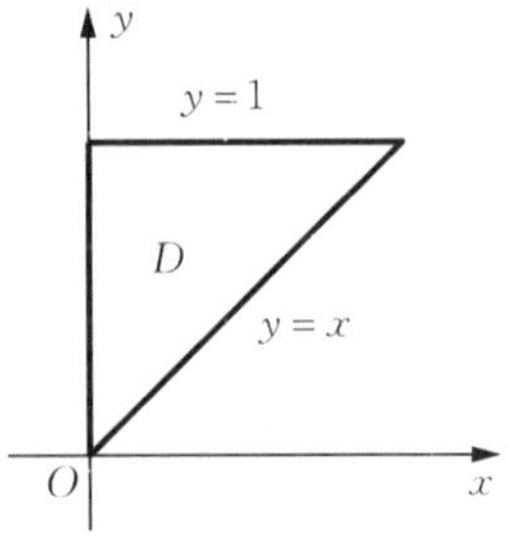

图 9-12

计算 $I=\iint\limits_D e^{-y^2}dx\,dy$，其中 D 是由直线 $y=x$，$y=1$ 及 y 轴所围成的有界闭区域.

解 画出积分区域 D（见图 9-12），可见 D 既是 x-型区域，又是 y-型区域.

若将 D 表示成 x-型区域：

$$x\leqslant y\leqslant 1,\quad 0\leqslant x\leqslant 1,$$

则

$$I=\int_0^1 dx\int_x^1 e^{-y^2}dy.$$

由于 e^{-y^2} 的原函数不能用初等函数表示,因而上式的积分无法继续计算下去.

若将 D 表示成 y - 型区域:

$$0\leqslant x\leqslant y,\quad 0\leqslant y\leqslant 1,$$

于是

$$I=\int_0^1 dy\int_0^y e^{-y^2}dx=\int_0^1 ye^{-y^2}dy=\frac{1}{2}(1-e^{-1}).$$

由此例可见,在化二重积分为二次积分时,需要选择恰当的积分次序.这时,既要考虑积分区域 D 的形状,又要考虑被积函数 $f(x,y)$ 的特性.

例 4

计算 $I=\iint\limits_D |y-x^2|dxdy$,其中 $D=\{(x,y)|-1\leqslant x\leqslant 1,0\leqslant y\leqslant 1\}$ 为矩形有界闭区域.

解　因为

$$|y-x^2|=\begin{cases}y-x^2, & y\geqslant x^2,\\ x^2-y, & y<x^2,\end{cases}$$

于是积分区域 D 应分成 D_1 和 D_2 两部分(见图 9 - 13),其中

$$D_1=\{(x,y)|-1\leqslant x\leqslant 1,x^2\leqslant y\leqslant 1\},$$
$$D_2=\{(x,y)|-1\leqslant x\leqslant 1,0\leqslant y\leqslant x^2\},$$

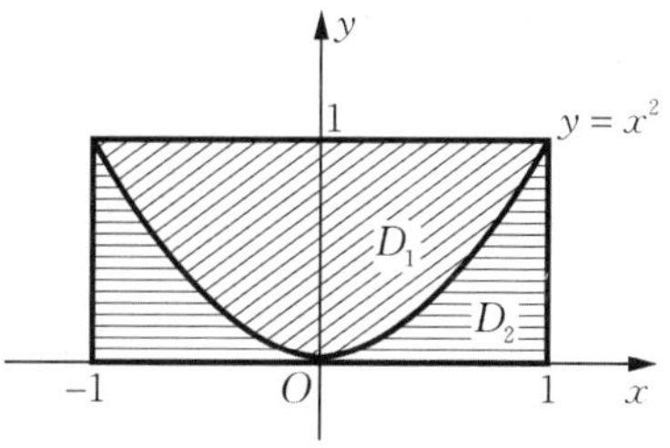

图 9 - 13

所以

$$\begin{aligned}I&=\iint\limits_{D_1}(y-x^2)dxdy+\iint\limits_{D_2}(x^2-y)dxdy\\&=\int_{-1}^1 dx\int_{x^2}^1(y-x^2)dy+\int_{-1}^1 dx\int_0^{x^2}(x^2-y)dy\\&=\int_{-1}^1\left(\frac{1}{2}y^2-x^2y\right)\Big|_{x^2}^1 dx+\int_{-1}^1\left(x^2y-\frac{1}{2}y^2\right)\Big|_0^{x^2}dx\\&=\int_{-1}^1\left(\frac{1}{2}-x^2+x^4\right)dx=\frac{11}{15}.\end{aligned}$$

二、极坐标系下二重积分的计算

除了直角坐标系外,常用的另一种坐标系就是极坐标系.有些二重积分,其积分区域 D 的边界曲线用极坐标方程来表示比较方便,且其被积函数用极坐标变量 r,θ 表示也比较简单.这时,我们就可以考虑利用极坐标来计算二重积分

$$\iint\limits_D f(x,y)d\sigma.$$

前面已经介绍,二重积分的定义式为

$$\iint\limits_D f(x,y)d\sigma=\lim_{\lambda\to 0}\sum_{i=1}^n f(\xi_i,\eta_i)\Delta\sigma_i.$$

下面来推导这个和式的极限在极坐标系下的形式.

假定从极点 O 出发穿过闭区域 D 内部的射线与 D 的边界曲线相交不多于两点.用以极点 O 为中心的一族同心圆:$r=$ 常数,以及从极点 O 出发的一族射线:$\theta=$ 常数,把 D 分成 n 个小闭区域

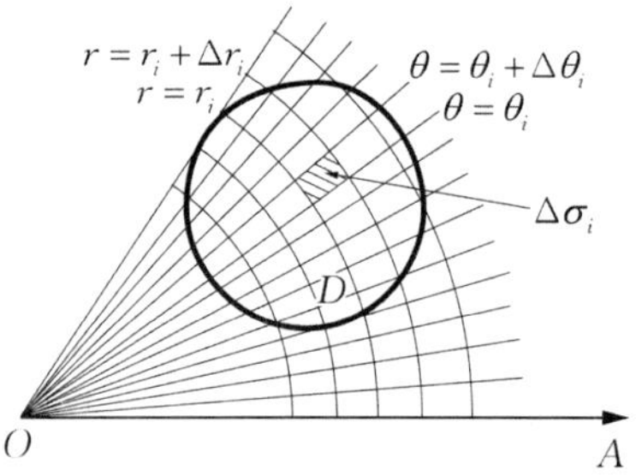

图 9-14

(见图 9-14),除了包含边界点的一些小闭区域外,其余小闭区域的面积 $\Delta\sigma_i$ 可计算如下:

$$\Delta\sigma_i=\frac{1}{2}(r_i+\Delta r_i)^2\cdot\Delta\theta_i-\frac{1}{2}r_i^2\cdot\Delta\theta_i=\frac{1}{2}(2r_i+\Delta r_i)\Delta r_i\cdot\Delta\theta_i$$

$$=\frac{r_i+(r_i+\Delta r_i)}{2}\cdot\Delta r_i\cdot\Delta\theta_i=\overline{r_i}\cdot\Delta r_i\cdot\Delta\theta_i,$$

其中 $\overline{r_i}$ 表示相邻两圆弧的半径的平均值. 在这些小闭区域内取圆 $r=\overline{r_i}$ 上的点 $(\overline{r_i},\overline{\theta_i})$,其中 $\overline{\theta_i}$ 表示相邻两射线的极角的平均值. 设该点的直角坐标为 (ξ_i,η_i),则由直角坐标与极坐标之间的关系有

$$\xi_i=\overline{r_i}\cos\overline{\theta_i},\quad \eta_i=\overline{r_i}\sin\overline{\theta_i}.$$

于是

$$\lim_{\lambda\to 0}\sum_{i=1}^{n}f(\xi_i,\eta_i)\Delta\sigma_i=\lim_{\lambda\to 0}\sum_{i=1}^{n}f(\overline{r_i}\cos\overline{\theta_i},\overline{r_i}\sin\overline{\theta_i})\,\overline{r_i}\Delta r_i\Delta\theta_i,$$

即

$$\iint_D f(x,y)\mathrm{d}\sigma=\iint_D f(r\cos\theta,r\sin\theta)r\mathrm{d}r\mathrm{d}\theta,$$

亦即

$$\iint_D f(x,y)\mathrm{d}x\mathrm{d}y=\iint_D f(r\cos\theta,r\sin\theta)r\mathrm{d}r\mathrm{d}\theta. \tag{9-9}$$

式(9-9)就是二重积分从直角坐标变换为极坐标的变换公式,其中 $r\mathrm{d}r\mathrm{d}\theta$ 叫作**极坐标系下的面积元素**.

公式(9-9)表明,要把二重积分的形式从直角坐标变换为极坐标,只要把被积函数中的 x 与 y 分别换成 $r\cos\theta$ 与 $r\sin\theta$,并把直角坐标系下的面积元素 $\mathrm{d}x\mathrm{d}y$ 换成极坐标系下的面积元素 $r\mathrm{d}r\mathrm{d}\theta$ 即可.

极坐标系下的二重积分,同样可以化为二次积分来计算.

设积分区域 D 可以用不等式

$$\varphi_1(\theta)\leqslant r\leqslant\varphi_2(\theta),\quad \alpha\leqslant\theta\leqslant\beta$$

来表示(见图 9-15),其中函数 $\varphi_1(\theta)$,$\varphi_2(\theta)$ 在闭区间 $[\alpha,\beta]$ 上连续. 在闭区间 $[\alpha,\beta]$ 上任取一个 θ 值,对应于这个 θ 值,积分区域 D 上的点的极径 r 从 $\varphi_1(\theta)$ 变到 $\varphi_2(\theta)$(见图 9-16,这些点在线段 EF 上). 又因为 θ 是在 $[\alpha,\beta]$ 上任意取的,所以 θ 的变化范围是闭区间 $[\alpha,\beta]$. 由此可得极坐标系下的二重积分化为二次积分的公式为

$$\iint_D f(r\cos\theta,r\sin\theta)r\mathrm{d}r\mathrm{d}\theta=\int_\alpha^\beta\left(\int_{\varphi_1(\theta)}^{\varphi_2(\theta)}f(r\cos\theta,r\sin\theta)r\mathrm{d}r\right)\mathrm{d}\theta, \tag{9-10}$$

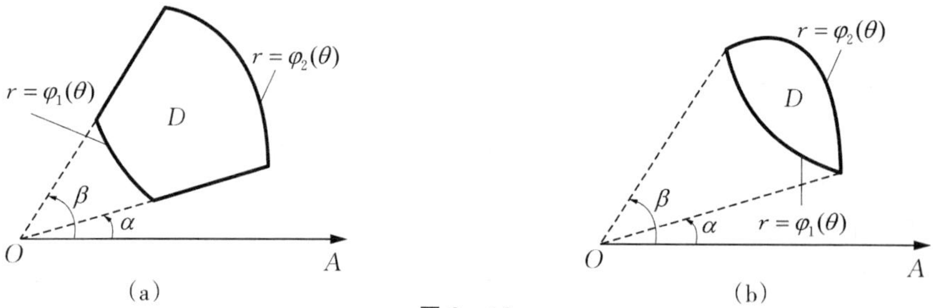

图 9-15

或者写成

$$\iint_D f(r\cos\theta, r\sin\theta)r\mathrm{d}r\mathrm{d}\theta = \int_\alpha^\beta \mathrm{d}\theta\int_{\varphi_1(\theta)}^{\varphi_2(\theta)} f(r\cos\theta, r\sin\theta)r\mathrm{d}r. \tag{9-11}$$

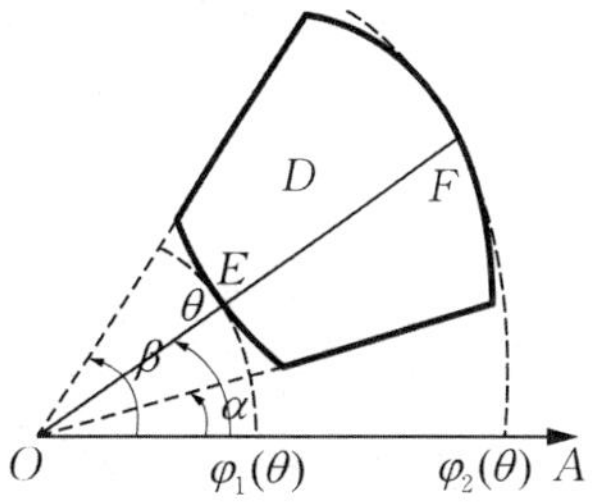

图 9－16

如果积分区域 D 是如图 9－17 所示的曲边扇形，那么可以把它看作图 9－15(a) 中当 $\varphi_1(\theta)=0, \varphi_2(\theta)=\varphi(\theta)$ 时的特例. 这时积分区域 D 可以用不等式

$$0 \leqslant r \leqslant \varphi(\theta), \quad \alpha \leqslant \theta \leqslant \beta$$

来表示，从而公式(9－11) 变为

$$\iint_D f(r\cos\theta, r\sin\theta)r\mathrm{d}r\mathrm{d}\theta = \int_\alpha^\beta \mathrm{d}\theta\int_0^{\varphi(\theta)} f(r\cos\theta, r\sin\theta)r\mathrm{d}r. \tag{9-12}$$

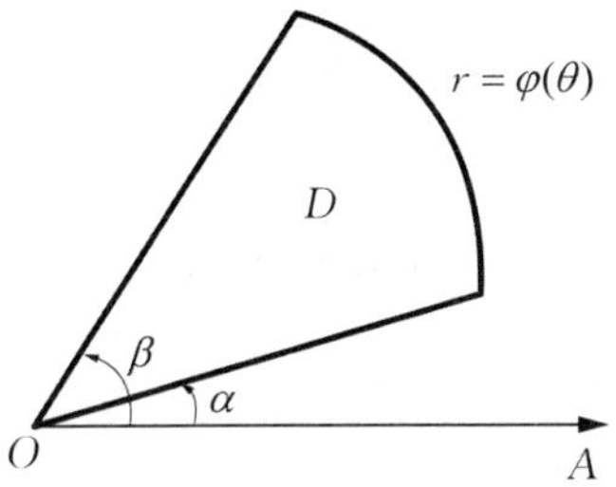

图 9－17

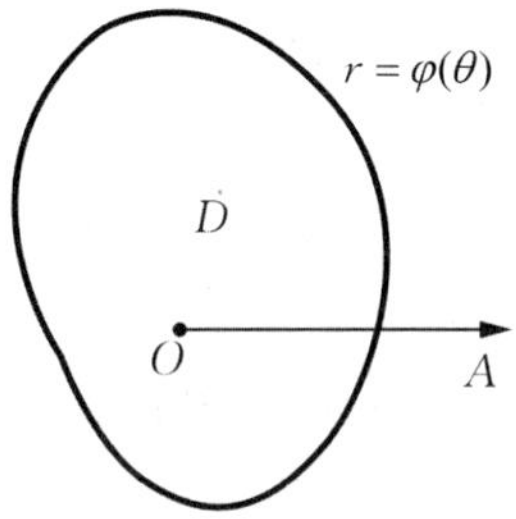

图 9－18

如果积分区域 D 如图 9－18 所示，极点 O 在 D 的内部，那么可以把它看作图 9－17 中当 $\alpha=0$，$\beta=2\pi$ 时的特例. 这时积分区域 D 可以用不等式

$$0 \leqslant r \leqslant \varphi(\theta), \quad 0 \leqslant \theta \leqslant 2\pi$$

来表示，从而公式(9－12) 变为

$$\iint_D f(r\cos\theta, r\sin\theta)r\mathrm{d}r\mathrm{d}\theta = \int_0^{2\pi} \mathrm{d}\theta\int_0^{\varphi(\theta)} f(r\cos\theta, r\sin\theta)r\mathrm{d}r. \tag{9-13}$$

由二重积分的性质可知，闭区域 D 的面积 σ 可以表示为

$$\sigma = \iint_D \mathrm{d}\sigma. \tag{9-14}$$

它在极坐标系下有

$$\sigma = \iint_D r\mathrm{d}r\mathrm{d}\theta. \tag{9-15}$$

如果闭区域 D 如图 9－15(a) 所示，则有

$$\sigma = \iint_D r\mathrm{d}r\mathrm{d}\theta = \int_\alpha^\beta \mathrm{d}\theta\int_{\varphi_1(\theta)}^{\varphi_2(\theta)} r\mathrm{d}r = \frac{1}{2}\int_\alpha^\beta (\varphi_2^2(\theta) - \varphi_1^2(\theta))\mathrm{d}\theta. \tag{9-16}$$

特别地，如果闭区域 D 如图 9－17 所示，则有

$$\sigma = \frac{1}{2}\int_\alpha^\beta \varphi^2(\theta)\mathrm{d}\theta.$$

例 5

计算半径为 a 的圆所围成的有界闭区域 D 的面积.

解　将坐标原点取在圆心处，则圆的方程可表示为 $x^2+y^2=a^2$，如图 9－19 所示.

将 Ox 轴设为极轴，则该圆在此极坐标系下可表示为 $r=a(0\leqslant\theta\leqslant 2\pi)$. 故所求闭区域 D 的面积为

$$S_D=\frac{1}{2}\int_0^{2\pi}a^2\,\mathrm{d}\theta=\pi a^2.$$

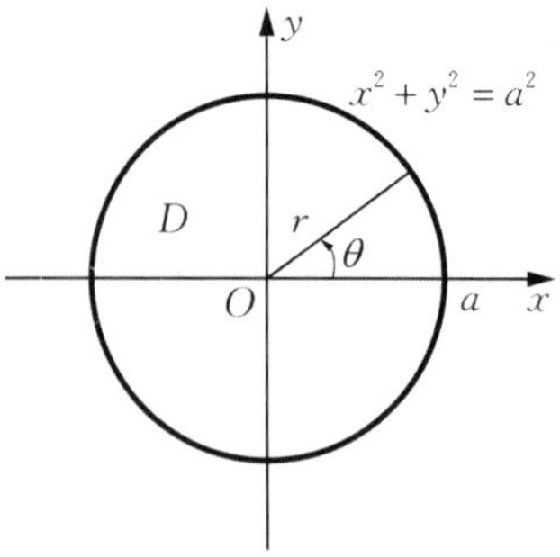

图 9－19

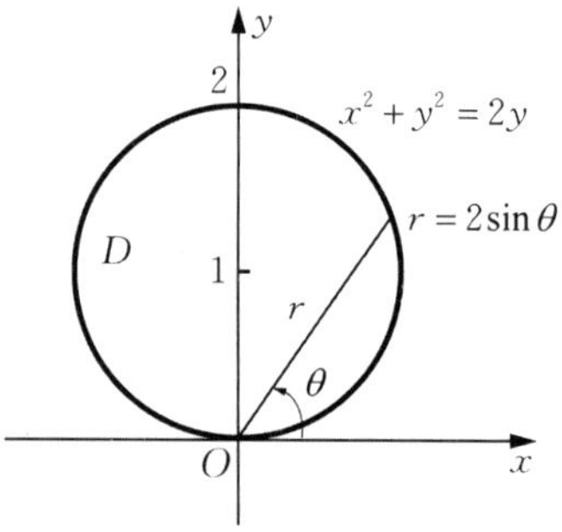

图 9－20

例 6

计算 $I=\iint\limits_D\sqrt{x^2+y^2}\,\mathrm{d}x\mathrm{d}y$，其中 D 是由圆 $x^2+y^2=2y$ 所围成的有界闭区域.

解 如图 9－20 所示，圆的极坐标方程为 $r=2\sin\theta$，故闭区域 D 可以表示为

$$0\leqslant r\leqslant 2\sin\theta,\quad 0\leqslant\theta\leqslant\pi.$$

于是，有

$$\begin{aligned}I&=\iint\limits_D\sqrt{x^2+y^2}\,\mathrm{d}x\mathrm{d}y=\iint\limits_D r\cdot r\mathrm{d}r\mathrm{d}\theta=\int_0^{\pi}\mathrm{d}\theta\int_0^{2\sin\theta}r^2\,\mathrm{d}r\\&=\int_0^{\pi}\left(\frac{r^3}{3}\right)\Bigg|_0^{2\sin\theta}\mathrm{d}\theta=\frac{8}{3}\int_0^{\pi}\sin^3\theta\mathrm{d}\theta=\frac{8}{3}\int_0^{\pi}(\cos^2\theta-1)\mathrm{d}(\cos\theta)\\&=\frac{8}{3}\left(\frac{1}{3}\cos^3\theta-\cos\theta\right)\Bigg|_0^{\pi}=\frac{32}{9}.\end{aligned}$$

习 题 9.2

1. 计算下列二重积分：

(1) $\iint\limits_D xy\mathrm{e}^{x^2+y^2}\,\mathrm{d}\sigma$，其中 $D=\{(x,y)\mid a\leqslant x\leqslant b,c\leqslant y\leqslant d\}$；

(2) $\iint\limits_D(3x+2y)\mathrm{d}\sigma$，其中 D 是由两条坐标轴及直线 $x+y=2$ 所围成的有界闭区域；

(3) $\iint\limits_D x\cos(x+y)\mathrm{d}\sigma$，其中 D 是 3 个顶点分别为 $(0,0)$，$(\pi,0)$ 和 (π,π) 的三角形有界闭区域；

(4) $\iint\limits_D x\sqrt{y}\,\mathrm{d}\sigma$，其中 D 是由两条抛物线 $y=\sqrt{x}$，$y=x^2$ 所围成的有界闭区域；

(5) $\iint\limits_D\frac{y}{x}\mathrm{d}\sigma$，其中 D 是由直线 $y=x$，$y=2x$，$x=1$ 及 $x=2$ 所围成的有界闭区域；

(6) $\iint\limits_D\mathrm{e}^{x+y}\mathrm{d}\sigma$，其中 D 是由不等式 $|x|+|y|\leqslant 1$ 所确定的有界闭区域.

2. 改变下列二次积分的积分次序：

(1) $\int_0^1\mathrm{d}x\int_x^{\sqrt{x}}f(x,y)\mathrm{d}y$；

(2) $\int_0^1\mathrm{d}y\int_{\mathrm{e}^y}^{\mathrm{e}}f(x,y)\mathrm{d}x$；

(3) $\int_0^1\mathrm{d}x\int_0^x f(x,y)\mathrm{d}y+\int_1^2\mathrm{d}x\int_0^{2-x}f(x,y)\mathrm{d}y$.

3. 利用极坐标计算下列二重积分：

(1) $\iint\limits_D \sqrt{R^2-x^2-y^2}\,\mathrm{d}\sigma$，其中 D 为有界圆形闭区域 $x^2+y^2\leqslant Rx\ (R>0)$；

(2) $\iint\limits_D \ln(1+x^2+y^2)\,\mathrm{d}\sigma$，其中 D 为圆 $x^2+y^2=1$ 及坐标轴所围成的在第一象限内的有界闭区域；

(3) $\iint\limits_D \arctan\frac{y}{x}\,\mathrm{d}\sigma$，其中 D 是由圆 $x^2+y^2=4$，$x^2+y^2=1$ 及直线 $y=0$，$y=x$ 所围成的在第一象限内的有界闭区域.

4. 选择适当的坐标系计算下列二重积分：

(1) $\iint\limits_D \sqrt{\frac{1-x^2-y^2}{1+x^2+y^2}}\,\mathrm{d}x\mathrm{d}y$，其中 D 是由圆 $x^2+y^2=1$ 及坐标轴所围成的在第一象限内的有界闭区域；

(2) $\iint\limits_D (x^2+y^2)\,\mathrm{d}x\mathrm{d}y$，其中 D 是由直线 $y=x$，$y=x+a$，$y=a$ 及 $y=3a$ 所围成的有界闭区域 $(a>0)$.

第三节　广义二重积分

二重积分也可以像定积分那样，讨论积分区域无界和被积函数无界的两种广义积分. 它们在很多应用学科中有较为重要的作用.

一、无界区域上的二重积分

设 D 为 $\mathbf{R}^2$ 中的一无界区域，函数 $f(x,y)$ 在 D 上有定义且有界. 用任意一条光滑曲线 L 在 D 中画出有界闭区域 D_0，如图 9-21 所示，此时二重积分 $\iint\limits_{D_0} f(x,y)\,\mathrm{d}x\mathrm{d}y$ 存在. 如果当曲线 L 连续变动，所画出的闭区域 D_0 以任何方式无限扩展而趋于无界区域 D 时，若

$$\lim_{D_0\to D}\iint\limits_{D_0} f(x,y)\,\mathrm{d}x\mathrm{d}y$$

存在，则称此极限值为**函数 $f(x,y)$ 在无界区域 D 上的广义二重积分**，仍记为 $\iint\limits_D f(x,y)\,\mathrm{d}x\mathrm{d}y$，即

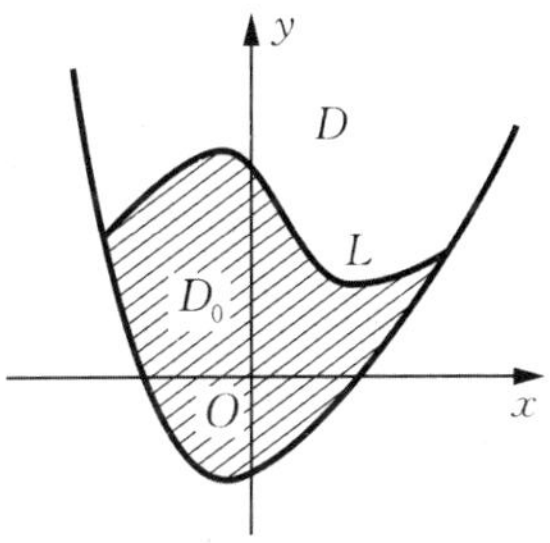

图 9-21

$$\iint\limits_D f(x,y)\,\mathrm{d}x\mathrm{d}y=\lim_{D_0\to D}\iint\limits_{D_0} f(x,y)\,\mathrm{d}x\mathrm{d}y. \tag{9-17}$$

此时，也称**广义二重积分** $\iint\limits_D f(x,y)\,\mathrm{d}x\mathrm{d}y$ **收敛**. 若上述极限不存在，则称**广义二重积分** $\iint\limits_D f(x,y)\,\mathrm{d}x\mathrm{d}y$ **发散**.

例 1

计算广义二重积分 $\iint\limits_D \frac{1}{x^2y^2}\,\mathrm{d}x\mathrm{d}y$，其中 $D=\{(x,y)\mid x\geqslant 1, y\geqslant 1\}$.

解　设 $r>1$，作有界区域 $D_r=\{(x,y)\mid 1\leqslant x\leqslant r, 1\leqslant y\leqslant r\}$，则

$$\iint\limits_{D_r}\frac{1}{x^2y^2}\,\mathrm{d}x\mathrm{d}y=\int_1^r \mathrm{d}x\int_1^r\frac{1}{x^2y^2}\,\mathrm{d}y=\left(1-\frac{1}{r}\right)^2.$$

因此,有

$$\iint_D \frac{1}{x^2y^2}\mathrm{d}x\mathrm{d}y = \lim_{r\to+\infty}\iint_{D_r}\frac{1}{x^2y^2}\mathrm{d}x\mathrm{d}y = \lim_{r\to+\infty}\left(1-\frac{1}{r}\right)^2 = 1.$$

例 2

计算泊松积分 $I=\int_{-\infty}^{+\infty}\mathrm{e}^{-x^2}\mathrm{d}x$.

解 因为 e^{-x^2} 的原函数不是初等函数,所以不能直接用定积分的牛顿-莱布尼茨公式计算积分值.考虑另一种解题思路,设

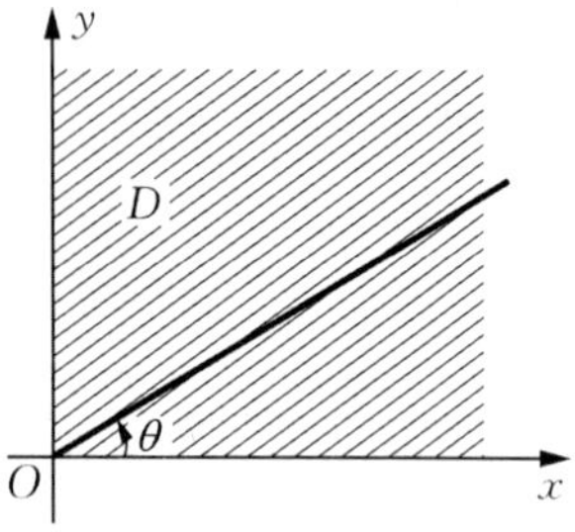

图 9-22

$$H=\iint_D \mathrm{e}^{-x^2-y^2}\mathrm{d}x\mathrm{d}y,$$

其中无界区域 D 是整个第一象限,如图 9-22 所示,于是有

$$\begin{aligned}H&=\iint_D \mathrm{e}^{-x^2-y^2}\mathrm{d}x\mathrm{d}y=\int_0^{+\infty}\mathrm{d}x\int_0^{+\infty}\mathrm{e}^{-x^2-y^2}\mathrm{d}y\\&=\int_0^{+\infty}\mathrm{e}^{-x^2}\mathrm{d}x\int_0^{+\infty}\mathrm{e}^{-y^2}\mathrm{d}y=\left(\int_0^{+\infty}\mathrm{e}^{-x^2}\mathrm{d}x\right)^2\\&=\left(\frac{I}{2}\right)^2=\frac{I^2}{4}.\end{aligned}$$

下面用极坐标计算广义二重积分 H.因为无界区域 D 可表示为

$$0\leqslant r<+\infty,\quad 0\leqslant\theta\leqslant\frac{\pi}{2},$$

所以

$$H=\int_0^{\frac{\pi}{2}}\mathrm{d}\theta\int_0^{+\infty}\mathrm{e}^{-r^2}\cdot r\mathrm{d}r=\int_0^{\frac{\pi}{2}}\left(-\frac{1}{2}\mathrm{e}^{-r^2}\right)\Big|_0^{+\infty}\mathrm{d}\theta=\int_0^{\frac{\pi}{2}}\frac{1}{2}\mathrm{d}\theta=\frac{\pi}{4}.$$

于是,得到 $I^2=\pi$.因此,

$$I=\int_{-\infty}^{+\infty}\mathrm{e}^{-x^2}\mathrm{d}x=\sqrt{\pi}.$$

泊松积分在概率统计中有广泛应用.

例 3

求广义二重积分 $I=\iint_D\frac{\mathrm{d}\sigma}{(1+x^2+y^2)^\alpha}$,其中 $\alpha\neq1$,无界区域 D 是整个 xOy 坐标面.

解 先在有界圆形闭区域 $D_R=\{(x,y)\mid x^2+y^2\leqslant R^2\}$ 内考虑,此时有

$$I(R)=\iint_{D_R}\frac{\mathrm{d}\sigma}{(1+x^2+y^2)^\alpha}=\int_0^{2\pi}\mathrm{d}\theta\int_0^R\frac{r}{(1+r^2)^\alpha}\mathrm{d}r=\frac{\pi}{1-\alpha}\left[\frac{1}{(1+R^2)^{\alpha-1}}-1\right].$$

当 $\alpha>1$ 时,因

$$\lim_{R\to+\infty}I(R)=\frac{\pi}{\alpha-1},$$

故原广义二重积分收敛,且

$$I=\frac{\pi}{\alpha-1}.$$

当 $\alpha<1$ 时,因

$$\lim_{R\to+\infty}I(R)=+\infty,$$

故原广义二重积分发散.

二、含瑕点的二重积分

设 D 为 $\mathbf{R}^2$ 中的有界闭区域，点 $M_0(x_0,y_0)\in D$，函数 $f(x,y)$ 在 D 上(除去点 M_0)有定义. 对于任意的 $M(x,y)\in D$，且 $M\neq M_0$，若 $\lim\limits_{M\to M_0}f(x,y)=\infty$，则称点 $M_0(x_0,y_0)$ 为函数 $f(x,y)$ 在闭区域 D 上的一个**瑕点**.

设函数 $f(x,y)$ 在区域 $D-M_0$ 上可积，以点 M_0 为中心、$\varepsilon>0$ 为半径作一小圆 $B(M_0,\varepsilon)$，则 $f(x,y)$ 在 $D-B$ 内可积. 若极限

$$\lim_{\varepsilon\to0^+}\iint\limits_{D-B}f(x,y)\mathrm{d}x\mathrm{d}y$$

存在，则称该极限值为**函数 $f(x,y)$ 在闭区域 D 中含瑕点 M_0 的广义二重积分**，记作

$$\iint\limits_{D}f(x,y)\mathrm{d}x\mathrm{d}y=\lim_{\varepsilon\to0^+}\iint\limits_{D-B}f(x,y)\mathrm{d}x\mathrm{d}y, \tag{9-18}$$

也称含瑕点 M_0 的广义二重积分收敛. 若该极限不存在，则称函数 $f(x,y)$ 的含瑕点 M_0 的广义二重积分发散.

例 4

计算广义二重积分$\iint\limits_{D}\dfrac{\mathrm{d}x\mathrm{d}y}{\sqrt{1-x^2-y^2}}$，其中 $D=\{(x,y)\mid x^2+y^2\leqslant1\}$.

解　显然，被积函数在 D 上的瑕点为圆 $x^2+y^2=1$ 上所有的点. 在极坐标系下，全体瑕点可表示为 $r=1$，有界闭区域 D 可表示为

$$0\leqslant r\leqslant1,\quad 0\leqslant\theta\leqslant2\pi.$$

于是，有

$$\begin{aligned}\iint\limits_{D}\frac{\mathrm{d}x\mathrm{d}y}{\sqrt{1-x^2-y^2}}&=\iint\limits_{D}\frac{r\mathrm{d}r\mathrm{d}\theta}{\sqrt{1-r^2}}=\lim_{\varepsilon\to0^+}\int_0^{2\pi}\mathrm{d}\theta\int_0^{1-\varepsilon}\frac{r\mathrm{d}r}{\sqrt{1-r^2}}\\&=\lim_{\varepsilon\to0^+}2\pi\left(-\sqrt{1-r^2}\right)\Big|_0^{1-\varepsilon}=2\pi.\end{aligned}$$

例 5

设广义二重积分$\iint\limits_{D}\dfrac{\mathrm{d}x\mathrm{d}y}{(x^2+y^2)^m}$，其中 $D=\{(x,y)\mid x^2+y^2\leqslant1\}$. 当正数 m 取何值时，该广义二重积分收敛？

解　显然，点 $O(0,0)$ 为被积函数 $f(x,y)=\dfrac{1}{(x^2+y^2)^m}$ 在 D 上的瑕点. 以点 $O(0,0)$ 为圆心、$\varepsilon(0<\varepsilon<1)$ 为半径作小圆 $B(O,\varepsilon)$，此时有

$$\lim_{\varepsilon\to0^+}\iint\limits_{D-B}\frac{\mathrm{d}x\mathrm{d}y}{(x^2+y^2)^m}=\lim_{\varepsilon\to0^+}\int_0^{2\pi}\mathrm{d}\theta\int_\varepsilon^1\frac{1}{r^{2m-1}}\mathrm{d}r-\lim_{\varepsilon\to0^+}\frac{\pi}{1-m}\left[1-\varepsilon^{2(1-m)}\right].$$

因此，当 $0<m<1$ 时，该广义积分收敛，且

$$\iint\limits_{D}\frac{\mathrm{d}x\mathrm{d}y}{(x^2+y^2)^m}=\frac{\pi}{1-m}.$$

习题 9.3

1. 计算广义二重积分$\iint\limits_D e^{-(x+y)}\mathrm{d}x\mathrm{d}y$，其中$D=\{(x,y)\mid 0\leqslant y\leqslant 2x, x\geqslant 0\}$.

2. 计算广义二重积分$\int_0^{+\infty}\mathrm{d}x\int_0^x(1+x^2+y^2)^{-2}\mathrm{d}y$.

3. 计算广义二重积分$\iint\limits_D \exp\left\{-\frac{x^2}{a^2}-\frac{y^2}{b^2}\right\}\mathrm{d}x\mathrm{d}y$，其中$D=\left\{(x,y)\left|\frac{x^2}{a^2}+\frac{y^2}{b^2}\geqslant 1\right.\right\}$，$a$和$b$为正常数.

4. 计算广义二重积分$\iint\limits_D \frac{\mathrm{d}\sigma}{(x^2+y^2)^p}$，其中$D=\{(x,y)\mid x^2+y^2\geqslant 1\}$.

5. 计算广义二重积分$I=\int_{-\infty}^{+\infty}\mathrm{d}y\int_{-\infty}^{+\infty}\min\{x,y\}e^{-(x^2+y^2)}\mathrm{d}x$.

6. 设广义二重积分$\iint\limits_D \frac{\mathrm{d}x\mathrm{d}y}{(1-x^2-y^2)^m}$，其中$D=\{(x,y)\mid x^2+y^2\leqslant 1\}$. 当正数$m$取何值时，该广义二重积分收敛？

第四节　二重积分的应用

从二重积分的定义及计算中可以看到二重积分在几何学上的一些应用，如计算平面图形的面积、空间立体的体积等. 本节我们将给出二重积分在几何学、物理学、经济学等方面的一些应用实例.

一、二重积分的几何学应用

1. 平面图形的面积

前面已经讲过，平面图形所占的有界闭区域D的面积σ可以表示为

$$\sigma=\iint\limits_D \mathrm{d}\sigma. \tag{9-19}$$

在直角坐标系下，有

$$\sigma=\iint\limits_D \mathrm{d}x\mathrm{d}y; \tag{9-20}$$

在极坐标系下，有

$$\sigma=\iint\limits_D r\,\mathrm{d}r\mathrm{d}\theta. \tag{9-21}$$

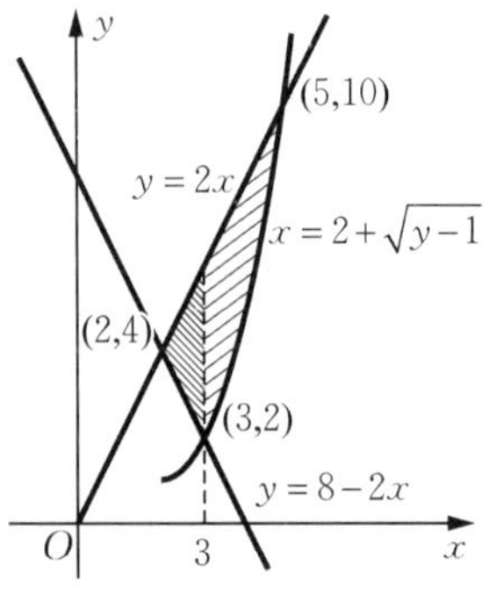

图 9-23

例 1

求由曲线$x=2+\sqrt{y-1}$及直线$y=2x$，$y=8-2x$所围成的平面图形的面积.

解　平面图形如图 9-23 中的阴影部分所示. 联立方程，

$$\begin{cases}y=2x,\\ y=8-2x,\end{cases}\quad \begin{cases}y=8-2x,\\ x=2+\sqrt{y-1},\end{cases}\quad \begin{cases}y=2x,\\ x=2+\sqrt{y-1},\end{cases}$$

求得交点为$(2,4)$，$(3,2)$，$(5,10)$. 记闭区域

$$D_1=\{(x,y)\mid 2\leqslant x\leqslant 3, 8-2x\leqslant y\leqslant 2x\},$$

$$D_2=\{(x,y)\mid 3\leqslant x\leqslant 5, (x-2)^2+1\leqslant y\leqslant 2x\},$$

则阴影部分区域为 $D = D_1 + D_2$,故所求平面图形的面积为

$$\sigma = \iint\limits_{D} \mathrm{d}x\mathrm{d}y = \iint\limits_{D_1} \mathrm{d}x\mathrm{d}y + \iint\limits_{D_2} \mathrm{d}x\mathrm{d}y = \int_2^3 \mathrm{d}x\int_{8-2x}^{2x} \mathrm{d}y + \int_3^5 \mathrm{d}x\int_{(x-2)^2+1}^{2x} \mathrm{d}y$$

$$= \int_2^3 (4x-8)\mathrm{d}x + \int_3^5 (6x - x^2 - 5)\mathrm{d}x = \frac{22}{3}.$$

例 2

求位于圆 $r = a$ 以外及圆 $r = 2a\cos\theta$ 以内的平面图形的面积.

解 平面图形如图 9-24 中的阴影部分所示. 联立方程,

$$\begin{cases} r = a, \\ r = 2a\cos\theta, \end{cases}$$

求得两圆的交点为

$$M\left(a, \frac{\pi}{3}\right), \quad N\left(a, -\frac{\pi}{3}\right).$$

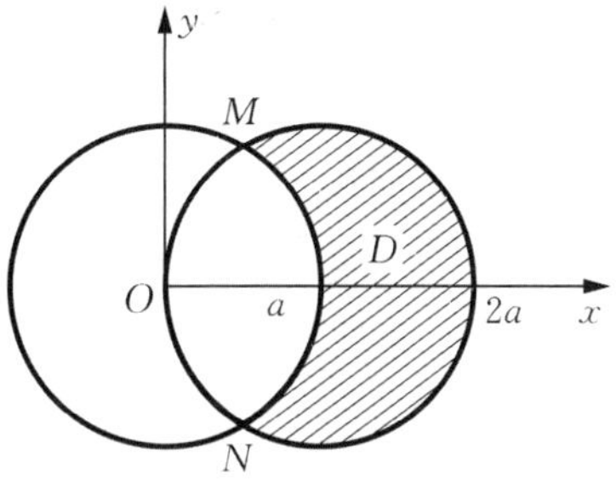

图 9-24

于是,阴影部分区域为

$$D = \left\{(r,\theta) \middle| -\frac{\pi}{3} \leqslant \theta \leqslant \frac{\pi}{3}, a \leqslant r \leqslant 2a\cos\theta\right\},$$

故所求平面图形的面积为

$$\sigma = \iint\limits_{D} r\mathrm{d}r\mathrm{d}\theta = \int_{-\frac{\pi}{3}}^{\frac{\pi}{3}} \mathrm{d}\theta \int_a^{2a\cos\theta} r\mathrm{d}r = \frac{a^2}{2}\int_{-\frac{\pi}{3}}^{\frac{\pi}{3}} (2\cos 2\theta + 1)\mathrm{d}\theta = a^2\left(\frac{\sqrt{3}}{2} + \frac{\pi}{3}\right).$$

2. 空间立体的体积

设 Ω 是以曲面 $z = f(x,y)$ 为顶、xOy 坐标面上的闭区域 D 为底的曲顶柱体,则 Ω 的体积为

$$V_\Omega = \iint\limits_{D} |f(x,y)| \mathrm{d}x\mathrm{d}y. \tag{9-22}$$

例 3

计算由旋转抛物面 $z = x^2 + y^2$ 和平面 $z = a^2$ 所围成的空间立体 Ω 的体积.

解 该旋转体体积可看作两个曲顶柱体体积之差:$V_\Omega = V_1 - V_2$,其中 V_1 为以闭区域 $D = \{(x,y) \mid x^2 + y^2 \leqslant a^2\}$ 为底、平面 $z = a^2$ 为顶的圆柱体的体积;V_2 为以 D 为底、曲面 $z = x^2 + y^2$ 为顶的曲顶柱体的体积. 于是,可得

$$V_1 = \iint\limits_{D} a^2 \mathrm{d}\sigma = \int_0^{2\pi} \mathrm{d}\theta \int_0^a a^2 r\mathrm{d}r = \pi a^4,$$

$$V_2 = \iint\limits_{D} (x^2 + y^2)\mathrm{d}\sigma = \int_0^{2\pi} \mathrm{d}\theta \int_0^a r^3 \mathrm{d}r = \frac{1}{2}\pi a^4,$$

所以

$$V_\Omega = V_1 - V_2 = \pi a^4 - \frac{1}{2}\pi a^4 = \frac{1}{2}\pi a^4.$$

***例 4**

某仪器上有一只圆柱形的无盖水桶,桶高 6 cm,半径为 1 cm. 在桶壁上钻有两个小孔用于安装支架,使水桶可以自由倾斜. 两个小孔距桶底 2 cm,且两孔连线恰为直径,水可以从两个小孔向

外流出. 当水桶以不同角度倾斜放置且没有水漏出时，这只水桶最多可装多少水？

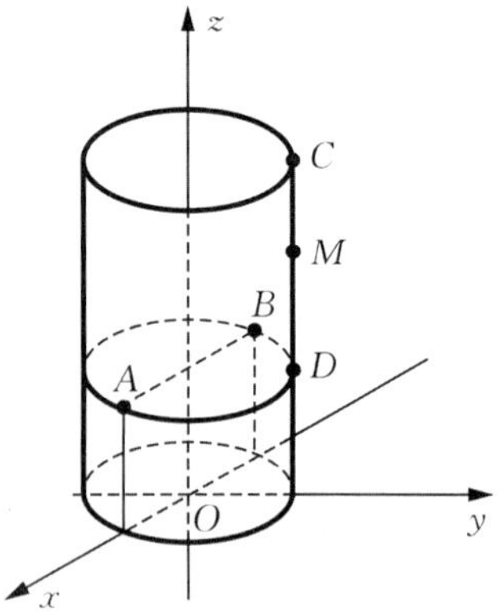

图 9-25

解 建立直角坐标系如图 9-25 所示. 设 $M(0,1,t)(2\leqslant t\leqslant 6)$ 为线段 CD 上一点，其中 $C(0,1,6)$，$D(0,1,2)$，两孔位置分别为 $A(1,0,2)$，$B(-1,0,2)$，并假设当水桶倾斜且没有水漏出时，水平面恰好通过 A,B,M 这 3 点. 设该平面方程为

$$ax+by+cz+d=0,$$

把 A,B,M 这 3 点的坐标代入，可得

$$\begin{cases} b+tc+d=0, \\ a+2c+d=0, \\ -a+2c+d=0, \end{cases}$$

解得 $a=0$，$b=(2-t)c$，$d=-2c$，其中 $c\neq 0$. 代入平面方程，整理后得

$$z=(t-2)y+2.$$

此时，水桶容量 $V(t)$ 为圆柱体位于水平面下方的体积，故

$$\begin{aligned} V(t) &= \iint\limits_{\substack{x^2+y^2\leqslant 1 \\ \frac{-2}{t-2}\leqslant y\leqslant 1}} [(t-2)y+2]\mathrm{d}x\mathrm{d}y = \int_{\frac{-2}{t-2}}^{1}\mathrm{d}y\int_{-\sqrt{1-y^2}}^{\sqrt{1-y^2}}[(t-2)y+2]\mathrm{d}x \\ &= 2\int_{\frac{-2}{t-2}}^{1}[(t-2)y+2]\sqrt{1-y^2}\,\mathrm{d}y \\ &= 2t\int_{\frac{-2}{t-2}}^{1}y\sqrt{1-y^2}\,\mathrm{d}y+4\int_{\frac{-2}{t-2}}^{1}(1-y)\sqrt{1-y^2}\,\mathrm{d}y. \end{aligned}$$

于是，

$$\begin{aligned} \frac{\mathrm{d}V}{\mathrm{d}t} &= 2\int_{\frac{-2}{t-2}}^{1}y\sqrt{1-y^2}\,\mathrm{d}y-2t\left(\frac{-2}{t-2}\right)\sqrt{1-\frac{4}{(t-2)^2}}\cdot\frac{2}{(t-2)^2} \\ &\quad -4\left(1+\frac{2}{t-2}\right)\sqrt{1-\frac{4}{(t-2)^2}}\cdot\frac{2}{(t-2)^2} \\ &= 2\int_{\frac{-2}{t-2}}^{1}y\sqrt{1-y^2}\,\mathrm{d}y=-\frac{2}{3}(1-y^2)^{\frac{3}{2}}\Big|_{\frac{-2}{t-2}}^{1} \\ &= \frac{2}{3}\left[1-\frac{4}{(t-2)^2}\right]^{\frac{3}{2}}=\frac{2}{3}\frac{[t(t-4)]^{\frac{3}{2}}}{(t-2)^3}\quad(2\leqslant t\leqslant 6). \end{aligned}$$

令 $\frac{\mathrm{d}V}{\mathrm{d}t}=0$，得驻点 $t=4$. 由于当 $2<t<4$ 时，$\frac{\mathrm{d}V}{\mathrm{d}t}<0$；当 $4<t<6$ 时，$\frac{\mathrm{d}V}{\mathrm{d}t}>0$. 因此，$V(t)$ 在 $t=4$ 处取得极小值，而 $V(t)$ 的最大值只可能在 $t=2$ 或 $t=6$ 处取得. 又计算得

$$V(2)=\pi r^2h\Big|_{\substack{r=1\\h=2}}=2\pi,$$

$$V(6)=\iint\limits_{\substack{x^2+y^2\leqslant 1\\ -\frac{1}{2}\leqslant y\leqslant 1}}(4y+2)\mathrm{d}x\mathrm{d}y=\frac{3\sqrt{3}}{2}+\frac{4}{3}\pi,$$

所以水桶的最大容水量为 $V_{\max}=\frac{3\sqrt{3}}{2}+\frac{4}{3}\pi$.

二、二重积分的物理学应用

1. 非均匀密度的平面薄片的质量

设平面薄片所占的有界闭区域为 D，在 D 上任意点 (x,y) 处的面密度为 $\rho(x,y)$（函数 $\rho(x,y)$ 在 D 上有界），则该平面薄片的质量为

$$m=\iint_D\rho(x,y)\,\mathrm{d}\sigma. \tag{9-23}$$

例 5

设平面薄片所占的有界闭区域 D 由直线 $x+y=2$，$y=x$ 和 x 轴所围成，它的面密度为函数 $\rho(x,y)=x^2+y^2$，求该薄片的质量.

解　闭区域 D 如图 9－26 所示. 于是，该薄片的质量为

$$\begin{aligned}m&=\iint_D\rho(x,y)\,\mathrm{d}\sigma=\iint_D(x^2+y^2)\,\mathrm{d}\sigma\\&=\int_0^1\mathrm{d}y\int_y^{2-y}(x^2+y^2)\,\mathrm{d}x\\&=\int_0^1\left[\frac{1}{3}(2-y)^3+2y^2-\frac{7}{3}y^3\right]\mathrm{d}y\\&=\frac{4}{3}.\end{aligned}$$

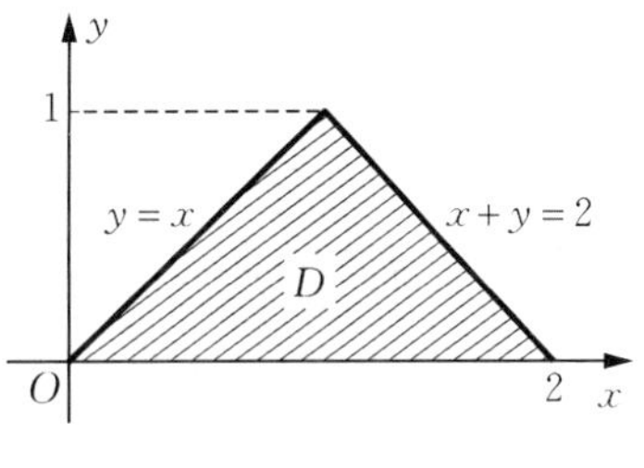

图 9－26

2. 流量问题

***例 6**

设某容器壁上距液体表面下深为 h 的位置 P 处有一个孔口，它的面积为 q，如图 9－27(a) 所示. 根据托里拆利定理，液体在 P 处的水平流速 $v=\sqrt{2gh}$. 如果通过灌注液体的办法使得液体表面的高度保持不变，则单位时间内通过孔口流出的液体量（密度设为 1）等于 qv. 现设孔口垂直于该容器的底面，且以该孔口所在平面为 xOy 坐标面，以液体表面的水平线为 x 轴，构建直角坐标系，如图 9－27(b) 所示，其中孔口所占区域为 D. 如何求单位时间内通过孔口的流量 Q?

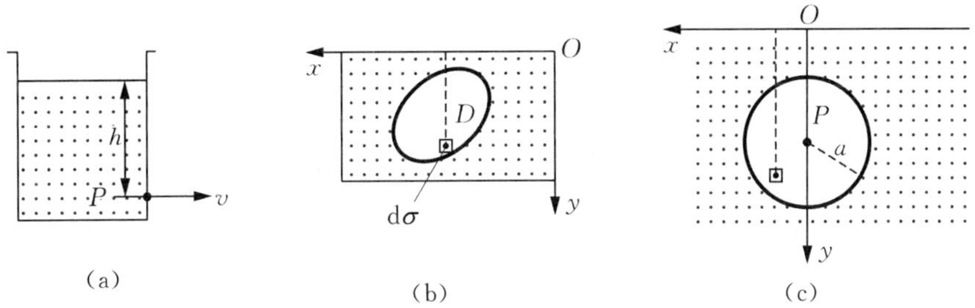

图 9－27

解　利用元素法，取 D 上的面积元素 $\mathrm{d}\sigma$，这时通过 $\mathrm{d}\sigma$ 的流量为 $\mathrm{d}Q=v\,\mathrm{d}\sigma=\sqrt{2gy}\,\mathrm{d}\sigma$，其中 y 是 $\mathrm{d}\sigma$ 内一个适当点的深度. 于是，通过孔口的流量 Q 为

$$Q=\iint_D\sqrt{2gy}\,\mathrm{d}\sigma=\iint_D\sqrt{2gy}\,\mathrm{d}x\mathrm{d}y.$$

如果孔口是一个半径为 a 的圆，如图 9-27(c) 所示，圆心在液体表面下的深度为 P，则通过孔口的流量为

$$Q=\iint\limits_D \sqrt{2gy}\,\mathrm{d}x\mathrm{d}y,$$

其中积分区域 D 为 $x^2+(y-P)^2\leqslant a^2$. 将 D 表示为

$$-\sqrt{a^2-(y-P)^2}\leqslant x\leqslant \sqrt{a^2-(y-P)^2},\quad P-a\leqslant y\leqslant P+a,$$

于是

$$\begin{aligned}Q&=\int_{P-a}^{P+a}\sqrt{2gy}\,\mathrm{d}y\int_{-\sqrt{a^2-(y-P)^2}}^{\sqrt{a^2-(y-P)^2}}\mathrm{d}x=2\int_{P-a}^{P+a}\sqrt{2gy[a^2-(y-P)^2]}\,\mathrm{d}y\\&=2\sqrt{2g}\int_{P-a}^{P+a}\sqrt{y(a+P-y)(a-P+y)}\,\mathrm{d}y.\end{aligned}$$

该积分的计算方法较复杂，超出了教材要求，故这里只给出结果：

$$Q=\pi a^2\sqrt{2gP}\left[1-\frac{1}{32}\left(\frac{a}{P}\right)^2-\frac{5}{1\,024}\left(\frac{a}{P}\right)^4-\cdots\right].$$

如果 $P=a$，即孔口恰与 x 轴相切，则这时积分可以用初等函数来表示，对

$$Q=2\sqrt{2g}\int_0^{2a}y\sqrt{2a-y}\,\mathrm{d}y$$

做代换 $2a-y=t^2(t\geqslant 0)$，得

$$Q=4\sqrt{2g}\int_0^{\sqrt{2a}}(2at^2-t^4)\,\mathrm{d}t=\frac{64}{15}a^2\sqrt{ga}.$$

所以，流量随半径 a 的增大而增大，比孔口面积 πa^2 的增大率还要大.

三、二重积分的经济学应用

1. 城市税收问题

例 7

某城市受地理限制呈直角三角形分布，斜边临一条河. 由于交通关系，城市发展不太均衡，这一点可从税收状况上反映出来. 现以两直角边为坐标轴建立直角坐标系，已知位于 x 轴和 y 轴上的城市长度分别为16 km 和 12 km，且税收收入 R（单位：万元 /km^2）与地理位置的关系大体为

$$R(x,y)=20x+10y.$$

试计算该城市的总税收收入.

解 设该城市在直角坐标系中所在的区域为 D，则 D 由 x 轴、y 轴及直线 $\frac{x}{16}+\frac{y}{12}=1$ 所围成，它可表示为

$$0\leqslant y\leqslant 12-\frac{3}{4}x,\quad 0\leqslant x\leqslant 16.$$

于是，所求总税收收入为

$$\begin{aligned}L&=\iint\limits_D R(x,y)\,\mathrm{d}\sigma=\iint\limits_D(20x+10y)\,\mathrm{d}x\mathrm{d}y=\int_0^{16}\mathrm{d}x\int_0^{12-\frac{3}{4}x}(20x+10y)\,\mathrm{d}y\\&=\int_0^{16}\left(720+150x-\frac{195}{16}x^2\right)\mathrm{d}x=14\,080(\text{万元}),\end{aligned}$$

故该城市的总税收收入为 14 080 万元.

2. 工程计算问题

例 8

为了修建高速公路,要在一山坡中辟出一条长 500 m、宽 20 m 的通道. 现以出发点为坐标原点,以往公路延伸的方向为 y 轴,以与 y 轴垂直的方向为 x 轴,构造直角坐标系. 经测量,山坡的高度为

$$z(x,y)=10\left(\sin\frac{\pi}{500}y+\sin\frac{\pi}{20}x\right)\quad(0\leqslant x\leqslant 20,0\leqslant y\leqslant 500).$$

试计算需要挖掉的土方量.

解　挖土量即为以平面区域 $D=\{(x,y)\mid 0\leqslant x\leqslant 20,0\leqslant y\leqslant 500\}$ 为底、曲面 $z(x,y)=10\left(\sin\frac{\pi}{500}y+\sin\frac{\pi}{20}x\right)$ 为顶的曲顶柱体的体积 V,计算得

$$\begin{aligned}V&=\iint_D 10\left(\sin\frac{\pi}{500}y+\sin\frac{\pi}{20}x\right)\mathrm{d}\sigma=\int_0^{20}\mathrm{d}x\int_0^{500}\left(10\sin\frac{\pi}{500}y+10\sin\frac{\pi}{20}x\right)\mathrm{d}y\\&=\int_0^{20}\left(\frac{10\ 000}{\pi}+5\ 000\sin\frac{\pi}{20}x\right)\mathrm{d}x=\left(\frac{10\ 000}{\pi}x-5\ 000\times\frac{20}{\pi}\cos\frac{\pi}{20}x\right)\Bigg|_0^{20}\\&=\frac{4}{\pi}\times 10^5\approx 127\ 324(\mathrm{m}^3).\end{aligned}$$

故需要挖掉的土方量约为 127 324 m^3.

习题 9.4

1. 求由直线 $y=x,y=5x$ 及 $x=1$ 所围成的平面图形的面积.

2. 求由曲线 $y^2=\frac{b^2}{a}x$ 与直线 $y=\frac{b}{a}x$ 所围成的平面图形的面积.

3. 求由曲线 $r^2=2a^2\cos 2\theta$ 所围成的平面图形的面积.

4. 求由曲面 $z=1-4x^2-y^2$ 与平面 $z=0$ 所围成的立体的体积.

5. 求由旋转抛物面 $z=x^2+y^2$ 和平面 $x+y=1$ 及坐标面所围成的立体的体积.

6. 求由抛物柱面 $2y^2=x$ 与平面 $\frac{x}{4}+\frac{y}{2}+\frac{z}{2}=1,z=0$ 所围成的立体的体积.

7. 求由圆柱面 $x^2+y^2=R^2$ 和 $x^2+z^2=R^2$ 所围成的立体的体积.

8. 已知由直线 $y=0,y=x$ 及 $x=1$ 所围成的三角形薄片的面密度为函数 $\rho(x,y)=x^2+y^2$,求该薄片的质量.

9. 半径为 R 和 $r(R>r)$ 的两同心圆围成一个平面圆环. 已知该圆环在某点的面密度与该点到圆心的距离成反比,且在内圆的圆周上的面密度等于 1,求该圆环的质量.

10. 人口统计学家发现城市人口的密度模型 $f=c\mathrm{e}^{-ar^2}$(单位:人 /km²),其中常数 $a,c>0$,r 是距市中心的距离(单位:km). 设市中心为坐标原点,城市半径 $r=\sqrt{x^2+y^2}$,于是人口密度函数 $f(x,y)=c\mathrm{e}^{-a(x^2+y^2)}$. 已知 $r=0$ 时,$f(x,y)=10^5$;$r=1$ 时,$f(x,y)=10^5\mathrm{e}^{-1}$. 若城市最大半径为 5,试求该城市的总人口数.

11. 某公司销售甲商品 x 单位,乙商品 y 单位的总利润函数(单位:元)为

$$L(x,y)=-(x-200)^2-(y-100)^2+5\ 000.$$

现已知一周内甲商品的销量在 150 ~ 200 单位之间,乙商品的销量在 80 ~ 100 单位之间. 试求一周内这两种商品的总利润和平均利润.

12. 某水池呈圆形,其半径为 5 m,距圆心距离为 r m 处的水深为 $\frac{5}{1+r^2}$ m. 试求该水池的蓄水量.

第五节 三 重 积 分

定积分及二重积分作为和式的极限的概念，可以很自然地推广到三重积分.

一、三重积分的概念

定义 1 设 $f(x,y,z)$ 是空间有界闭区域 Ω 上的有界函数. 将 Ω 任意分成 n 个小闭区域

$$\Delta v_1, \Delta v_2, \cdots, \Delta v_n,$$

其中 $\Delta v_i (i=1,2,\cdots,n)$ 表示第 i 个小闭区域，也表示它的体积. 在每个 $\Delta v_i (i=1,2,\cdots,n)$ 上任取一点 (ξ_i, η_i, ζ_i)，做和

$$S_n = \sum_{i=1}^{n} f(\xi_i, \eta_i, \zeta_i) \Delta v_i, \tag{9-24}$$

记 $\lambda = \max\limits_{1 \leqslant i \leqslant n} \{d(\Delta v_i)\}$，其中 $d(\Delta v_i)$ 为 Δv_i 的直径. 如果不论怎样分闭区域 Ω，也不论在小闭区域 Δv_i 上怎样取点 (ξ_i, η_i, ζ_i)，只要当 $\lambda \to 0$ 时，S_n 总趋于确定的极限值 I，则称这个极限值 I 为函数 $f(x,y,z)$ 在有界闭区域 Ω 上的**三重积分**，记作 $\iiint\limits_{\Omega} f(x,y,z)\mathrm{d}v$，即

$$\iiint\limits_{\Omega} f(x,y,z)\mathrm{d}v = \lim_{\lambda \to 0} \sum_{i=1}^{n} f(\xi_i, \eta_i, \zeta_i) \Delta v_i = I, \tag{9-25}$$

其中 $\mathrm{d}v$ 叫作**体积元素**.

在直角坐标系下，如果用平行于坐标面的平面来划分闭区域 Ω，那么除了包含 Ω 的边界点的一些不规划小闭区域外，得到的其余的小闭区域 Δv_i 均为长方体. 设长方体小闭区域 Δv_i 的边长为 $\Delta x_j, \Delta y_k, \Delta z_l$，则 $\Delta v_i = \Delta x_j \Delta y_k \Delta z_l$. 因此，在直角坐标系下，有时也把体积元素 $\mathrm{d}v$ 记作 $\mathrm{d}x\mathrm{d}y\mathrm{d}z$，而把三重积分记作

$$\iiint\limits_{\Omega} f(x,y,z)\mathrm{d}x\mathrm{d}y\mathrm{d}z,$$

其中 $\mathrm{d}x\mathrm{d}y\mathrm{d}z$ 叫作**直角坐标系下的体积元素**.

关于二重积分的一些概念，如被积函数、积分区域等，均可相应地推广到三重积分上. 三重积分的性质也与第一节中所叙述的二重积分的性质类似，这里不再重复了.

二、三重积分的计算

计算三重积分的基本方法是将三重积分化为三次积分来计算. 下面来介绍在不同的坐标系下将三重积分化为三次积分的方法.

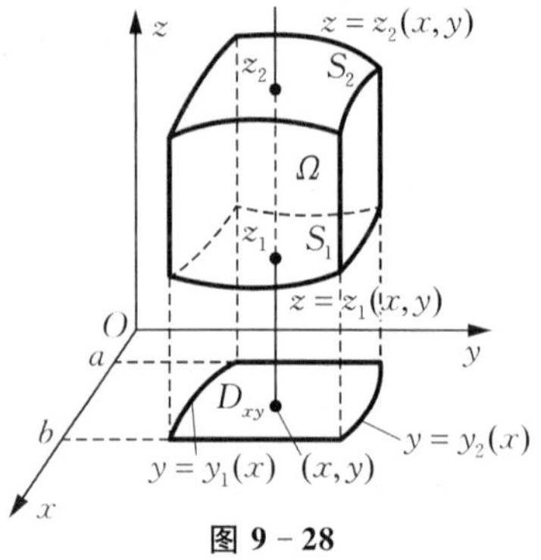

图 9 - 28

1. 直角坐标系下的三重积分

假设平行于 z 轴且穿过闭区域 Ω 内部的直线与闭区域 Ω 的边界曲面 S 相交不多于两点. 把闭区域 Ω 投影到 xOy 坐标面上，得一平面闭区域 D_{xy}，如图9 - 28所示. 以 D_{xy} 的边界曲线为准线，作母线平行于 z 轴的柱面，则该柱面与曲面 S 的交线从 S 中分出上、下两部分，它们的方程分别为

$$S_1: z = z_1(x,y), \quad S_2: z = z_2(x,y),$$

其中 $z_1(x,y)$ 与 $z_2(x,y)$ 都是 D_{xy} 上的连续函数，且 $z_1(x,y) \leqslant$

$z_2(x,y)$. 因此,积分区域 Ω 可表示为

$$\Omega=\{(x,y,z)\mid z_1(x,y)\leqslant z\leqslant z_2(x,y),(x,y)\in D_{xy}\},$$

于是

$$\iiint\limits_{\Omega}f(x,y,z)\mathrm{d}v=\iiint\limits_{\Omega}f(x,y,z)\mathrm{d}x\mathrm{d}y\mathrm{d}z=\iint\limits_{D_{xy}}\left(\int_{z_1(x,y)}^{z_2(x,y)}f(x,y,z)\mathrm{d}z\right)\mathrm{d}x\mathrm{d}y.$$

更进一步,假如闭区域 D_{xy} 可表示为

$$D_{xy}=\{(x,y)\mid y_1(x)\leqslant y\leqslant y_2(x),a\leqslant x\leqslant b\},$$

则可以得到

$$\iiint\limits_{\Omega}f(x,y,z)\mathrm{d}v=\int_a^b\mathrm{d}x\int_{y_1(x)}^{y_2(x)}\mathrm{d}y\int_{z_1(x,y)}^{z_2(x,y)}f(x,y,z)\mathrm{d}z.\tag{9-26}$$

公式(9-26)把三重积分化为**先对 z、次对 y、最后对 x 的三次积分.**

若平行于 x 轴或 y 轴且穿过闭区域 Ω 内部的直线与 Ω 的边界曲面 S 相交不多于两点,则可把闭区域 Ω 投影到 yOz 坐标面或 zOx 坐标面上,这样便可把三重积分化为按其他次序的三次积分. 若平行于坐标轴且穿过闭区域 Ω 内部的直线与 Ω 的边界曲面 S 的交点多于两个,则可以像二重积分的处理方法,把 Ω 分成若干部分,使 Ω 上的三重积分化为各部分闭区域上的三重积分之和.

例 1

计算三重积分 $\iiint\limits_{\Omega}x\,\mathrm{d}x\mathrm{d}y\mathrm{d}z$,其中 Ω 是由平面 $x=0,y=0,z=0$ 和 $x+y+z=1$ 所围成的四面体.

解　如图 9-29 所示,积分区域 Ω 在 xOy 坐标面上的投影区域为

$$D_{xy}=\{(x,y)\mid 0\leqslant y\leqslant 1-x,0\leqslant x\leqslant 1\},$$

且 Ω 的底部曲面和顶部曲面的方程分别为

$$z=0,\quad z=1-x-y,$$

因此

$$\iiint\limits_{\Omega}x\,\mathrm{d}x\mathrm{d}y\mathrm{d}z=\iint\limits_{D_{xy}}\mathrm{d}x\mathrm{d}y\int_0^{1-x-y}x\mathrm{d}z=\int_0^1\mathrm{d}x\int_0^{1-x}\mathrm{d}y\int_0^{1-x-y}x\mathrm{d}z$$
$$=\int_0^1\mathrm{d}x\int_0^{1-x}x(1-x-y)\mathrm{d}y=\frac{1}{2}\int_0^1x(1-x)^2\mathrm{d}x=\frac{1}{24}.$$

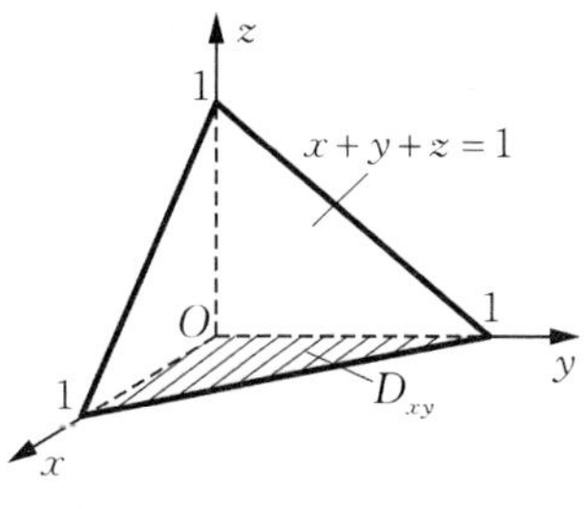

图 9-29

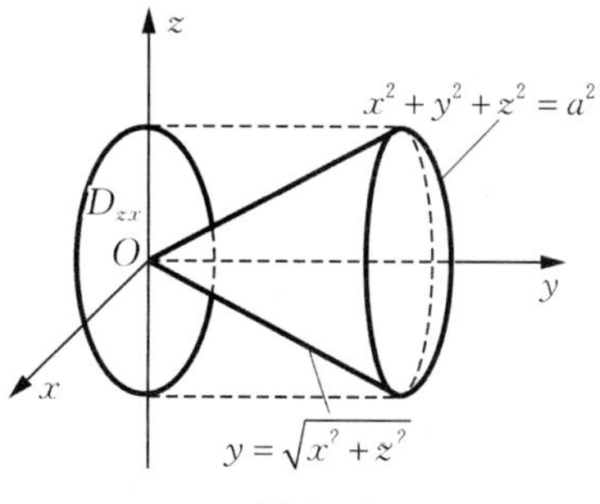

图 9-30

例 2

计算三重积分 $\iiint\limits_{\Omega}y\,\mathrm{d}x\mathrm{d}y\mathrm{d}z$,其中 Ω 是球面 $x^2+y^2+z^2=a^2$ 与锥面 $y=\sqrt{x^2+z^2}$ 所围成的

有界闭区域，且 $a>0$.

解 如图 9－30 所示，从垂直于 zOx 坐标面的方向上看，Ω 的下底为锥面 $y=\sqrt{x^2+z^2}$，上底为球面 $y=\sqrt{a^2-x^2-z^2}$，且 Ω 在 zOx 坐标面上的投影区域为

$$D_{zx}=\left\{(z,x)\,\middle|\,x^2+z^2\leqslant\frac{1}{2}a^2\right\}.$$

在直角坐标系下，D_{zx} 可表示为

$$D_{zx}=\left\{(z,x)\,\middle|\,-\sqrt{\frac{a^2}{2}-x^2}\leqslant z\leqslant\sqrt{\frac{a^2}{2}-x^2},-\frac{a}{\sqrt{2}}\leqslant x\leqslant\frac{a}{\sqrt{2}}\right\},$$

于是有

$$\iiint_{\Omega}y\,\mathrm{d}x\mathrm{d}y\mathrm{d}z=\int_{-\frac{a}{\sqrt{2}}}^{\frac{a}{\sqrt{2}}}\mathrm{d}x\int_{-\sqrt{\frac{a^2}{2}-x^2}}^{\sqrt{\frac{a^2}{2}-x^2}}\mathrm{d}z\int_{\sqrt{x^2+z^2}}^{\sqrt{a^2-x^2-z^2}}y\,\mathrm{d}y.$$

该积分的计算非常困难. 考虑到 D_{zx} 为一圆形闭区域，不妨选择极坐标进行计算.

在极坐标系下，D_{zx} 表示为

$$D_{zx}=\left\{(r,\theta)\,\middle|\,0\leqslant\theta\leqslant 2\pi,0\leqslant r\leqslant\frac{a}{\sqrt{2}}\right\},$$

因此

$$\iiint_{\Omega}y\,\mathrm{d}x\mathrm{d}y\mathrm{d}z=\iint_{D_{zx}}\mathrm{d}z\mathrm{d}x\int_{\sqrt{x^2+z^2}}^{\sqrt{a^2-x^2-z^2}}y\,\mathrm{d}y=\frac{1}{2}\int_0^{2\pi}\mathrm{d}\theta\int_0^{\frac{a}{\sqrt{2}}}(a^2-2r^2)r\,\mathrm{d}r$$

$$=\pi\int_0^{\frac{a}{\sqrt{2}}}(a^2-2r^2)r\,\mathrm{d}r=\frac{\pi}{8}a^4.$$

2. 柱面坐标系下的三重积分

设 $M(x,y,z)$ 为空间内一点，并设点 M 在 xOy 坐标面上的投影 P 的极坐标为 (r,θ)，这样得到的坐标 (r,θ,z) 叫作点 M 的**柱面坐标**，如图 9－31 所示. 规定 r,θ,z 的变化范围为

$$0\leqslant r<+\infty,\quad 0\leqslant\theta\leqslant 2\pi,\quad -\infty<z<+\infty.$$

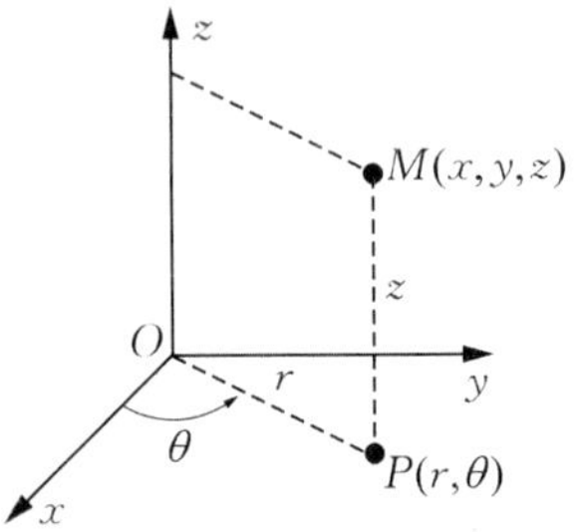

图 9－31

柱面坐标系下的 3 组坐标面分别是：

（1）$r=$ 常数，即以 z 轴为中心轴的圆柱面；

（2）$\theta=$ 常数，即过 z 轴的半平面；

（3）$z=$ 常数，即与 xOy 坐标面平行的平面.

显然，点 M 的直角坐标与柱面坐标的关系为

$$\begin{cases}x=r\cos\theta,\\ y=r\sin\theta,\\ z=z.\end{cases}\tag{9-27}$$

现在要把三重积分 $\iiint_{\Omega}f(x,y,z)\mathrm{d}v$ 转化为柱面坐标的形式，除了将被积函数 $f(x,y,z)$ 中的自变量通过公式(9－27) 转换外，还需要将体积元素 $\mathrm{d}v$ 进行转换，这里我们不加推导地给出

$$\mathrm{d}v=r\mathrm{d}r\mathrm{d}\theta\mathrm{d}z.$$

这就是柱面坐标系下的体积元素. 于是，有

$$\iiint_{\Omega}f(x,y,z)\mathrm{d}x\mathrm{d}y\mathrm{d}z=\iiint_{\Omega}f(r\cos\theta,r\sin\theta,z)r\mathrm{d}r\mathrm{d}\theta\mathrm{d}z.\tag{9-28}$$

式(9-28)就是把三重积分从直角坐标变换为柱面坐标的公式.对于柱面坐标系下的三重积分,根据积分区域Ω确定r,θ,z的变化范围,从而定出三次积分的积分限.

例 3

利用柱面坐标计算三重积分$\iiint\limits_{\Omega} z\mathrm{d}x\mathrm{d}y\mathrm{d}z$,其中$\Omega$是由曲面$z=x^2+y^2$与平面$z=4$所围成的有界闭区域.

解　Ω的下底是旋转抛物面$z=x^2+y^2$,上顶是平面$z=4$.将Ω投影到xOy坐标面上,得半径为2的圆形闭区域

$$D_{xy}=\{(r,\theta)\mid 0\leqslant r\leqslant 2,0\leqslant\theta\leqslant 2\pi\}.$$

于是,在柱面坐标系下,Ω可表示为

$$r^2\leqslant z\leqslant 4,\quad 0\leqslant r\leqslant 2,\quad 0\leqslant\theta\leqslant 2\pi.$$

故有

$$\begin{aligned}\iiint\limits_{\Omega} z\mathrm{d}x\mathrm{d}y\mathrm{d}z&=\iiint\limits_{\Omega} zr\mathrm{d}r\mathrm{d}\theta\mathrm{d}z=\int_0^{2\pi}\mathrm{d}\theta\int_0^2\mathrm{d}r\int_{r^2}^4 zr\mathrm{d}z=\frac{1}{2}\int_0^{2\pi}\mathrm{d}\theta\int_0^2 r(16-r^4)\mathrm{d}r\\&=\frac{1}{2}\times 2\pi\times\left(8r^2-\frac{1}{6}r^6\right)\Big|_0^2=\frac{64}{3}\pi.\end{aligned}$$

例 4

计算三重积分$\iiint\limits_{\Omega}(1+x^2+y^2)z\mathrm{d}x\mathrm{d}y\mathrm{d}z$,其中$\Omega=\{(x,y,z)\mid\sqrt{x^2+y^2}\leqslant z\leqslant 1\}$.

解　Ω是顶点位于坐标原点,高和底半径均为1的圆锥体.Ω在xOy坐标面上的投影区域为$D=\{(x,y)\mid x^2+y^2\leqslant 1\}$.运用柱面坐标将$\Omega$表示为

$$\Omega=\{(r,\theta,z)\mid r\leqslant z\leqslant 1,0\leqslant r\leqslant 1,0\leqslant\theta\leqslant 2\pi\},$$

因此

$$\begin{aligned}\iiint\limits_{\Omega}(1+x^2+y^2)z\mathrm{d}x\mathrm{d}y\mathrm{d}z&=\iiint\limits_{\Omega}(1+r^2)zr\mathrm{d}r\mathrm{d}\theta\mathrm{d}z=\int_0^{2\pi}\mathrm{d}\theta\int_0^1 r(1+r^2)\mathrm{d}r\int_r^1 z\mathrm{d}z\\&=\frac{1}{2}\int_0^{2\pi}\mathrm{d}\theta\int_0^1 r(1+r^2)(1-r^2)\mathrm{d}r\\&=\frac{1}{2}\times 2\pi\int_0^1(r-r^5)\mathrm{d}r=\frac{\pi}{3}.\end{aligned}$$

3. 球面坐标系下的三重积分

设$M(x,y,z)$为空间内一点,则点M也可用这样的3个有序数r,φ,θ来确定.如图9-32所示,r为坐标原点O与点M之间的距离(向量$\overrightarrow{OM}$的模),φ为$\overrightarrow{OM}$与z轴的正向的夹角,θ为从z轴的正向来看自x轴的正向逆时针转向$\overrightarrow{OP}$的角(点P为点M在xOy坐标面上的投影).这样的坐标(r,φ,θ)叫作点M的**球面坐标**,这里r,φ,θ的变化范围为

$$0\leqslant r<+\infty,\quad 0\leqslant\varphi\leqslant\pi,\quad 0\leqslant\theta\leqslant 2\pi.$$

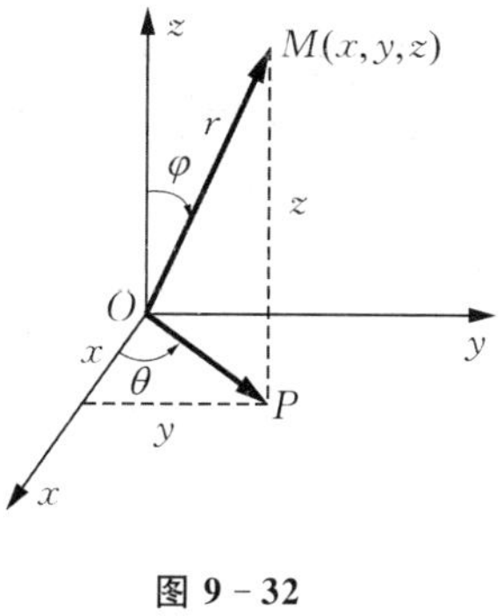

图 9-32

球面坐标系下的3组坐标面分别是:

(1) $r=$常数,即以坐标原点为球心的球面;

(2) $\varphi=$ 常数，即以坐标原点为顶点，母线与 z 轴的正向的夹角为 φ 的圆锥面；

(3) $\theta=$ 常数，即过 z 轴的半平面.

显然，点 M 的直角坐标与球面坐标的关系为

$$\begin{cases} x=|\overrightarrow{OP}|\cos\theta=r\sin\varphi\cos\theta, \\ y=|\overrightarrow{OP}|\sin\theta=r\sin\varphi\sin\theta, \\ z=r\cos\varphi. \end{cases} \tag{9-29}$$

现在要把三重积分 $\iiint\limits_{\Omega}f(x,y,z)\mathrm{d}v$ 转化为球面坐标的形式，除了将被积函数 $f(x,y,z)$ 中的自变量通过公式(9-29)转换外，还需要将体积元素 $\mathrm{d}v$ 进行转换，这里我们仍不加推导地给出

$$\mathrm{d}v=r^2\sin\varphi\mathrm{d}r\mathrm{d}\varphi\mathrm{d}\theta.$$

这就是球面坐标系下的体积元素. 于是，有

$$\iiint\limits_{\Omega}f(x,y,z)\mathrm{d}x\mathrm{d}y\mathrm{d}z=\iiint\limits_{\Omega}f(r\sin\varphi\cos\theta,r\sin\varphi\sin\theta,r\cos\varphi)r^2\sin\varphi\mathrm{d}r\mathrm{d}\varphi\,\mathrm{d}\theta. \tag{9-30}$$

式(9-30)就是把三重积分从直角坐标变换为球面坐标的公式. 要计算球面坐标系下的三重积分，可将其化为先对 r、次对 φ、最后对 θ 的三次积分.

特别地，当被积函数 $f(x,y,z)\equiv 1$，积分区域 Ω 由球面 $r=a$ 所围成时，有

$$\begin{aligned} V_{球}&=\iiint\limits_{\Omega}\mathrm{d}v=\iiint\limits_{\Omega}r^2\sin\varphi\mathrm{d}r\mathrm{d}\varphi\mathrm{d}\theta=\int_0^{2\pi}\mathrm{d}\theta\int_0^{\pi}\mathrm{d}\varphi\int_0^{a}r^2\sin\varphi\mathrm{d}r \\ &=\int_0^{2\pi}\mathrm{d}\theta\int_0^{\pi}\left(\frac{r^3}{3}\sin\varphi\right)\Big|_0^a\mathrm{d}\varphi=\int_0^{2\pi}\mathrm{d}\theta\int_0^{\pi}\frac{a^3}{3}\sin\varphi\mathrm{d}\varphi \\ &=\int_0^{2\pi}\left(-\frac{a^3}{3}\cos\varphi\right)\Big|_0^{\pi}\mathrm{d}\theta=\int_0^{2\pi}\frac{2}{3}a^3\mathrm{d}\theta=\frac{4}{3}\pi a^3. \end{aligned}$$

这是我们熟悉的球的体积公式.

例 5

计算三重积分 $\iiint\limits_{\Omega}(x^2+y^2+z^2)\mathrm{d}v$，其中 Ω 是由锥面 $z=\sqrt{x^2+y^2}$ 与球面 $x^2+y^2+z^2=a^2$ $(a>0)$ 所围成的有界闭区域.

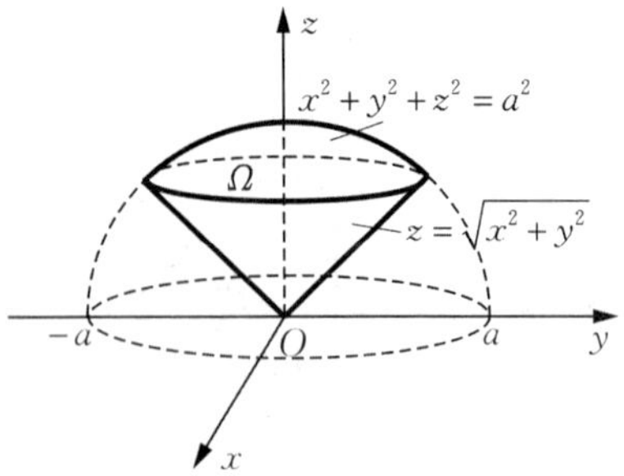

图 9-33

解 积分区域 Ω 如图 9-33 所示. 锥面 $z=\sqrt{x^2+y^2}$ 与球面 $x^2+y^2+z^2=a^2$ 的交线 L 为

$$\begin{cases} x^2+y^2+z^2=a^2, \\ z=\sqrt{x^2+y^2}, \end{cases}$$

区域 Ω 在 xOy 坐标面上的投影区域为

$$D=\left\{(x,y)\,\middle|\,x^2+y^2\leqslant\frac{1}{2}a^2\right\}.$$

做变量代换

$$T: x=r\sin\varphi\cos\theta,\quad y=r\sin\varphi\sin\theta,\quad z=r\cos\varphi,$$

则在球面坐标系下，Ω 可表示为

$$\Omega=\left\{(r,\varphi,\theta)\,\middle|\,0\leqslant\theta\leqslant 2\pi,0\leqslant\varphi\leqslant\frac{\pi}{4},0\leqslant r\leqslant a\right\},$$

于是

$$\iiint\limits_{\Omega}(x^2+y^2+z^2)\mathrm{d}v=\iiint\limits_{\Omega}r^2\cdot r^2\sin\varphi\mathrm{d}r\mathrm{d}\varphi\mathrm{d}\theta=\int_0^{2\pi}\mathrm{d}\theta\int_0^{\frac{\pi}{4}}\mathrm{d}\varphi\int_0^a r^4\sin\varphi\mathrm{d}r$$

$$=\int_0^{2\pi}\mathrm{d}\theta\int_0^{\frac{\pi}{4}}\frac{a^5}{5}\sin\varphi\mathrm{d}\varphi=\int_0^{2\pi}\frac{a^5}{5}\left(1-\frac{\sqrt{2}}{2}\right)\mathrm{d}\theta$$

$$=\frac{1}{5}\pi a^5(2-\sqrt{2}).$$

习题 9.5

1. 计算下列三重积分：

(1) $\iiint\limits_{\Omega}z\mathrm{d}x\mathrm{d}y\mathrm{d}z$，其中 Ω 是由曲面 $z=\sqrt{x^2+y^2}$ 及平面 $z=1$ 所围成的有界闭区域；

(2) $\iiint\limits_{\Omega}(x+y+z)\mathrm{d}x\mathrm{d}y\mathrm{d}z$，其中 $\Omega=\{(x,y,z)\mid 0\leqslant x\leqslant a,0\leqslant y\leqslant b,0\leqslant z\leqslant c\}$；

(3) $\iiint\limits_{\Omega}xy\mathrm{d}x\mathrm{d}y\mathrm{d}z$，其中 Ω 为柱面 $x^2+y^2=1$ 及平面 $z=1,z=0,x=0,y=0$ 所围成的在第 Ⅰ 卦限内的有界闭区域；

(4) $\iiint\limits_{\Omega}\dfrac{\mathrm{d}x\mathrm{d}y\mathrm{d}z}{(1+x+y+z)^3}$，其中 Ω 是由平面 $x=0,y=0,z=0$ 及 $x+y+z=1$ 所围成的四面体；

(5) $\iiint\limits_{\Omega}xz\mathrm{d}x\mathrm{d}y\mathrm{d}z$，其中 Ω 是由平面 $z=0,z=y,y=1$ 及抛物柱面 $y=x^2$ 所围成的有界闭区域.

2. 选择适当的坐标系计算下列三重积分：

(1) $\iiint\limits_{\Omega}xy\mathrm{d}x\mathrm{d}y\mathrm{d}z$，其中 $\Omega=\left\{(x,y,z)\middle|-1\leqslant x\leqslant 1,-2\leqslant y\leqslant 1,0\leqslant z\leqslant\frac{1}{2}\right\}$；

(2) $\iiint\limits_{\Omega}(x^2+y^2)\mathrm{d}x\mathrm{d}y\mathrm{d}z$，其中 Ω 是由曲面 $x^2+y^2=2z$ 及平面 $z=2$ 所围成的有界闭区域；

(3) $\iiint\limits_{\Omega}z\mathrm{d}x\mathrm{d}y\mathrm{d}z$，其中 Ω 是由曲面 $z=\sqrt{x^2+y^2}$ 及 $z=\sqrt{8-x^2-y^2}$ 所围成的有界闭区域；

(4) $\iiint\limits_{\Omega}(x^2+y^2)\mathrm{d}x\mathrm{d}y\mathrm{d}z$，其中 Ω 是由曲面 $z=\sqrt{a^2-x^2-y^2}$，$z=\sqrt{b^2-x^2-y^2}$ 及平面 $z=0$ 所围成的有界闭区域，且 $0<b<a$；

(5) $\iiint\limits_{\Omega}(x^2+y^2+z^2)\mathrm{d}x\mathrm{d}y\mathrm{d}z$，其中 Ω 是由球面 $x^2+y^2+z^2=1$ 所围成的有界闭区域.

3. 利用三重积分计算下列由曲面所围成的立体的体积：

(1) $z=6-x^2-y^2$ 及 $z=\sqrt{x^2+y^2}$；

(2) $z=\sqrt{x^2+y^2}$ 及 $z=x^2+y^2$；

(3) $x^2+y^2+z^2=2$ 及 $z=x^2+y^2$.

4. 设有一物体占有空间闭区域 $\Omega=\{(x,y,z)\mid 0\leqslant x\leqslant 1,0\leqslant y\leqslant 1,0\leqslant z\leqslant 1\}$，且它在 Ω 内任一点 (x,y,z) 处的体密度为 $\rho(x,y,z)=x+y+z$. 计算该物体的质量.

综合习题九

1. 选用适当的坐标系计算下列二重积分：

(1) $\iint\limits_D \frac{x^2}{y^2}\mathrm{d}\sigma$，其中 D 是由直线 $x=2, y=x$ 及曲线 $xy=1$ 所围成的有界闭区域；

(2) $\iint\limits_D \sin\sqrt{x^2+y^2}\,\mathrm{d}\sigma$，其中 D 是圆环形有界闭区域 $\pi^2 \leqslant x^2+y^2 \leqslant 4\pi^2$；

(3) $\iint\limits_D |1-x^2-y^2|\,\mathrm{d}\sigma$，其中 D 为圆形闭区域 $x^2+y^2 \leqslant 4$；

(4) $\iint\limits_D |\cos(x+y)|\,\mathrm{d}\sigma$，其中 D 是由直线 $y=x, y=0$ 及 $x=\frac{\pi}{2}$ 所围成的有界闭区域.

2. 交换下列二次积分的积分次序：

(1) $\int_0^4 \mathrm{d}x \int_{-\sqrt{4-x}}^{\frac{1}{2}(x-4)} f(x,y)\mathrm{d}y$；

(2) $\int_0^1 \mathrm{d}x \int_0^{2x} f(x,y)\mathrm{d}y + \int_1^3 \mathrm{d}x \int_0^{3-x} f(x,y)\mathrm{d}y$；

(3) $\int_0^1 \mathrm{d}y \int_{\sqrt{y}}^{1+\sqrt{1-y^2}} f(x,y)\mathrm{d}x$.

3. 证明：

$$\int_0^a \mathrm{d}y \int_0^y \mathrm{e}^{m(a-x)} f(x)\mathrm{d}x = \int_0^a (a-x)\mathrm{e}^{m(a-x)} f(x)\mathrm{d}x.$$

4. 计算广义二重积分 $I=\iint\limits_D f(x,y)\mathrm{d}\sigma$，其中 $D=\{(x,y) \mid x^2+y^2 \geqslant 2x\}$，

$$f(x,y)=\begin{cases} x^2y, & 1 \leqslant x \leqslant 2, 0 \leqslant y \leqslant x, \\ 0, & \text{其他}. \end{cases}$$

5. 将二重积分 $\int_0^{2a} \mathrm{d}x \int_0^{\sqrt{2ax-x^2}} (x^2+y^2)\mathrm{d}y$ 化为极坐标的形式，并计算它的积分值.

6. 将三重积分 $\iiint\limits_\Omega f(x,y,z)\mathrm{d}x\mathrm{d}y\mathrm{d}z$ 化为三次积分，其中积分区域 Ω 是由曲面 $z=x^2+y^2$，$y=x^2$ 及平面 $y=1, z=0$ 所围成的有界闭区域.

第十章

无 穷 级 数

关于无穷级数的研究源远流长，早在魏晋时期，刘徽就已经利用级数的概念来计算圆的面积. 在高等数学中，无穷级数是一个十分重要的组成部分，它是表示函数、研究函数性质以及进行数值计算的一种工具. 本章首先讨论常数项级数，介绍常数项级数的一些基本内容，然后讨论函数项级数，介绍如何将函数展开成幂级数.

第一节　常数项级数的概念与性质

一、常数项级数的概念

定义 1　给定一个数列 $\{u_n\}$，则由数列 $\{u_n\}$ 构成的表达式

$$u_1 + u_2 + u_3 + \cdots + u_n + \cdots$$

称为(**常数项**) **无穷级数**，简称(**常数项**) **级数**，记为 $\sum\limits_{n=1}^{\infty} u_n$，即

$$\sum_{n=1}^{\infty} u_n = u_1 + u_2 + u_3 + \cdots + u_n + \cdots,$$

其中第 n 项 u_n 称为该级数的**通项**或**一般项**.

上述级数的定义只是一个形式上的定义. 应该注意，无穷多个数相加可能是一个数，也可能不是一个数. 例如，$0+0+\cdots+0+\cdots=0$，而 $1+1+\cdots+1+\cdots$ 则不是一个数. 因此，怎样理解无穷级数中无穷多个数相加呢?这需引入级数的收敛与发散的概念.

定义 2　一个级数 $\sum\limits_{n=1}^{\infty} u_n$ 的前 n 项之和

$$s_n = u_1 + u_2 + \cdots + u_n = \sum_{k=1}^{n} u_k$$

称为该级数的**部分和**，而数列 $\{s_n\}$ 称为该级数的**部分和数列**.

显然，一个级数是否表示一个数，与它的部分和数列 $\{s_n\}$ 是否有极限密切相关.

定义 3　如果级数 $\sum\limits_{n=1}^{\infty} u_n$ 的部分和数列 $\{s_n\}$ 收敛，即 $\lim\limits_{n\to\infty} s_n = s$，那么称**级数** $\sum\limits_{n=1}^{\infty} u_n$ **收敛**，其极限值 s 称为该级数的**和**，记为

$$s = u_1 + u_2 + \cdots + u_n + \cdots = \sum_{n=1}^{\infty} u_n;$$

如果$\{s_n\}$发散,则称**级数**$\sum\limits_{n=1}^{\infty} u_n$ **发散**.

显然,当级数收敛时,其部分和s_n是其和s的近似值,它们之间的差值

$$r_n = s - s_n = u_{n+1} + u_{n+2} + \cdots$$

叫作级数的**余项**.用近似值s_n代替和s所产生的误差是这个余项的绝对值,即误差是$|r_n|$.

例 1

判定级数

$$\sum_{n=1}^{\infty} \frac{1}{n(n+1)} = \frac{1}{1\times 2} + \frac{1}{2\times 3} + \frac{1}{3\times 4} + \cdots + \frac{1}{n(n+1)} + \cdots$$

的敛散性.若级数收敛,求此级数的和.

解 由于$u_n = \dfrac{1}{n(n+1)} = \dfrac{1}{n} - \dfrac{1}{n+1}$,因此该级数的部分和为

$$\begin{aligned} s_n &= \frac{1}{1\times 2} + \frac{1}{2\times 3} + \frac{1}{3\times 4} + \cdots + \frac{1}{n(n+1)} \\ &= \left(1 - \frac{1}{2}\right) + \left(\frac{1}{2} - \frac{1}{3}\right) + \left(\frac{1}{3} - \frac{1}{4}\right) + \cdots + \left(\frac{1}{n} - \frac{1}{n+1}\right) \\ &= 1 - \frac{1}{n+1}, \end{aligned}$$

从而

$$\lim_{n\to\infty} s_n = \lim_{n\to\infty}\left(1 - \frac{1}{n+1}\right) = 1,$$

所以该级数收敛,它的和是1.

例 2

讨论**等比级数**(也称为**几何级数**)

$$\sum_{n=0}^{\infty} aq^n = a + aq + aq^2 + \cdots + aq^n + \cdots$$

的敛散性,其中$a \neq 0$,q称为等比级数的**公比**.

解 当$q \neq 1$时,等比级数的部分和为

$$s_n = \frac{a(1-q^n)}{1-q}.$$

于是,当$|q| < 1$时,由于$\lim\limits_{n\to\infty} q^n = 0$,从而$\lim\limits_{n\to\infty} s_n = \dfrac{a}{1-q}$,因此这时等比级数收敛,其和为$\dfrac{a}{1-q}$;当$|q| > 1$时,由于$\lim\limits_{n\to\infty} q^n = \infty$,从而$\lim\limits_{n\to\infty} s_n = \infty$,因此这时等比级数发散.

当$q = 1$时,$s_n = na \to \infty\ (n\to\infty)$,因此这时等比级数发散.

当$q = -1$时,

$$s_n = a - a + a - a + \cdots + (-1)^{n-1}a = \begin{cases} 0, & n\text{为偶数}, \\ a, & n\text{为奇数}, \end{cases}$$

即部分和数列的极限不存在,因此这时等比级数发散.

综上所述,等比级数$\sum\limits_{n=0}^{\infty} aq^n$当公比$|q| < 1$时收敛,其和为$\dfrac{a}{1-q}$;当公比$|q| \geqslant 1$时发散.

例 3

某合同规定,从签约之日起,由甲方永不停止地每年支付给乙方 3 百万元人民币.设年利率为 5%,分别以(1) 年复利计算利息,(2) 连续复利计算利息,则该合同总现值等于多少?

解 (1) 若以年复利计算利息,则

第一笔付款发生在签约当天,第一笔付款的现值 = 3(百万元);

第二笔付款在一年后实现,

$$\text{第二笔付款的现值} = \frac{3}{(1+0.05)^1} = \frac{3}{1.05}(\text{百万元});$$

第三笔付款在二年后实现,

$$\text{第三笔付款的现值} = \frac{3}{(1+0.05)^2} = \frac{3}{1.05^2}(\text{百万元});$$

……

如此连续地计算下去直至永远,则

$$\text{总现值} = 3 + \frac{3}{1.05} + \frac{3}{1.05^2} + \cdots + \frac{3}{1.05^n} + \cdots(\text{百万元}).$$

这是一个 $a = 3$,公比 $q = \frac{1}{1.05} < 1$ 的等比级数,显然它收敛.因此,

$$\text{总现值} = \frac{3}{1 - \frac{1}{1.05}} = 63(\text{百万元}).$$

也就是说,若按年复利计算利息,则甲方需存入 63 百万元,才可每年支付乙方或他的后代 3 百万元直至永远.

(2) 若以连续复利计算利息,则

$$\text{第一笔付款的现值} = 3(\text{百万元});$$
$$\text{第二笔付款的现值} = 3 \times e^{-0.05}(\text{百万元});$$
$$\text{第三笔付款的现值} = 3 \times (e^{-0.05})^2(\text{百万元});$$

……

这样连续地计算下去直至永远,则

$$\text{总现值} = 3 + 3 \times e^{-0.05} + 3 \times (e^{-0.05})^2 + 3 \times (e^{-0.05})^3 + \cdots(\text{百万元}).$$

这是一个 $a = 3$,公比 $q = e^{-0.05} < 1$ 的等比级数,显然它收敛.因此,

$$\text{总现值} = \frac{3}{1 - e^{-0.05}} \approx 61.5(\text{百万元}).$$

也就是说,若按连续复利计算利息,则甲方需存入约 61.5 百万元,才可每年支付乙方或他的后代 3 百万元直至永远.

显然,为了同样的结果,连续复利所需的现值比年复利所需的现值要小一些.换句话说,连续复利比年复利的年有效收益要高.

二、收敛级数的基本性质

根据无穷级数收敛、发散及和的概念,可以得出收敛级数的几个基本性质.

性质 1 在一个级数中增加、删去或改变有限项,不改变级数的敛散性,但一般会改变收敛级数的和.

证 我们只需证明“在级数的前面部分增加或删去有限项，不改变级数的敛散性”的情形，因为其他情形（在级数中增加、删去或改变有限项的情形）都可以看成在级数的前面部分先删去有限项，再加上有限项的结果.

设将级数

$$u_1 + u_2 + \cdots + u_k + u_{k+1} + u_{k+2} + \cdots + u_{k+n} + \cdots$$

的前 k 项去掉，则得新级数

$$u_{k+1} + u_{k+2} + \cdots + u_{k+n} + \cdots.$$

于是，新级数的部分和 σ_n 与原级数的部分和 s_n 之间有如下关系式：

$$\sigma_n = u_{k+1} + u_{k+2} + \cdots + u_{k+n} = s_{k+n} - s_k.$$

因为 s_k 是常数，所以当 $n \to \infty$ 时，部分和数列 $\{\sigma_n\}$ 与 $\{s_{k+n}\}$ 有相同的敛散性. 因此，原级数 $\sum\limits_{n=1}^{\infty} u_n$ 与新级数 $\sum\limits_{m=1}^{\infty} u_{k+m}$ 同时收敛或发散.

类似地，可以证明在级数的前面增加有限项，不会改变级数的敛散性.

例 4

设级数 $\sum\limits_{n=1}^{\infty} u_n$ 的部分和 $s_n = \dfrac{n}{2n-1}$，判定级数 $\sum\limits_{n=1}^{\infty} u_{n+2}$ 的敛散性. 若级数收敛，求它的和.

解 因为

$$\lim_{n\to\infty} s_n = \lim_{n\to\infty} \frac{n}{2n-1} = \frac{1}{2},$$

所以级数 $\sum\limits_{n=1}^{\infty} u_n$ 收敛，其和是$\dfrac{1}{2}$. 而级数

$$\sum_{n=1}^{\infty} u_{n+2} = u_3 + u_4 + \cdots = \sum_{n=1}^{\infty} u_n - (u_1 + u_2),$$

故由性质 1 可知，级数 $\sum\limits_{n=1}^{\infty} u_{n+2}$ 收敛. 又 $u_1 = s_1 = 1, u_2 = s_2 - s_1 = \dfrac{2}{3} - 1 = -\dfrac{1}{3}$，所以

$$\sum_{n=1}^{\infty} u_{n+2} = \sum_{n=1}^{\infty} u_n - (u_1 + u_2) = \frac{1}{2} - \left[1 + \left(-\frac{1}{3}\right)\right] = -\frac{1}{6}.$$

性质 2 若级数 $\sum\limits_{n=1}^{\infty} u_n$ 收敛，c 是任一常数，则级数 $\sum\limits_{n=1}^{\infty} cu_n$ 也收敛，且有

$$\sum_{n=1}^{\infty} cu_n = c\sum_{n=1}^{\infty} u_n.$$

证 设级数 $\sum\limits_{n=1}^{\infty} u_n$ 的部分和为 s_n，且 $\lim\limits_{n\to\infty} s_n = s$. 又设级数 $\sum\limits_{n=1}^{\infty} cu_n$ 的部分和为 σ_n，则 $\sigma_n = c \cdot s_n$，于是

$$\lim_{n\to\infty} \sigma_n = \lim_{n\to\infty} (c \cdot s_n) = c \lim_{n\to\infty} s_n = cs.$$

所以，级数 $\sum\limits_{n=1}^{\infty} cu_n$ 收敛，且有 $\sum\limits_{n=1}^{\infty} cu_n = c\sum\limits_{n=1}^{\infty} u_n$.

由关系式 $\sigma_n = c \cdot s_n$ 可知，如果数列 $\{s_n\}$ 没有极限且 $c \neq 0$，那么数列 $\{\sigma_n\}$ 也没有极限. 因此，可得到如下推论：

推论 1 级数的每一项同乘一个不为零的常数后，它的敛散性不会改变.

例 5

判定级数 $3\ln\frac{2}{1}+3\ln\frac{3}{2}+3\ln\frac{4}{3}+\cdots$ 的敛散性.

解 原级数的通项为 $u_n=3\ln\frac{n+1}{n}$. 而级数 $\sum_{n=1}^{\infty}\ln\frac{n+1}{n}$ 发散,这是因为

$$\ln\frac{n+1}{n}=\ln(n+1)-\ln n,$$

于是它的部分和为

$$\begin{aligned}s_n&=\ln\frac{2}{1}+\ln\frac{3}{2}+\cdots+\ln\frac{n+1}{n}\\&=(\ln 2-\ln 1)+(\ln 3-\ln 2)+\cdots+[\ln(n+1)-\ln n]\\&=\ln(n+1),\end{aligned}$$

从而

$$\lim_{n\to\infty}s_n=\lim_{n\to\infty}\ln(n+1)=+\infty.$$

故由推论 1 可知,级数 $\sum_{n=1}^{\infty}3\ln\frac{n+1}{n}$ 也发散.

性质 3 若级数 $\sum_{n=1}^{\infty}u_n$ 与级数 $\sum_{n=1}^{\infty}v_n$ 都收敛,它们的和分别为 s 与 σ,则级数 $\sum_{n=1}^{\infty}(u_n\pm v_n)$ 也收敛,且其和为 $s\pm\sigma$.

证 设级数 $\sum_{n=1}^{\infty}u_n$ 与 $\sum_{n=1}^{\infty}v_n$ 的部分和分别为 s_n 与 σ_n,则级数 $\sum_{n=1}^{\infty}(u_n\pm v_n)$ 的部分和为

$$w_n=\sum_{k=1}^{n}(u_k\pm v_k)=\sum_{k=1}^{n}u_k\pm\sum_{k=1}^{n}v_k=s_n\pm\sigma_n,$$

于是

$$\lim_{n\to\infty}w_n=\lim_{n\to\infty}(s_n\pm\sigma_n)=s\pm\sigma.$$

故级数 $\sum_{n=1}^{\infty}(u_n\pm v_n)$ 收敛,其和为 $s\pm\sigma$.

性质 4 对收敛级数的项任意加括号后所成的级数仍收敛,且其和不变.

该性质的证明从略.

值得注意的是:根据加括号后所成的级数收敛,并不能断定原来未加括号的级数也收敛. 例如,级数

$$(1-1)+(1-1)+\cdots+(1-1)+\cdots$$

收敛于零,但级数

$$1-1+1-1+\cdots$$

却是发散的.

由性质 4 可得如下推论:

推论 2 如果加括号后所成的级数发散,那么原级数一定发散.

性质 5(级数收敛的必要条件) 若级数 $\sum_{n=1}^{\infty}u_n$ 收敛,则它的通项趋于零,即 $\lim_{n\to\infty}u_n=0$.

证 设级数 $\sum_{n=1}^{\infty}u_n$ 的部分和为 s_n,且 $\lim_{n\to\infty}s_n=s$,则

$$\lim_{n\to\infty}u_n=\lim_{n\to\infty}(s_n-s_{n-1})=\lim_{n\to\infty}s_n-\lim_{n\to\infty}s_{n-1}=s-s=0.$$

由性质 5 可知,若级数的通项不趋于零,则该级数必定发散. 例如级数 $\sum\limits_{n=1}^{\infty}\dfrac{(-1)^n\cdot n}{2n+1}$,由于

$$\lim_{n\to\infty}|u_n|=\lim_{n\to\infty}\left|(-1)^n\frac{n}{2n+1}\right|=\frac{1}{2}\neq 0,$$

从而 $\lim\limits_{n\to\infty}u_n\neq 0$,因此该级数发散.

特别要注意的是:级数的通项趋于零并不是级数收敛的充分条件. 也就是说,通项趋于零的级数不一定收敛. 例如**调和级数**

$$\sum_{n=1}^{\infty}\frac{1}{n}=1+\frac{1}{2}+\frac{1}{3}+\cdots+\frac{1}{n}+\cdots,\tag{10-1}$$

虽然有 $\lim\limits_{n\to\infty}u_n=\lim\limits_{n\to\infty}\dfrac{1}{n}=0$,但是它是发散的. 下面我们用反证法证明它发散.

假设调和级数(10-1)收敛,它的部分和为 s_n,且有 $\lim\limits_{n\to\infty}s_n=s$,则对于调和级数(10-1)的部分和 s_{2n},显然也有 $\lim\limits_{n\to\infty}s_{2n}=s$,于是

$$\lim_{n\to\infty}(s_{2n}-s_n)=\lim_{n\to\infty}s_{2n}-\lim_{n\to\infty}s_n=s-s=0.\tag{10-2}$$

但另一方面,

$$s_{2n}-s_n=\frac{1}{n+1}+\frac{1}{n+2}+\cdots+\frac{1}{n+n}>\underbrace{\frac{1}{2n}+\frac{1}{2n}+\cdots+\frac{1}{2n}}_{n\text{ 项}}=\frac{1}{2},$$

故 $\lim\limits_{n\to\infty}(s_{2n}-s_n)\neq 0$. 这与式(10-2)矛盾,所以假设不成立,故调和级数 $\sum\limits_{n=1}^{\infty}\dfrac{1}{n}$ 发散.

习 题 10.1

1. 写出下列级数的通项:

(1) $1-\dfrac{1}{2}+\dfrac{1}{4}-\dfrac{1}{8}+\cdots$;　　(2) $\dfrac{1}{2}+\dfrac{2}{5}+\dfrac{3}{10}+\dfrac{4}{17}+\cdots$;

(3) $\dfrac{1}{1\times 4}+\dfrac{x}{4\times 7}+\dfrac{x^2}{7\times 10}+\dfrac{x^3}{10\times 13}+\cdots$;　　(4) $2-\dfrac{2^2}{2!}+\dfrac{2^3}{3!}-\dfrac{2^4}{4!}+\cdots$.

2. 设级数 $\sum\limits_{n=1}^{\infty}u_n$ 的部分和为 $s_n=\dfrac{3n}{n+1}$. 试写出此级数,并求其和.

3. 用定义判定下列级数的敛散性:

(1) $\sum\limits_{n=1}^{\infty}(\sqrt{n+1}-\sqrt{n})$;　　(2) $\sum\limits_{n=1}^{\infty}(a^{\frac{1}{2n+1}}-a^{\frac{1}{2n-1}})\quad(a>0)$;

(3) $\dfrac{1}{1\times 3}+\dfrac{1}{3\times 5}+\dfrac{1}{5\times 7}+\cdots+\dfrac{1}{(2n-1)(2n+1)}+\cdots$;

(4) $\sin\dfrac{\pi}{6}+\sin\dfrac{2\pi}{6}+\cdots+\sin\dfrac{n\pi}{6}+\cdots$.

4. 判定下列级数的敛散性:

(1) $\sum\limits_{n=1}^{\infty}\dfrac{5}{a^n}\quad(a>0)$;　　(2) $\sum\limits_{n=1}^{\infty}\dfrac{1}{3n}$;

(3) $\sum\limits_{n=1}^{\infty}\dfrac{1}{n+3}$;　　(4) $\sum\limits_{n=1}^{\infty}\dfrac{2+(-1)^n}{2^n}$;

(5) $\sum\limits_{n=1}^{\infty}\ln\dfrac{n}{n+1}$;　　(6) $\sum\limits_{n=1}^{\infty}\left(\dfrac{n+1}{n}\right)^n$;

(7) $\sum_{n=1}^{\infty} 2(-1)^n$；　　(8) $\sum_{n=1}^{\infty} \frac{(-1)^n n}{3n+1}$.

5. 判定下列级数的敛散性. 若收敛，求其和：

(1) $\sum_{n=1}^{\infty}\left(\frac{1}{2^n}+\frac{1}{3^n}\right)$；　　(2) $\sum_{n=1}^{\infty} \frac{1}{(2n-1)(2n+1)}$；

(3) $\sum_{n=1}^{\infty} \sin\frac{n\pi}{2}$；　　(4) $\sum_{n=1}^{\infty} n\sin\frac{\pi}{2n}$.

6. 一个球每次从高度为 h m 的位置落下，碰地面后跳起的高度为 $0.75h$ m. 若这个球从 4 m 高的位置落下，求该球上下跳动的总距离.

7. 设银行存款的年利率为 10%. 若以年复利计息，那么应在银行中一次存入多少资金才能保证从存入之日起，以后每年能从银行提取 500 万元以支付职工福利直至永远？

第二节　正项级数及其敛散性判别法

若级数 $\sum_{n=1}^{\infty} u_n$ 中各项均为非负数，即 $u_n \geqslant 0 (n=1,2,\cdots)$，则称该级数为**正项级数**.

设正项级数 $\sum_{n=1}^{\infty} u_n$ 的部分和为 s_n，显然数列 $\{s_n\}$ 是单调增加数列，即

$$s_1 \leqslant s_2 \leqslant \cdots \leqslant s_{n-1} \leqslant s_n \leqslant \cdots.$$

如果数列 $\{s_n\}$ 有界，那么根据单调有界的数列必有极限的准则，正项级数 $\sum_{n=1}^{\infty} u_n$ 必收敛. 反之，如果正项级数 $\sum_{n=1}^{\infty} u_n$ 收敛，即数列 $\{s_n\}$ 收敛，那么根据有极限的数列必是有界数列的性质，数列 $\{s_n\}$ 有界. 因此，我们得到如下重要的结论：

定理 1　**正项级数 $\sum_{n=1}^{\infty} u_n$ 收敛的充要条件是它的部分和数列 $\{s_n\}$ 有界.**

例 1

试判定正项级数 $\sum_{n=1}^{\infty} \frac{\sin\frac{\pi}{2n}}{2^n}$ 的敛散性.

解　原正项级数的部分和为

$$s_n = \frac{1}{2} + \frac{\sin\frac{\pi}{4}}{4} + \frac{\sin\frac{\pi}{6}}{8} + \cdots + \frac{\sin\frac{\pi}{2n}}{2^n} < \frac{1}{2} + \frac{1}{4} + \frac{1}{8} + \cdots + \frac{1}{2^n}$$

$$= \frac{\frac{1}{2}\left(1-\frac{1}{2^n}\right)}{1-\frac{1}{2}} < 1 \quad (n=1,2,\cdots),$$

即部分和数列 $\{s_n\}$ 有界. 故由定理 1 可知，级数 $\sum_{n=1}^{\infty} \frac{\sin\frac{\pi}{2^n}}{2^n}$ 收敛.

直接应用定理 1 来判定正项级数是否收敛往往比较困难，但由定理 1 可以得到正项级数的如下比较判别法：

定理 2(比较判别法) 设 $\sum_{n=1}^{\infty} u_n$ 和 $\sum_{n=1}^{\infty} v_n$ 都是正项级数，且 $u_n \leqslant v_n (n = 1, 2, \cdots)$，则有下列判别结论：

(1) 若级数 $\sum_{n=1}^{\infty} v_n$ 收敛，则级数 $\sum_{n=1}^{\infty} u_n$ 也收敛；

(2) 若级数 $\sum_{n=1}^{\infty} u_n$ 发散，则级数 $\sum_{n=1}^{\infty} v_n$ 也发散.

证 设级数 $\sum_{n=1}^{\infty} u_n$，$\sum_{n=1}^{\infty} v_n$ 的部分和分别用 s_n，σ_n 表示. 因为 $u_n \leqslant v_n (n = 1, 2, \cdots)$，所以有 $s_n \leqslant \sigma_n$. 于是，由定理 1 可知：

(1) 若级数 $\sum_{n=1}^{\infty} v_n$ 收敛，则数列 $\{\sigma_n\}$ 有界，从而数列 $\{s_n\}$ 也有界，所以级数 $\sum_{n=1}^{\infty} u_n$ 收敛；

(2) 若级数 $\sum_{n=1}^{\infty} u_n$ 发散，则数列 $\{s_n\}$ 无界，从而数列 $\{\sigma_n\}$ 也无界，所以级数 $\sum_{n=1}^{\infty} v_n$ 发散.

例 2

讨论 p-级数 $\sum_{n=1}^{\infty} \frac{1}{n^p}$ 的敛散性，其中常数 $p > 0$.

解 当 $0 < p \leqslant 1$ 时，$\frac{1}{n^p} \geqslant \frac{1}{n} > 0$. 而以 $\frac{1}{n}$ 为通项的级数是调和级数，调和级数是发散的，因此由比较判别法可知，级数 $\sum_{n=1}^{\infty} \frac{1}{n^p}$ 发散.

当 $p > 1$ 时，

$$\sum_{n=1}^{\infty} \frac{1}{n^p} = 1 + \left(\frac{1}{2^p} + \frac{1}{3^p}\right) + \left(\frac{1}{4^p} + \frac{1}{5^p} + \frac{1}{6^p} + \frac{1}{7^p}\right) + \left(\frac{1}{8^p} + \frac{1}{9^p} + \cdots + \frac{1}{15^p}\right) + \cdots.$$

因为上式右端加括号后的级数的各项均不大于级数

$$1 + \left(\frac{1}{2^p} + \frac{1}{2^p}\right) + \left(\frac{1}{4^p} + \frac{1}{4^p} + \frac{1}{4^p} + \frac{1}{4^p}\right) + \left(\frac{1}{8^p} + \frac{1}{8^p} + \cdots + \frac{1}{8^p}\right) + \cdots$$

的对应项，而上述的加括号的级数是等比级数，公比 $q = \frac{1}{2^{p-1}} < 1$，故它收敛，从而由比较判别法可知，对 $\sum_{n=1}^{\infty} \frac{1}{n^p}$ 加括号后的级数也收敛. 又由于正项级数加括号不影响其敛散性，所以原级数 $\sum_{n=1}^{\infty} \frac{1}{n^p}$ 也收敛.

综上所述，p-级数 $\sum_{n=1}^{\infty} \frac{1}{n^p}$ 当 $p > 1$ 时收敛，当 $0 < p \leqslant 1$ 时发散.

例 3

判定正项级数 $\sum_{n=1}^{\infty} \frac{1}{\sqrt{3n^2 + n}}$ 的敛散性.

解 因 $\frac{1}{\sqrt{3n^2 + n}} \geqslant \frac{1}{\sqrt{3n^2 + n^2}} = \frac{1}{2n} (n = 1, 2, \cdots)$，而调和级数 $\sum_{n=1}^{\infty} \frac{1}{n}$ 发散，从而级数 $\sum_{n=1}^{\infty} \frac{1}{2n}$ 也发散，故由比较判别法可知，级数 $\sum_{n=1}^{\infty} \frac{1}{\sqrt{3n^2 + n}}$ 发散.

例 4

判定正项级数$\sum\limits_{n=1}^{\infty}\dfrac{1}{\sqrt{4n^3-3}}$的敛散性.

解 因$\dfrac{1}{\sqrt{4n^3-3}}\leqslant\dfrac{1}{\sqrt{4n^3-3n^3}}=\dfrac{1}{n^{\frac{3}{2}}}(n=1,2,\cdots)$，而级数$\sum\limits_{n=1}^{\infty}\dfrac{1}{n^{\frac{3}{2}}}$是$p=\dfrac{3}{2}>1$的$p$-级数，故它收敛. 因此，由比较判别法可知，级数$\sum\limits_{n=1}^{\infty}\dfrac{1}{\sqrt{4n^3-3}}$收敛.

在应用比较判别法判定所给正项级数$\sum\limits_{n=1}^{\infty}u_n$的敛散性时，常常需要将级数的通项$u_n$进行适度的放大或缩小，而这个度一般不好把握. 在实际使用时，比较判别法的下述极限形式更为方便.

推论 1（比较判别法的极限形式） 设$\sum\limits_{n=1}^{\infty}u_n$与$\sum\limits_{n=1}^{\infty}v_n$均为正项级数，且

$$\lim_{n\to\infty}\frac{u_n}{v_n}=\rho,$$

则有下列判别结论：

（1）当$0<\rho<+\infty$时，$\sum\limits_{n=1}^{\infty}u_n$与$\sum\limits_{n=1}^{\infty}v_n$具有相同的敛散性；

（2）当$\rho=0$时，若$\sum\limits_{n=1}^{\infty}v_n$收敛，则$\sum\limits_{n=1}^{\infty}u_n$也收敛；

（3）当$\rho=+\infty$时，若$\sum\limits_{n=1}^{\infty}v_n$发散，则$\sum\limits_{n=1}^{\infty}u_n$也发散.

证 （1）由于$\lim\limits_{n\to\infty}\dfrac{u_n}{v_n}=\rho>0$，则对于$\varepsilon=\dfrac{\rho}{2}>0$，存在正整数$N>0$，使得当$n>N$时，有

$$\left|\frac{u_n}{v_n}-\rho\right|<\frac{\rho}{2},\quad 即\quad \frac{\rho}{2}v_n<u_n<\frac{3\rho}{2}v_n.$$

故由第一节性质 2 及比较判别法可知，结论成立.

结论（2）与（3）的证明类似，请读者自己完成.

例 5

判定下列正项级数的敛散性：

（1）$\sum\limits_{n=1}^{\infty}\sin\dfrac{1}{n}$； （2）$\sum\limits_{n=1}^{\infty}\dfrac{1}{8^n-6^n}$； （3）$\sum\limits_{n=1}^{\infty}\left(1-\cos\dfrac{1}{n}\right)$.

解 （1）因为

$$\lim_{n\to\infty}\frac{\sin\dfrac{1}{n}}{\dfrac{1}{n}}=1>0,$$

而调和级数$\sum\limits_{n=1}^{\infty}\dfrac{1}{n}$发散，所以由推论 1 可知，级数$\sum\limits_{n=1}^{\infty}\sin\dfrac{1}{n}$发散.

（2）由于

$$u_n=\frac{1}{8^n-6^n}=\frac{1}{8^n}\cdot\frac{1}{1-\left(\dfrac{3}{4}\right)^n},$$

令 $v_n = \dfrac{1}{8^n}$，则有

$$\lim_{n\to\infty}\frac{u_n}{v_n} = \lim_{n\to\infty}\frac{\dfrac{1}{8^n}\cdot\dfrac{1}{1-\left(\dfrac{3}{4}\right)^n}}{\dfrac{1}{8^n}} = 1 > 0,$$

而等比级数 $\sum\limits_{n=1}^{\infty}\dfrac{1}{8^n}$ 收敛，因此由推论 1 可知，级数 $\sum\limits_{n=1}^{\infty}\dfrac{1}{8^n-6^n}$ 收敛.

(3) 当 $n\to\infty$ 时，$1-\cos\dfrac{1}{n}\sim\dfrac{1}{2n^2}$，即有

$$\lim_{n\to\infty}\frac{1-\cos\dfrac{1}{n}}{\dfrac{1}{2n^2}} = 1 > 0,$$

而级数 $\sum\limits_{n=1}^{\infty}\dfrac{1}{2n^2}$ 收敛，故由推论 1 可知，级数 $\sum\limits_{n=1}^{\infty}\left(1-\cos\dfrac{1}{n}\right)$ 收敛.

用比较判别法判定正项级数的敛散性时，需要找到一个已知其敛散性的级数 $\sum\limits_{n=1}^{\infty}v_n$ 作为比较的对象. 最常选用作为比较对象的级数是等比级数和 p-级数.

利用比较判别法，把所要判定的正项级数与等比级数比较，就可建立两个很有用的判别法，即比值判别法和根值判别法.

定理 3［比值判别法，达朗贝尔(d'Alembert)判别法］ **设 $\sum\limits_{n=1}^{\infty}u_n$ 为正项级数. 若**

$$\lim_{n\to\infty}\frac{u_{n+1}}{u_n} = \rho,$$

则有下列判别结论：

(1) 当 $\rho<1$ 时，级数收敛；

(2) 当 $\rho>1$(包括 $\rho=+\infty$) 时，级数发散；

(3) 当 $\rho=1$ 时，级数可能收敛，也可能发散.

证 (1) 当 $\rho<1$ 时，可取一个适当小的正数 ε，使得 $\rho+\varepsilon=q<1$. 根据极限的定义，对于给定的正数 ε，存在正整数 N，使得当 $n>N$ 时，有

$$\left|\frac{u_{n+1}}{u_n}-\rho\right| < \varepsilon,$$

从而有

$$\frac{u_{n+1}}{u_n} < \rho+\varepsilon = q,$$

因此

$$u_{n+1} < qu_n,\quad u_{n+2} < qu_{n+1} < q^2u_n,\quad \cdots,\quad u_{n+k} < q^ku_n,\quad \cdots.$$

而级数 $\sum\limits_{k=1}^{\infty}q^ku_n$ 是公比为 $q<1$ 的等比级数，故它收敛. 于是，由比较判别法可知，级数 $\sum\limits_{k=1}^{\infty}u_{n+k}$ 收敛. 再由第一节性质 1 可知，级数 $\sum\limits_{n=1}^{\infty}u_n$ 收敛.

(2) 当 $\rho > 1$ 时,可取一个适当小的正数 ε,使得 $\rho - \varepsilon > 1$. 根据极限的定义,对于给定的正数 ε,存在正整数 N,使得当 $n > N$ 时,有

$$\left|\frac{u_{n+1}}{u_n} - \rho\right| < \varepsilon,$$

从而有

$$\frac{u_{n+1}}{u_n} > \rho - \varepsilon > 1.$$

所以,当 $n > N$ 时,级数 $\sum\limits_{n=1}^{\infty} u_n$ 的通项 u_n 是逐渐增大的,从而 $\lim\limits_{n\to\infty} u_n \neq 0$. 于是,由级数收敛的必要条件可知,级数 $\sum\limits_{n=1}^{\infty} u_n$ 发散.

(3) 当 $\rho = 1$ 时,级数 $\sum\limits_{n=1}^{\infty} u_n$ 可能收敛也可能发散. 例如 p-级数 $\sum\limits_{n=1}^{\infty} \frac{1}{n^p}$,不论 p 为何值,都有

$$\lim_{n\to\infty} \frac{u_{n+1}}{u_n} = \lim_{n\to\infty} \frac{\frac{1}{(n+1)^p}}{\frac{1}{n^p}} = 1,$$

但当 $p \leqslant 1$ 时,p-级数发散;当 $p > 1$ 时,p-级数收敛. 因此,只根据 $\rho = 1$ 不能判定 $\sum\limits_{n=1}^{\infty} u_n$ 的敛散性.

例 6

判定正项级数 $\sum\limits_{n=1}^{\infty} \frac{n!}{10^n}$ 的敛散性.

解 因为

$$\lim_{n\to\infty} \frac{u_{n+1}}{u_n} = \lim_{n\to\infty} \frac{\frac{(n+1)!}{10^{n+1}}}{\frac{n!}{10^n}} = \lim_{n\to\infty} \frac{n+1}{10} = +\infty,$$

所以根据比值判别法,级数 $\sum\limits_{n=1}^{\infty} \frac{n!}{10^n}$ 发散.

例 7

讨论正项级数 $\sum\limits_{n=1}^{\infty} \frac{n\cos^2 \frac{n\pi}{3}}{2^n}$ 的敛散性.

解 因为 $\cos^2 \frac{n\pi}{3} \leqslant 1$,所以

$$\frac{n\cos^2 \frac{n\pi}{3}}{2^n} \leqslant \frac{n}{2^n}.$$

而级数 $\sum\limits_{n=1}^{\infty} \frac{n}{2^n}$ 满足

$$\lim_{n\to\infty} \frac{u_{n+1}}{u_n} = \lim_{n\to\infty} \frac{\frac{n+1}{2^{n+1}}}{\frac{n}{2^n}} = \lim_{n\to\infty} \frac{n+1}{2n} = \frac{1}{2} < 1,$$

故由比值判别法可知，级数 $\sum\limits_{n=1}^{\infty}\frac{n}{2^n}$ 收敛. 再由比较判别法可知，级数 $\sum\limits_{n=1}^{\infty}\frac{n\cos^2\frac{n\pi}{3}}{2^n}$ 收敛.

例 8

讨论正项级数 $\sum\limits_{n=1}^{\infty}n!\left(\frac{x}{n}\right)^n\ (x>0)$ 的敛散性.

解 因为

$$\lim_{n\to\infty}\frac{u_{n+1}}{u_n}=\lim_{n\to\infty}\frac{(n+1)!\left(\frac{x}{n+1}\right)^{n+1}}{n!\left(\frac{x}{n}\right)^n}=\lim_{n\to\infty}\frac{x}{\left(1+\frac{1}{n}\right)^n}=\frac{x}{\mathrm{e}},$$

所以当 $\frac{x}{\mathrm{e}}<1$，即 $x<\mathrm{e}$ 时，原级数收敛；当 $\frac{x}{\mathrm{e}}>1$，即 $x>\mathrm{e}$ 时，原级数发散.

当 $x=\mathrm{e}$ 时，虽然不能由比值判别法直接得出原级数收敛或发散的结论，但是由于数列 $\left\{\left(1+\frac{1}{n}\right)^n\right\}$ 是一个单调增加且有上界的数列，即 $\left(1+\frac{1}{n}\right)^n<\mathrm{e}\ (n=1,2,\cdots)$，因此对于任意有限的正整数 n，均有

$$\frac{u_{n+1}}{u_n}=\frac{\mathrm{e}}{\left(1+\frac{1}{n}\right)^n}>1.$$

由此可知，原级数的后项总是大于前项，故 $\lim\limits_{n\to\infty}u_n\neq 0$. 所以原级数发散.

综上所述，对于级数 $\sum\limits_{n=1}^{\infty}n!\left(\frac{x}{n}\right)^n$，当 $x<\mathrm{e}$ 时级数收敛，当 $x\geqslant\mathrm{e}$ 时级数发散.

例 8 说明，虽然定理 3 对于 $\rho=1$ 的情形不能判定正项级数的敛散性，但若能在 $\lim\limits_{n\to\infty}\frac{u_{n+1}}{u_n}=1$ 的过程中，确定 $\frac{u_{n+1}}{u_n}$ 是从大于 1 的方向趋向于 1，则也可判定该正项级数是发散的. 此外，凡是能用比值判别法判定发散的正项级数，都必有 $\lim\limits_{n\to\infty}u_n\neq 0$.

定理 4（根值判别法，柯西判别法） **设 $\sum\limits_{n=1}^{\infty}u_n$ 为正项级数. 若**

$$\lim_{n\to\infty}\sqrt[n]{u_n}=\rho,$$

则有下列判别结论：

(1) **当 $\rho<1$ 时，级数收敛；**

(2) **当 $\rho>1$（包括 $\rho=+\infty$）时，级数发散；**

(3) **当 $\rho=1$ 时，级数可能收敛，也可能发散.**

定理 4 的证明与定理 3 相仿，这里从略.

例 9

判定正项级数 $\sum\limits_{n=1}^{\infty}\left(\frac{nx}{n+1}\right)^n\ (x>0)$ 的敛散性.

解 因为

$$\lim_{n\to\infty}\sqrt[n]{u_n}=\lim_{n\to\infty}\sqrt[n]{\left(\frac{nx}{n+1}\right)^n}=\lim_{n\to\infty}\frac{nx}{n+1}=x,$$

所以当 $x<1$ 时,原级数收敛;当 $x>1$ 时,原级数发散.当 $x=1$ 时,根值判别法失效,但此时有

$$\lim_{n\to\infty}u_n=\lim_{n\to\infty}\left(\frac{n}{n+1}\right)^n=\lim_{n\to\infty}\frac{1}{\left(1+\frac{1}{n}\right)^n}=\frac{1}{\mathrm{e}}\neq 0,$$

所以当 $x=1$ 时,原级数发散.

综上所述,对于级数 $\sum\limits_{n=1}^{\infty}\left(\frac{nx}{n+1}\right)^n(x>0)$,当 $x<1$ 时级数收敛,当 $x\geqslant 1$ 时级数发散.

习 题 10.2

1. 用比较判别法判定下列正项级数的敛散性:

(1) $\sum\limits_{n=1}^{\infty}\frac{1}{2n-1}$;　(2) $\sum\limits_{n=1}^{\infty}\frac{1}{n^2+1}$;

(3) $\sum\limits_{n=1}^{\infty}\frac{2^{n-1}}{1\cdot 3\cdot 5\cdot 7\cdot\cdots\cdot(2n-1)}$;　(4) $\sum\limits_{n=1}^{\infty}\frac{1}{\ln(n+1)}$;

(5) $\sum\limits_{n=1}^{\infty}\left(\frac{n}{2n+1}\right)^n$;　(6) $\sum\limits_{n=1}^{\infty}\frac{1}{n\sqrt{n+1}}$;

(7) $\sum\limits_{n=1}^{\infty}\ln\left(1+\frac{1}{n}\right)$;　(8) $\sum\limits_{n=1}^{\infty}\frac{n^{n-1}}{(n+1)^{n+1}}$.

2. 用比值判别法判定下列正项级数的敛散性:

(1) $\sum\limits_{n=1}^{\infty}\frac{1}{(2n+1)!}$;　(2) $\sum\limits_{n=1}^{\infty}\frac{3^n}{n\cdot 2^n}$;

(3) $\sum\limits_{n=1}^{\infty}\frac{n^2}{3^n}$;　(4) $\sum\limits_{n=1}^{\infty}\frac{2^n\cdot n!}{n^n}$;

(5) $\sum\limits_{n=1}^{\infty}\frac{(n!)^2}{(2n)!}$;　(6) $\sum\limits_{n=1}^{\infty}2^n\sin\frac{\pi}{3^n}$.

3. 用根值判别法判定下列正项级数的敛散性:

(1) $\sum\limits_{n=1}^{\infty}\left(\frac{n}{3n+1}\right)^n$;　(2) $\sum\limits_{n=1}^{\infty}\left(\frac{n}{3n-1}\right)^{2n-1}$;

(3) $\sum\limits_{n=1}^{\infty}\frac{1}{[\ln(n+1)]^n}$;　(4) $\sum\limits_{n=1}^{\infty}\frac{3}{2^n\cdot(\arctan n)^n}$;

(5) $\sum\limits_{n=1}^{\infty}\left(\frac{3n+2}{2n+1}\right)^n$;　(6) $\sum\limits_{n=1}^{\infty}\frac{n^2}{\left(1+\frac{1}{n}\right)^{n^2}}$.

4. 用适当的方法判定下列正项级数的敛散性:

(1) $\sum\limits_{n=1}^{\infty}\frac{n^2+1}{(n^2+2)(n^2+3)}$;

(2) $\sum\limits_{n=1}^{\infty}\frac{n^p}{n!}$;

(3) $\frac{3}{4}+2\left(\frac{3}{4}\right)^2+3\left(\frac{3}{4}\right)^3+\cdots+n\left(\frac{3}{4}\right)^n+\cdots$;

(4) $\sqrt{\frac{3}{2}}+\sqrt{\frac{4}{3}}+\cdots+\sqrt{\frac{n+2}{n+1}}+\cdots$;

(5) $\sum\limits_{n=1}^{\infty}\frac{2n-1}{3^n}$;

(6) $\sum\limits_{n=1}^{\infty}\frac{2^n\cdot 3^n}{n^n}$.

第三节　任意项级数

第二节讨论了正项级数的敛散性判别法，本节将讨论各项具有任意的正负号的级数（这样的级数称为**任意项级数**）的敛散性判别法. 在任意项级数中，比较重要的是交错级数.

一、交错级数

正负项相间的级数称为**交错级数**，它可以写成下面的形式：

$$u_1 - u_2 + u_3 - u_4 + \cdots \tag{10-3}$$

或

$$-u_1 + u_2 - u_3 + u_4 - \cdots, \tag{10-4}$$

其中 $u_1, u_2, \cdots$ 都是正数.

我们仅以式(10－3)来证明关于交错级数的一个敛散性判别法.

定理 1（莱布尼茨定理）　**若交错级数** $\sum\limits_{n=1}^{\infty}(-1)^{n-1}u_n$ **满足以下两个条件：**

(1) $u_n \geqslant u_{n+1}\quad (n = 1, 2, \cdots)$，

(2) $\lim\limits_{n\to\infty} u_n = 0$，

则级数 $\sum\limits_{n=1}^{\infty}(-1)^{n-1}u_n$ **收敛，且其和** $s \leqslant u_1$**，其余项** r_n **的绝对值** $|r_n| \leqslant u_{n+1}$.

证　将级数的前 $2n$ 项部分和 s_{2n} 写成下面的两种形式：

$$s_{2n} = (u_1 - u_2) + (u_3 - u_4) + \cdots + (u_{2n-1} - u_{2n})$$

及

$$s_{2n} = u_1 - (u_2 - u_3) - (u_4 - u_5) - \cdots - (u_{2n-2} - u_{2n-1}) - u_{2n}.$$

由条件(1)可知，两式中所有括号内的差都是非负的.

由第一种形式可见：数列 $\{s_{2n}\}$ 是单调增加的；由第二种形式可见：$s_{2n} \leqslant u_1$. 于是，由单调有界数列必有极限的准则可知，$\lim\limits_{n\to\infty} s_{2n} = s$ 存在，且 $s \leqslant u_1$.

再由 $s_{2n+1} = s_{2n} + u_{2n+1}$ 及条件(2)，可得

$$\lim_{n\to\infty} s_{2n+1} = \lim_{n\to\infty}(s_{2n} + u_{2n+1}) = \lim_{n\to\infty} s_{2n} + \lim_{n\to\infty} u_{2n+1} = s.$$

因此，无论 n 是奇数还是偶数，只要 n 无限增大，s_n 总趋于同一极限 s，所以交错级数 $\sum\limits_{n=1}^{\infty}(-1)^{n-1}u_n$ 收敛，且其和 $s \leqslant u_1$.

最后，不难看出余项 r_n 的绝对值为

$$|r_n| = u_{n+1} - u_{n+2} + \cdots,$$

上式右端是一个交错级数，它也满足莱布尼茨定理的两个条件，所以其和小于级数的第一项，即

$$|r_n| \leqslant u_{n+1}.$$

例 1

判定级数 $\sum\limits_{n=1}^{\infty}(-1)^{n-1}\dfrac{1}{n}$ 的敛散性.

解 这是一个交错级数,并且

$$u_n=\frac{1}{n}>\frac{1}{n+1}=u_{n+1},\quad \lim_{n\to\infty}u_n=\lim_{n\to\infty}\frac{1}{n}=0,$$

所以由定理 1 可知,级数 $\sum_{n=1}^{\infty}(-1)^{n-1}\frac{1}{n}$ 收敛.

例 2

试判定交错级数 $\sum_{n=1}^{\infty}(-1)^{n-1}\frac{2n-1}{n^2}$ 的敛散性.

解 在利用莱布尼茨定理时,条件(2)往往比较容易判断,所以先求极限

$$\lim_{n\to\infty}u_n=\lim_{n\to\infty}\frac{2n-1}{n^2}=0.$$

对于条件(1),有时可利用导数工具来判断.设函数 $f(x)=\frac{2x-1}{x^2}$,因为

$$f'(x)=\frac{2(1-x)}{x^3},$$

所以当 $x\geqslant 1$ 时,$f'(x)\leqslant 0$,即函数 $f(x)=\frac{2x-1}{x^2}$ 在$[1,+\infty)$上单调减少.由此可得

$$u_n=\frac{2n-1}{n^2}\geqslant\frac{2(n+1)-1}{(n+1)^2}=u_{n+1}\quad(n=1,2,\cdots).$$

综上所述,级数 $\sum_{n=1}^{\infty}(-1)^{n-1}\frac{2n-1}{n^2}$ 收敛.

二、任意项级数及其敛散性判别法

现在讨论任意项级数.首先引入绝对收敛与条件收敛的概念.

定义 1 对于级数 $\sum_{n=1}^{\infty}u_n$,若 $\sum_{n=1}^{\infty}|u_n|$ 收敛,则称级数 $\sum_{n=1}^{\infty}u_n$ **绝对收敛**;若 $\sum_{n=1}^{\infty}|u_n|$ 发散,但 $\sum_{n=1}^{\infty}u_n$ 收敛,则称级数 $\sum_{n=1}^{\infty}u_n$ **条件收敛**.

容易知道,级数 $\sum_{n=1}^{\infty}(-1)^{n-1}\frac{1}{n^2}$ 是绝对收敛的级数,而级数 $\sum_{n=1}^{\infty}(-1)^{n-1}\frac{1}{n}$ 是条件收敛的级数.

级数绝对收敛与级数收敛之间有着下面的重要关系.

定理 2 **若级数 $\sum_{n=1}^{\infty}u_n$ 绝对收敛,则级数 $\sum_{n=1}^{\infty}u_n$ 必定收敛.**

证 因为 $u_n\leqslant|u_n|$,所以

$$0\leqslant u_n+|u_n|\leqslant 2|u_n|.$$

已知级数 $\sum_{n=1}^{\infty}u_n$ 绝对收敛,则由比较判别法可知,级数 $\sum_{n=1}^{\infty}(u_n+|u_n|)$ 也收敛.而

$$\sum_{n=1}^{\infty}u_n=\sum_{n=1}^{\infty}[(u_n+|u_n|)-|u_n|],$$

所以由第一节性质 3 可知,级数 $\sum_{n=1}^{\infty}u_n$ 收敛.

定理 2 说明，对于一般的级数 $\sum\limits_{n=1}^{\infty}u_n$，如果我们用正项级数的敛散性判别法判定级数 $\sum\limits_{n=1}^{\infty}|u_n|$ 收敛，那么级数 $\sum\limits_{n=1}^{\infty}u_n$ 一定收敛，且还是绝对收敛的. 这就使得一大类级数的敛散性判别问题转化成为正项级数的敛散性判别问题.

一般来说，如果级数 $\sum\limits_{n=1}^{\infty}|u_n|$ 发散，那么只能判定级数 $\sum\limits_{n=1}^{\infty}u_n$ 非绝对收敛，而不能判定级数 $\sum\limits_{n=1}^{\infty}u_n$ 本身也是发散的. 例如，虽然级数 $\sum\limits_{n=1}^{\infty}\left|(-1)^{n-1}\dfrac{1}{n}\right|=\sum\limits_{n=1}^{\infty}\dfrac{1}{n}$ 发散，但级数 $\sum\limits_{n=1}^{\infty}(-1)^{n-1}\dfrac{1}{n}$ 却是收敛的. 在这种情况下，如果我们用比值判别法或根值判别法，根据 $\lim\limits_{n\to\infty}\left|\dfrac{u_{n+1}}{u_n}\right|=\rho>1$ 或 $\lim\limits_{n\to\infty}\sqrt[n]{|u_n|}=\rho>1$ 判定级数 $\sum\limits_{n=1}^{\infty}|u_n|$ 发散，那么此时也可以断定级数 $\sum\limits_{n=1}^{\infty}u_n$ 必定发散. 这是因为从 $\rho>1$ 可知 $\lim\limits_{n\to\infty}|u_n|\neq 0$，从而有 $\lim\limits_{n\to\infty}u_n\neq 0$，所以级数 $\sum\limits_{n=1}^{\infty}u_n$ 是发散的.

例 3

判定级数 $\sum\limits_{n=1}^{\infty}\dfrac{\sin n\alpha}{n^2}$ 的敛散性.

解 因为 $\left|\dfrac{\sin n\alpha}{n^2}\right|\leqslant\dfrac{1}{n^2}$，而级数 $\sum\limits_{n=1}^{\infty}\dfrac{1}{n^2}$ 收敛，所以级数 $\sum\limits_{n=1}^{\infty}\left|\dfrac{\sin n\alpha}{n^2}\right|$ 收敛，从而级数 $\sum\limits_{n=1}^{\infty}\dfrac{\sin n\alpha}{n^2}$ 绝对收敛.

例 4

判定级数 $\sum\limits_{n=1}^{\infty}\dfrac{x^n}{n}$ 的敛散性.

解 因为

$$\lim_{n\to\infty}\left|\frac{u_{n+1}}{u_n}\right|=\lim_{n\to\infty}\left|\frac{\dfrac{x^{n+1}}{n+1}}{\dfrac{x^n}{n}}\right|=\lim_{n\to\infty}\left|\frac{nx}{n+1}\right|=|x|,$$

所以当 $|x|<1$ 时，级数 $\sum\limits_{n=1}^{\infty}\dfrac{x^n}{n}$ 绝对收敛；当 $|x|>1$ 时，级数 $\sum\limits_{n=1}^{\infty}\dfrac{x^n}{n}$ 发散；当 $x=1$ 时，级数 $\sum\limits_{n=1}^{\infty}\dfrac{x^n}{n}=\sum\limits_{n=1}^{\infty}\dfrac{1}{n}$ 发散；当 $x=-1$ 时，级数 $\sum\limits_{n=1}^{\infty}\dfrac{x^n}{n}=\sum\limits_{n=1}^{\infty}\dfrac{(-1)^n}{n}$ 条件收敛.

例 5

判定级数 $\sum\limits_{n=1}^{\infty}(-1)^n\dfrac{1}{2^n}\left(1+\dfrac{1}{n}\right)^{n^2}$ 的敛散性.

解 因为

$$\lim_{n\to\infty}\sqrt[n]{|u_n|}=\lim_{n\to\infty}\sqrt[n]{\left|(-1)^n\frac{1}{2^n}\left(1+\frac{1}{n}\right)^{n^2}\right|}=\lim_{n\to\infty}\frac{1}{2}\left(1+\frac{1}{n}\right)^n=\frac{\mathrm{e}}{2}>1,$$

所以级数 $\sum\limits_{n=1}^{\infty}(-1)^n\dfrac{1}{2^n}\left(1+\dfrac{1}{n}\right)^{n^2}$ 发散.

例 6

讨论级数$\sum_{n=1}^{\infty}\frac{(-\alpha)^n}{n^s}(s>0,\alpha>0)$的敛散性.

解 由于

$$\lim_{n\to\infty}\left|\frac{u_{n+1}}{u_n}\right|=\lim_{n\to\infty}\alpha\left(\frac{n}{n+1}\right)^s=\alpha,$$

因此当$0<\alpha<1$时，级数$\sum_{n=1}^{\infty}\frac{(-\alpha)^n}{n^s}$绝对收敛；当$\alpha>1$时，级数$\sum_{n=1}^{\infty}\frac{(-\alpha)^n}{n^s}$发散；当$\alpha=1$时，级数$\sum_{n=1}^{\infty}(-1)^n\frac{1}{n^s}$是一个交错级数，此时由$p$-级数的敛散性结果可知，当$s>1$时该级数绝对收敛，当$0<s\leqslant 1$时该级数条件收敛.

习 题 10.3

1. 判定下列级数的敛散性. 如果收敛，指出其是绝对收敛还是条件收敛：

(1) $\sum_{n=1}^{\infty}(-1)^n\frac{1}{2n-1}$；

(2) $\sum_{n=1}^{\infty}(-1)^{n-1}\frac{1}{\sqrt{n}}$；

(3) $\sum_{n=1}^{\infty}\frac{(-1)^n+2}{(-1)^{n-1}2^n}$；

(4) $\sum_{n=1}^{\infty}(-1)^{n-1}\frac{n}{3^{n-1}}$；

(5) $\frac{1}{3}\times\frac{1}{2}-\frac{1}{3}\times\frac{1}{2^2}+\frac{1}{3}\times\frac{1}{2^3}-\frac{1}{3}\times\frac{1}{2^4}+\cdots$；

(6) $\frac{1}{2}-\frac{3}{10}+\frac{1}{2^2}-\frac{3}{10^2}+\frac{1}{2^3}-\frac{3}{10^3}+\cdots$；

(7) $\sum_{n=1}^{\infty}(-1)^{n+1}\frac{2^{n^2}}{n!}$；

(8) $\sum_{n=1}^{\infty}\frac{\sin n\alpha}{(n+1)^2}$；

(9) $\sum_{n=1}^{\infty}(-1)^n\ln\left(\frac{n+1}{n}\right)$；

(10) $\sum_{n=1}^{\infty}(-1)^n\frac{x^{2n-1}}{(2n-1)!}$.

2. 设级数$\sum_{n=1}^{\infty}a_n^2$及$\sum_{n=1}^{\infty}b_n^2$都收敛，证明：级数$\sum_{n=1}^{\infty}a_nb_n$及$\sum_{n=1}^{\infty}(a_n+b_n)^2$也都收敛.

第四节 幂 级 数

一、函数项级数

若给定一个定义在区间I上的函数列

$$u_1(x),u_2(x),u_3(x),\cdots,u_n(x),\cdots,$$

则由该函数列构成的表达式

$$u_1(x)+u_2(x)+u_3(x)+\cdots+u_n(x)+\cdots \tag{10-5}$$

称为定义在区间I上的**函数项无穷级数**，简称**函数项级数**.

对于每一个确定的值$x_0\in I$，函数项级数(10-5)成为常数项级数

$$u_1(x_0)+u_2(x_0)+u_3(x_0)+\cdots+u_n(x_0)+\cdots. \tag{10-6}$$

若级数(10-6)收敛，则称点x_0为函数项级数(10-5)的**收敛点**；若级数(10-6)发散，则称点x_0为函数项级数(10-5)的**发散点**. 函数项级数(10-5)的全体收敛点所构成的集合称为它的**收敛域**，

全体发散点所构成的集合称为它的**发散域**.

对应于收敛域内的任意一个数 x,函数项级数成为一个收敛的常数项级数,因而有一确定的和 s,当 x 在收敛域内变动时,和 s 也随着 x 的变动而变动. 这样,函数项级数的和在收敛域上就是一个关于 x 的函数,记为 $s(x)$,通常称 $s(x)$ 为函数项级数的**和函数**,该函数的定义域就是函数项级数的收敛域,并写成

$$s(x)=u_1(x)+u_2(x)+u_3(x)+\cdots+u_n(x)+\cdots.$$

仿照常数项级数的情形,把函数项级数(10-5)的前 n 项的和记为 $s_n(x)$,即

$$s_n(x)=\sum_{k=1}^{n}u_k(x)=u_1(x)+u_2(x)+\cdots+u_n(x),$$

称为**部分和函数**. 于是,在收敛域上有

$$\lim_{n\to\infty}s_n(x)=s(x).$$

记 $r_n(x)=s(x)-s_n(x)$,$r_n(x)$ 叫作函数项级数的**余项**. 注意,$r_n(x)$ 只在收敛域上才有意义,此时有

$$\lim_{n\to\infty}r_n(x)=0.$$

例 1

试求函数项级数 $\sum\limits_{n=0}^{\infty}x^n$ 的收敛域.

解 因为

$$s_n(x)=1+x+x^2+\cdots+x^{n-1}=\frac{1-x^n}{1-x},$$

所以当 $|x|<1$ 时,有

$$\lim_{n\to\infty}s_n(x)=\lim_{n\to\infty}\frac{1-x^n}{1-x}=\frac{1}{1-x}.$$

因此,原函数项级数在开区间 $(-1,1)$ 内收敛. 又易知,当 $|x|\geqslant 1$ 时,原函数项级数发散. 故原函数项级数的收敛域为 $(-1,1)$.

在函数项级数中,比较常用的是幂级数与三角级数. 这里,我们只讨论幂级数.

二、幂级数及其敛散性

定义 1 具有下列形式

$$\sum_{n=0}^{\infty}a_n(x-x_0)^n=a_0+a_1(x-x_0)+a_2(x-x_0)^2+\cdots+a_n(x-x_0)^n+\cdots$$

的函数项级数称为**在点 $x=x_0$ 处的幂级数**或 **$x-x_0$ 的幂级数**,其中 $a_0,a_1,a_2,\cdots,a_n,\cdots$ 称为**幂级数的系数**.

特别地,若 $x_0=0$,则称

$$\sum_{n=0}^{\infty}a_nx^n=a_0+a_1x+a_2x^2+\cdots+a_nx^n+\cdots$$

为**在点 $x=0$ 处的幂级数**或 **x 的幂级数**. 这里主要讨论后一种形式的幂级数,这是因为在前一种形式中,若令 $t=x-x_0$,则有

$$\sum_{n=0}^{\infty} a_n (x-x_0)^n = \sum_{n=0}^{\infty} a_n t^n.$$

对于一个给定的幂级数,它的收敛域与发散域是怎样的?在例 1 中,它的收敛域是一个区间,那么对于一般的幂级数,它的收敛域是否也是一个区间呢?实际上,这个问题的答案是肯定的. 我们有如下定理:

定理 1[阿贝尔(Abel)定理] **(1) 若幂级数 $\sum_{n=0}^{\infty} a_n x^n$ 在点 $x = x_0 (x_0 \neq 0)$ 处收敛,则对于满足 $|x| < |x_0|$ 的一切 x, $\sum_{n=0}^{\infty} a_n x^n$ 均绝对收敛.**

(2) 若幂级数 $\sum_{n=0}^{\infty} a_n x^n$ 在点 $x = x_0$ 处发散,则对于满足 $|x| > |x_0|$ 的一切 x, $\sum_{n=0}^{\infty} a_n x^n$ 均发散.

证 (1) 若级数 $\sum_{n=0}^{\infty} a_n x_0^n$ 收敛,则由级数收敛的必要条件可知, $\lim\limits_{n\to\infty} a_n x_0^n = 0$. 故存在一个常数 $M > 0$,使得

$$|a_n x_0^n| \leqslant M \quad (n = 0,1,2,\cdots).$$

于是,有

$$|a_n x^n| = \left| a_n x_0^n \cdot \frac{x^n}{x_0^n} \right| = |a_n x_0^n| \left| \frac{x}{x_0} \right|^n \leqslant M \left| \frac{x}{x_0} \right|^n.$$

当 $|x| < |x_0|$ 时, $\left|\frac{x}{x_0}\right| < 1$,从而等比级数 $\sum_{n=0}^{\infty} M \left|\frac{x}{x_0}\right|^n$ 收敛. 故由比较判别法可知,当 $|x| < |x_0|$ 时,幂级数 $\sum_{n=0}^{\infty} a_n x^n$ 绝对收敛.

(2) 用反证法证明. 设级数 $\sum_{n=0}^{\infty} a_n x_0^n$ 发散. 假设存在一点 x_1,满足 $|x_1| > |x_0|$,且使得级数 $\sum_{n=0}^{\infty} a_n x_1^n$ 收敛,则根据本定理的结论(1)可知,级数 $\sum_{n=0}^{\infty} a_n x_0^n$ 绝对收敛. 这与已知条件矛盾,故假设不成立,即定理得证.

定理 1 表明,若点 x_0 是幂级数 $\sum_{n=0}^{\infty} a_n x^n$ 的收敛点,则对于开区间 $(-|x_0|, |x_0|)$ 内的任何 x,幂级数都收敛;若点 x_0 是幂级数 $\sum_{n=0}^{\infty} a_n x^n$ 的发散点,则对于闭区间 $[-|x_0|, |x_0|]$ 以外的任何 x,幂级数都发散. 由此可知,对幂级数 $\sum_{n=0}^{\infty} a_n x^n$ 而言,存在关于坐标原点对称的两个点 $x = \pm R (R > 0)$,它们将幂级数 $\sum_{n=0}^{\infty} a_n x^n$ 的收敛点与发散点分隔开来,在开区间 $(-R, R)$ 内的点都是收敛点,而在闭区间 $[-R, R]$ 以外的点均为发散点(注意,幂级数在分界点 $x = \pm R$ 处可能收敛,也可能发散). 我们称具有这种性质的正数 R 为幂级数 $\sum_{n=0}^{\infty} a_n x^n$ 的**收敛半径**,开区间 $(-R, R)$ 叫作幂级数 $\sum_{n=0}^{\infty} a_n x^n$ 的**收敛区间**. 由幂级数在点 $x = \pm R$ 处的敛散性就可以确定,它的收敛域是 $(-R, R)$, $[-R, R)$, $(-R, R]$ 及 $[-R, R]$ 这 4 个区间中的哪一个.

特别地，当幂级数 $\sum_{n=0}^{\infty} a_n x^n$ 仅在点 $x=0$ 处收敛时，它的收敛域只有一点 $x=0$，但为了方便起见，规定这时的收敛半径 $R=0$；当 $\sum_{n=0}^{\infty} a_n x^n$ 在整个数轴上都收敛时，规定收敛半径 $R=+\infty$，这里收敛域是 $(-\infty,+\infty)$.

关于幂级数收敛半径的求法，有下面的两个定理.

定理 2 **如果幂级数** $\sum_{n=0}^{\infty} a_n x^n$ **的系数满足条件**

$$\lim_{n\to\infty}\left|\frac{a_{n+1}}{a_n}\right|=\rho,$$

那么关于该幂级数的收敛半径 R**，有以下结论：**

(1) **当** $0<\rho<+\infty$ **时**，$R=\frac{1}{\rho}$；

(2) **当** $\rho=0$ **时**，$R=+\infty$；

(3) **当** $\rho=+\infty$ **时**，$R=0$.

证 因为对于正项级数

$$\sum_{n=0}^{\infty}|a_n x^n|=|a_0|+|a_1 x|+|a_2 x^2|+\cdots+|a_n x^n|+\cdots,$$

有

$$\lim_{n\to\infty}\left|\frac{a_{n+1}x^{n+1}}{a_n x^n}\right|=\lim_{n\to\infty}\left|\frac{a_{n+1}}{a_n}\right||x|=\rho|x|.$$

(1) 当 $0<\rho<+\infty$ 时，由比值判别法可知，当 $\rho|x|<1$，即 $|x|<\frac{1}{\rho}$ 时，幂级数 $\sum_{n=0}^{\infty}|a_n x^n|$ 收敛，从而幂级数 $\sum_{n=0}^{\infty} a_n x^n$ 绝对收敛；当 $\rho|x|>1$，即 $|x|>\frac{1}{\rho}$ 时，幂级数 $\sum_{n=0}^{\infty}|a_n x^n|$ 发散，从而幂级数 $\sum_{n=0}^{\infty} a_n x^n$ 也发散. 故幂级数 $\sum_{n=0}^{\infty} a_n x^n$ 的收敛半径 $R=\frac{1}{\rho}$.

(2) 若 $\rho=0$，则 $\rho|x|=0<1(x\neq 0)$. 于是，对于任意 $x(x\neq 0)$，级数 $\sum_{n=0}^{\infty}|a_n x^n|$ 均收敛，从而 $\sum_{n=0}^{\infty} a_n x^n$ 绝对收敛. 故幂级数 $\sum_{n=0}^{\infty} a_n x^n$ 的收敛半径 $R=+\infty$.

(3) 若 $\rho=+\infty$，则对于任意 $x(x\neq 0)$，级数 $\sum_{n=0}^{\infty} a_n x^n$ 必发散. 于是，幂级数 $\sum_{n=0}^{\infty} a_n x^n$ 只在点 $x=0$ 处收敛. 故幂级数 $\sum_{n=0}^{\infty} a_n x^n$ 的收敛半径 $R=0$.

例 2

求幂级数 $\sum_{n=1}^{\infty}\frac{(-1)^{n-1}x^n}{n}$ 的收敛半径和收敛域.

解 因为

$$\rho=\lim_{n\to\infty}\left|\frac{a_{n+1}}{a_n}\right|=\lim_{n\to\infty}\frac{\frac{1}{n+1}}{\frac{1}{n}}=1,$$

所以收敛半径

$$R=\frac{1}{\rho}=1.$$

当 $x=-1$ 时，原幂级数成为级数 $\sum_{n=1}^{\infty}\frac{(-1)^{n-1}(-1)^n}{n}=-\sum_{n=1}^{\infty}\frac{1}{n}$，该级数发散.

当 $x=1$ 时，原幂级数成为交错级数 $\sum_{n=1}^{\infty}\frac{(-1)^{n-1}}{n}$，该级数收敛.

综上所述，原幂级数的收敛半径 $R=1$，收敛域为 $(-1,1]$.

例 3

求幂级数 $\sum_{n=1}^{\infty}\frac{x^n}{n^n}$ 的收敛半径和收敛域.

解 因为

$$\rho=\lim_{n\to\infty}\left|\frac{a_{n+1}}{a_n}\right|=\lim_{n\to\infty}\frac{\frac{1}{(n+1)^{n+1}}}{\frac{1}{n^n}}=\lim_{n\to\infty}\left[\frac{1}{n+1}\cdot\frac{1}{\left(1+\frac{1}{n}\right)^n}\right]=0\times\frac{1}{\mathrm{e}}=0,$$

所以收敛半径 $R=+\infty$，收敛域为 $(-\infty,+\infty)$.

例 4

求幂级数 $\sum_{n=0}^{\infty}n!x^n$ 的收敛半径(规定 $0!=1$).

解 因为

$$\rho=\lim_{n\to\infty}\left|\frac{a_{n+1}}{a_n}\right|=\lim_{n\to\infty}\frac{(n+1)!}{n!}=+\infty,$$

所以收敛半径 $R=0$，即原幂级数仅在点 $x=0$ 处收敛.

例 5

求幂级数 $\sum_{n=0}^{\infty}\frac{1}{4^n}(x-1)^{2n}$ 的收敛半径和收敛域.

解 令 $t=x-1$，则原幂级数变为 $\sum_{n=0}^{\infty}\frac{t^{2n}}{4^n}$. 这是一个缺少奇次幂的幂级数，故不能对它直接应用定理 2，但可以根据比值判别法来求它的收敛半径. 因为

$$\lim_{n\to\infty}\left|\frac{u_{n+1}}{u_n}\right|=\lim_{n\to\infty}\left|\frac{\frac{t^{2(n+1)}}{4^{n+1}}}{\frac{t^{2n}}{4^n}}\right|=\frac{t^2}{4},$$

所以当 $\frac{t^2}{4}<1$，即 $|t|<2$ 时，幂级数 $\sum_{n=0}^{\infty}\frac{t^{2n}}{4^n}$ 绝对收敛；当 $\frac{t^2}{4}>1$，即 $|t|>2$ 时，幂级数 $\sum_{n=0}^{\infty}\frac{t^{2n}}{4^n}$ 发散. 因此，它的收敛半径 $R=2$，从而原幂级数的收敛半径 $R=2$，且当 $|x-1|<2$，即 $-1<x<3$ 时，原幂级数绝对收敛；当 $|x-1|>2$，即 $x>3$ 或 $x<-1$ 时，原幂级数发散.

此外，当 $x=-1$ 或 $x=3$ 时，原幂级数变为 $\sum_{n=0}^{\infty}1$，它是发散的.

综上所述，原幂级数的收敛半径 $R=2$，收敛域为 $(-1,3)$.

定理 3 如果幂级数 $\sum_{n=0}^{\infty} a_n x^n$ 的系数满足条件

$$\lim_{n\to\infty} \sqrt[n]{|a_n|} = \rho,$$

那么关于该幂级数的收敛半径 R,有以下结论:

(1) **当** $0 < \rho < +\infty$ **时**,$R = \frac{1}{\rho}$;

(2) **当** $\rho = 0$ **时**,$R = +\infty$;

(3) **当** $\rho = +\infty$ **时**,$R = 0$.

利用正项级数的根值判别法,仿照定理 2 的证明过程可证明定理 3,具体证明过程请读者自己完成.

例 6

求幂级数 $\sum_{n=0}^{\infty} \frac{x^n}{a^n + b^n}(a > b > 0)$ 的收敛半径和收敛域.

解 因为

$$\lim_{n\to\infty} \sqrt[n]{|a_n|} = \lim_{n\to\infty} \sqrt[n]{\frac{1}{a^n + b^n}} = \lim_{n\to\infty} \sqrt[n]{\frac{1}{a^n\left(1 + \frac{b^n}{a^n}\right)}} = \frac{1}{a},$$

所以原幂级数的收敛半径 $R = a$.

当 $x = a$ 时,原幂级数变为 $\sum_{n=0}^{\infty} \frac{a^n}{a^n + b^n}$,因 $\lim_{n\to\infty} \frac{a^n}{a^n + b^n} = 1 \neq 0$,故由级数收敛的必要条件可知,此级数发散.

当 $x = -a$ 时,原幂级数变为 $\sum_{n=0}^{\infty} \frac{(-a)^n}{a^n + b^n}$,因 $\lim_{n\to\infty} \frac{(-a)^n}{a^n + b^n}$ 不存在,故此级数发散.

综上所述,原幂级数的收敛半径 $R = a$,收敛域为 $(-a, a)$.

三、幂级数的运算

设幂级数 $\sum_{n=0}^{\infty} a_n x^n$ 与 $\sum_{n=0}^{\infty} b_n x^n$ 的收敛半径分别为 R_1 与 R_2. 对于这两个幂级数,可以进行下列运算:

(1) 加减法运算

$$\sum_{n=0}^{\infty} a_n x^n \pm \sum_{n=0}^{\infty} b_n x^n = \sum_{n=0}^{\infty} (a_n \pm b_n) x^n,$$

这里 $x \in (-R, R)$,其中 $R = \min\{R_1, R_2\}$.

(2) 乘法运算

$$\left(\sum_{n=0}^{\infty} a_n x^n\right) \cdot \left(\sum_{n=0}^{\infty} b_n x^n\right) = \sum_{n=0}^{\infty} c_n x^n,$$

这里 $x \in (-R, R)$,其中 $R = \min\{R_1, R_2\}$,

$$c_n = \sum_{k=0}^{n} a_k b_{n-k} = a_0 b_n + a_1 b_{n-1} + \cdots + a_n b_0 \quad (n = 0, 1, 2, \cdots).$$

关于幂级数的和函数,有下列重要性质:

性质 1 幂级数$\sum_{n=0}^{\infty} a_n x^n$的和函数$s(x)$在其收敛域$I$上连续.

性质 2 幂级数$\sum_{n=0}^{\infty} a_n x^n$的和函数$s(x)$在其收敛域$I$上可积,并有逐项积分公式

$$\int_0^x s(x)\mathrm{d}x = \int_0^x \sum_{n=0}^{\infty} a_n x^n \mathrm{d}x = \sum_{n=0}^{\infty}\int_0^x a_n x^n \mathrm{d}x = \sum_{n=0}^{\infty} \frac{a_n}{n+1} x^{n+1} \quad (x \in I),$$

逐项积分后所得到的幂级数和原幂级数有相同的收敛半径.

性质 3 幂级数$\sum_{n=0}^{\infty} a_n x^n$的和函数$s(x)$在其收敛区间$(-R,R)$内可导,且有逐项求导公式

$$s'(x) = \left(\sum_{n=0}^{\infty} a_n x^n\right)' = \sum_{n=0}^{\infty} (a_n x^n)' = \sum_{n=1}^{\infty} n a_n x^{n-1} \quad (|x| < R),$$

逐项求导后所得到的幂级数和原幂级数有相同的收敛半径.

例 7

求幂级数$\sum_{n=0}^{\infty} \frac{x^n}{n+1}$的和函数.

解 先求幂级数的收敛域.由

$$\lim_{n\to\infty}\left|\frac{a_{n+1}}{a_n}\right| = \lim_{n\to\infty}\frac{n+1}{n+2} = 1,$$

得收敛半径$R=1$.在端点$x=-1$处,幂级数成为$\sum_{n=0}^{\infty}\frac{(-1)^n}{n+1}$,这是收敛的交错级数;在端点$x=1$处,幂级数成为$\sum_{n=0}^{\infty}\frac{1}{n+1}$,这个级数是发散的.因此,幂级数的收敛域为$I=[-1,1)$.

设幂级数的和函数为$s(x)$,即

$$s(x) = \sum_{n=0}^{\infty}\frac{x^n}{n+1} \quad (x \in I),$$

于是

$$xs(x) = \sum_{n=0}^{\infty}\frac{x^{n+1}}{n+1}.$$

利用性质 3,对上式逐项求导,得

$$(xs(x))' = \sum_{n=0}^{\infty}\left(\frac{x^{n+1}}{n+1}\right)' = \sum_{n=0}^{\infty} x^n = \frac{1}{1-x} \quad (-1 < x < 1).$$

对上式从 0 到x积分,得

$$xs(x) = \int_0^x \frac{1}{1-x}\mathrm{d}x = -\ln(1-x) \quad (-1 \leqslant x < 1).$$

于是,当$x \neq 0$时,有

$$s(x) = -\frac{1}{x}\ln(1-x).$$

可由幂级数的表达式直接算得$s(0)=1$,也可由和函数$s(x)$的连续性得到

$$s(0) = \lim_{x\to 0} s(x) = \lim_{x\to 0}\left[-\frac{1}{x}\ln(1-x)\right] = 1.$$

所以,幂级数的和函数为

$$s(x)=\begin{cases}-\dfrac{1}{x}\ln(1-x), & x\in[-1,0)\cup(0,1),\\ 1, & x=0.\end{cases}$$

例 8

求幂级数 $\sum\limits_{n=1}^{\infty} nx^{n-1}$ 的和函数，并求级数 $\sum\limits_{n=1}^{\infty}\dfrac{n}{2^n}$ 的和.

解 先求幂级数的收敛域. 由

$$\lim_{n\to\infty}\left|\frac{a_{n+1}}{a_n}\right|=\lim_{n\to\infty}\frac{n+1}{n}=1,$$

得收敛半径 $R=1$.

在端点 $x=1$ 处，幂级数成为 $\sum\limits_{n=1}^{\infty} n$，它是发散的；在端点 $x=-1$ 处，幂级数成为 $\sum\limits_{n=1}^{\infty} n(-1)^{n-1}$，它也是发散的. 因此，幂级数的收敛域为 $(-1,1)$.

设幂级数的和函数为 $s(x)$，即

$$s(x)=\sum_{n=1}^{\infty} nx^{n-1}\quad(x\in(-1,1)).$$

利用性质 2，对上式逐项积分，得

$$\int_0^x s(x)\mathrm{d}x=\sum_{n=1}^{\infty}\int_0^x nx^{n-1}\mathrm{d}x=\sum_{n=1}^{\infty}x^n=\frac{x}{1-x}\quad(x\in(-1,1)),$$

上式两边再对 x 求导，得

$$s(x)=\left(\frac{x}{1-x}\right)'=\frac{1}{(1-x)^2}\quad(x\in(-1,1)).$$

取 $x=\dfrac{1}{2}$，则有

$$\sum_{n=1}^{\infty}n\left(\frac{1}{2}\right)^{n-1}=\frac{1}{\left(1-\frac{1}{2}\right)^2}=4,$$

所以

$$\sum_{n=1}^{\infty}\frac{n}{2^n}=\frac{1}{2}\sum_{n=1}^{\infty}n\left(\frac{1}{2}\right)^{n-1}=\frac{1}{2}\times 4=2.$$

习题 10.4

1. 求下列幂级数的收敛域：

(1) $\sum\limits_{n=0}^{\infty}\dfrac{x^n}{n!}$ （规定 $0!=1$）；

(2) $\sum\limits_{n=1}^{\infty}\dfrac{n!}{n^n}x^n$；

(3) $\sum\limits_{n=1}^{\infty}\dfrac{x^n}{2^n n^2}$；

(4) $\sum\limits_{n=0}^{\infty}(-1)^n\dfrac{x^{2n+1}}{2n+1}$；

(5) $\sum\limits_{n=1}^{\infty}\dfrac{(x+2)^n}{n\cdot 2^n}$；

(6) $\sum\limits_{n=1}^{\infty}\dfrac{2^n}{n}(x-1)^n$；

(7) $\sum\limits_{n=1}^{\infty}\dfrac{5^n+(-3)^n}{n}x^n$；

(8) $\sum\limits_{n=1}^{\infty}(\sqrt{n+1}-\sqrt{n})2^n x^{2n}$.

2. 求下列幂级数的和函数：

(1) $\sum_{n=1}^{\infty}(-1)^n\frac{x^n}{n}$；　　(2) $\sum_{n=0}^{\infty}2nx^{2n-1}$；

(3) $\sum_{n=0}^{\infty}n(n+1)x^n$；　　(4) $\sum_{n=1}^{\infty}\frac{1}{n\cdot 2^n}x^{n-1}$.

第五节　函数的幂级数展开

在第四节中，我们讨论了幂级数的敛散性及其和函数的性质. 但在许多实际应用中，我们遇到的却是相反的问题：给定一个函数 $f(x)$，要考虑它在某个区间内是否能展开成幂级数，以及展开成的幂级数是否以 $f(x)$ 为和函数. 下面的讨论将解决这一问题.

一、麦克劳林公式

幂级数实际上可以视为多项式的延伸，因此在考虑函数 $f(x)$ 能否展开成幂级数时，可以从函数 $f(x)$ 与多项式的关系入手来解决这个问题. 为此，这里不加证明地给出如下的结论：

泰勒(Taylor) **公式**　如果函数 $f(x)$ 在点 $x=x_0$ 的某个邻域内，有直到 $n+1$ 阶的导数，则在这个邻域内有公式

$$f(x)=f(x_0)+f'(x_0)(x-x_0)+\frac{f''(x_0)}{2!}(x-x_0)^2+\cdots+\frac{f^{(n)}(x_0)}{n!}(x-x_0)^n+R_n(x),\tag{10-7}$$

其中

$$R_n(x)=\frac{f^{(n+1)}(\zeta)}{(n+1)!}(x-x_0)^{n+1}\quad(\zeta\text{ 在 }x_0\text{ 与 }x\text{ 之间}).$$

称 $R_n(x)$ 为**拉格朗日余项**，称式(10－7)为**泰勒公式**.

在式(10－7)中，如果令 $x_0=0$，则得到

$$f(x)=f(0)+f'(0)x+\frac{f''(0)}{2!}x^2+\cdots+\frac{f^{(n)}(0)}{n!}x^n+R_n(x),\tag{10-8}$$

其中

$$R_n(x)=\frac{f^{(n+1)}(\zeta)}{(n+1)!}x^{n+1}\quad(\zeta\text{ 在 }0\text{ 与 }x\text{ 之间}).$$

称式(10－8)为**麦克劳林**(Maclaurin) **公式**.

公式说明，任一函数 $f(x)$ 只要有直到 $n+1$ 阶导数，就可等于某个多项式与一个余项的和.

我们称幂级数

$$f(0)+f'(0)x+\frac{f''(0)}{2!}x^2+\cdots+\frac{f^{(n)}(0)}{n!}x^n+\cdots\tag{10-9}$$

为**麦克劳林级数**. 那么，它是否以 $f(x)$ 为和函数呢？若令麦克劳林级数(10－9)的前 $n+1$ 项的和为 $s_{n+1}(x)$，即

$$s_{n+1}(x)=f(0)+f'(0)x+\frac{f''(0)}{2!}x^2+\cdots+\frac{f^{(n)}(0)}{n!}x^n,$$

则幂级数(10-9)收敛于 $f(x)$ 的条件为

$$\lim_{n\to\infty} s_{n+1}(x) = f(x).$$

由式(10-8)，有

$$f(x) = s_{n+1}(x) + R_n(x).$$

所以，要使 $\lim\limits_{n\to\infty} s_{n+1}(x) = f(x)$，则必有 $\lim\limits_{n\to\infty} R_n(x) = 0$；反之亦然，即若 $\lim\limits_{n\to\infty} R_n(x) = 0$，则必有 $\lim\limits_{n\to\infty} s_{n+1}(x) = f(x)$. 这表示，麦克劳林级数(10-9)以 $f(x)$ 为和函数的充要条件是麦克劳林公式(10-8)中的余项 $R_n(x)$ 当 n 趋于无穷大时要以零为极限，即 $\lim\limits_{n\to\infty} R_n(x) = 0$.

这样，当 $\lim\limits_{n\to\infty} R_n(x) = 0$ 时，我们就得到了函数 $f(x)$ 在点 $x = 0$ 处的幂级数展开式

$$\begin{aligned} f(x) &= f(0) + \frac{f'(0)}{1!}x + \frac{f''(0)}{2!}x^2 + \cdots + \frac{f^{(n)}(0)}{n!}x^n + \cdots \\ &= \sum_{n=0}^{\infty} \frac{f^{(n)}(0)}{n!}x^n. \end{aligned} \tag{10-10}$$

以上函数的幂级数展开式是唯一的. 事实上，假设函数 $f(x)$ 可以表示为以下幂级数：

$$f(x) = \sum_{n=0}^{\infty} a_n x^n = a_0 + a_1 x + a_2 x^2 + \cdots + a_n x^n + \cdots,$$

则根据幂级数在收敛区间内可逐项求导的性质，再令 $x = 0$，可以得到

$$a_0 = f(0), \quad a_1 = f'(0), \quad a_2 = \frac{f''(0)}{2!}, \quad \cdots, \quad a_n = \frac{f^{(n)}(0)}{n!}, \quad \cdots.$$

综上所述，如果函数 $f(x)$ 在点 $x = 0$ 的某个邻域内有任意阶导数，且在此邻域内的麦克劳林公式(10-8)中的余项 $R_n(x)$ 以零为极限（当 $n \to \infty$ 时），那么函数 $f(x)$ 就可展开成形如式(10-10)的幂级数展开式.

此外，幂级数

$$f(x_0) + \frac{f'(x_0)}{1!}(x - x_0) + \frac{f''(x_0)}{2!}(x - x_0)^2 + \cdots + \frac{f^{(n)}(x_0)}{n!}(x - x_0)^n + \cdots$$

称为**泰勒级数**.

二、初等函数的幂级数展开

我们首先讨论函数的麦克劳林级数展开. 要把函数 $f(x)$ 展开成 x 的幂级数（麦克劳林级数），可按如下步骤进行（称为**直接展开法**）：

(1) 求出函数 $f(x)$ 的各阶导数 $f'(x), f''(x), \cdots, f^{(n)}(x), \cdots$，并求各阶导数在点 $x = 0$ 处的值. 若函数 $f(x)$ 在点 $x = 0$ 处的某阶导数不存在，则函数 $f(x)$ 不能展开成 x 的幂级数.

(2) 写出幂级数

$$f(0) + f'(0)x + \frac{f''(0)}{2!}x^2 + \cdots + \frac{f^{(n)}(0)}{n!}x^n + \cdots,$$

并求出它的收敛半径 R.

(3) 在收敛区间 $(-R, R)$ 内，考察余项 $R_n(x)$ 的极限

$$\lim_{n\to\infty} R_n(x) = \lim_{n\to\infty} \frac{f^{(n+1)}(\zeta)}{(n+1)!}x^{n+1} \quad (\zeta \text{ 在 } 0 \text{ 与 } x \text{ 之间})$$

是否为零. 若为零，则步骤(2)中的幂级数就是函数 $f(x)$ 在点 $x = 0$ 处的幂级数展开式；若不为

零,则函数 $f(x)$ 在点 $x=0$ 处不能展开成 x 的幂级数.

例 1

将函数 $f(x)=\mathrm{e}^x$ 展开成 x 的幂级数.

解 因为

$$f^{(n)}(x)=\mathrm{e}^x \quad (n=0,1,2,\cdots),$$

所以

$$f(0)=f'(0)=\cdots=f^{(n)}(0)=\cdots=1.$$

于是,得幂级数

$$1+x+\frac{x^2}{2!}+\cdots+\frac{x^n}{n!}+\cdots,$$

它的收敛半径 $R=+\infty$.

再考察余项 $R_n(x)$:

$$|R_n(x)|=\frac{\mathrm{e}^{\zeta}}{(n+1)!}|x|^{n+1}<\mathrm{e}^{|x|}\frac{|x|^{n+1}}{(n+1)!} \quad (\zeta\text{ 在 } 0 \text{ 与 } x \text{ 之间}).$$

因为 $\mathrm{e}^{|x|}$ 有限,而 $\frac{|x|^{n+1}}{(n+1)!}$ 是收敛的幂级数 $\sum_{n=0}^{\infty}\frac{|x|^{n+1}}{(n+1)!}$ 的通项,所以当 $n\to\infty$ 时,$\frac{|x|^{n+1}}{(n+1)!}\to 0$,因此有

$$\lim_{n\to\infty}R_n(x)=0.$$

于是,得到展开式

$$\mathrm{e}^x=1+x+\frac{x^2}{2!}+\cdots+\frac{x^n}{n!}+\cdots \quad (-\infty<x<+\infty).$$

例 2

将函数 $f(x)=\sin x$ 展开成 x 的幂级数.

解 因为

$$f^{(n)}(x)=\sin\left(x+\frac{n\pi}{2}\right) \quad (n=0,1,2,\cdots),$$

所以

$$f(0)=0,\quad f'(0)=1,\quad f''(0)=0,\quad f'''(0)=-1,\quad \cdots,$$
$$f^{(2n)}(0)=0,\quad f^{(2n+1)}(0)=(-1)^n,\quad \cdots.$$

于是,得幂级数

$$x-\frac{1}{3!}x^3+\frac{1}{5!}x^5-\cdots+(-1)^n\frac{1}{(2n+1)!}x^{2n+1}+\cdots,$$

它的收敛半径 $R=+\infty$.

考虑余项 $R_n(x)$(ζ 在 0 与 x 之间):

$$|R_n(x)|=\left|\frac{\sin\left(\zeta+\frac{n+1}{2}\pi\right)}{(n+1)!}x^{n+1}\right|\leqslant\frac{|x|^{n+1}}{(n+1)!}\to 0 \quad (n\to\infty).$$

所以,得到展开式

$$\sin x=x-\frac{1}{3!}x^3+\frac{1}{5!}x^5-\cdots+(-1)^n\frac{1}{(2n+1)!}x^{2n+1}+\cdots$$

$$= \sum_{n=0}^{\infty} (-1)^n \frac{1}{(2n+1)!} x^{2n+1} \quad (x \in (-\infty, +\infty)).$$

从例 1 和例 2 可以看出，这种运用麦克劳林公式将函数展开成幂级数的方法，虽然程序明确，但计算量较大，而且研究余项即使在初等函数中也不是一件容易的事. 下面介绍**间接展开法**，这个方法就是利用一些已知函数的展开式，通过幂级数的运算（如四则运算、逐项积分、逐项求导）及变量替换等，将所给函数展开成幂级数. 这样做不但计算简单，而且可以避免研究余项.

例 3

将函数 $f(x) = \cos x$ 展开成 x 的幂级数.

解 因为

$$(\sin x)' = \cos x,$$

所以

$$\cos x = (\sin x)' = \left[x - \frac{1}{3!}x^3 + \frac{1}{5!}x^5 - \cdots + (-1)^n \frac{1}{(2n+1)!}x^{2n+1} + \cdots\right]'$$

$$= 1 - \frac{1}{2!}x^2 + \frac{1}{4!}x^4 - \cdots + (-1)^n \frac{1}{(2n)!}x^{2n} + \cdots \quad (-\infty < x < +\infty).$$

例 4

将函数 $f(x) = \ln(1+x)$ 展开成 x 的幂级数.

解 易知

$$\ln(1+x) = \int_0^x \frac{1}{1+x} \mathrm{d}x,$$

而

$$\frac{1}{1+x} = \frac{1}{1-(-x)} = 1 - x + x^2 - \cdots + (-1)^n x^n + \cdots \quad (-1 < x < 1),$$

将上式两边同时积分，得

$$\ln(1+x) = x - \frac{1}{2}x^2 + \frac{1}{3}x^3 - \cdots + (-1)^n \frac{1}{n+1}x^{n+1} + \cdots$$

$$= \sum_{n=0}^{\infty} (-1)^n \frac{1}{n+1} x^{n+1} = \sum_{n=1}^{\infty} (-1)^{n-1} \frac{1}{n} x^n.$$

因为幂级数逐项积分后收敛半径 R 不变，所以上式右端的幂级数的收敛半径仍为 $R = 1$. 而当 $x = -1$ 时，该级数发散；当 $x = 1$ 时，该级数收敛，故上式右端的幂级数的收敛域为 $(-1, 1]$.

例 5

将函数 $f(x) = \arctan x$ 展开成 x 的幂级数.

解 易知

$$\arctan x = \int_0^x \frac{\mathrm{d}x}{1+x^2},$$

而

$$\frac{1}{1+x^2} = 1 - x^2 + x^4 - \cdots + (-1)^n x^{2n} + \cdots \quad (|x| < 1),$$

将上式两边同时积分，得

$$\arctan x = x - \frac{1}{3}x^3 + \frac{1}{5}x^5 - \cdots + (-1)^n \frac{1}{2n+1}x^{2n+1} + \cdots \quad (|x| \leqslant 1).$$

这里 x 可取 ± 1,是因为当 $x = \pm 1$ 时,上式右端的级数均收敛.

例 6

将函数 $f(x) = \mathrm{e}^{-\frac{x}{3}}$ 展开成 x 的幂级数.

解 已知

$$\mathrm{e}^t = 1 + t + \frac{t^2}{2!} + \cdots + \frac{t^n}{n!} + \cdots \quad (-\infty < t < +\infty),$$

令 $t = -\frac{x}{3}$,得

$$\begin{aligned}\mathrm{e}^{-\frac{x}{3}} &= \sum_{n=0}^{\infty} \frac{1}{n!}\left(-\frac{x}{3}\right)^n \\ &= 1 - \frac{x}{3} + \frac{1}{2!} \cdot \frac{x^2}{3^2} - \cdots + (-1)^n \frac{1}{n!} \cdot \frac{x^n}{3^n} + \cdots \quad (-\infty < x < +\infty).\end{aligned}$$

例 7

将函数 $f(x) = \frac{x}{x^2 - x - 2}$ 展开成 x 的幂级数.

解 因为

$$\begin{aligned}f(x) &= \frac{x}{x^2 - x - 2} = \frac{x}{(x-2)(x+1)} \\ &= \frac{1}{3}\left(\frac{1}{x+1} + \frac{2}{x-2}\right) = \frac{1}{3}\left(\frac{1}{1+x} - \frac{1}{1-\frac{x}{2}}\right),\end{aligned}$$

而

$$\frac{1}{1+x} = \sum_{n=0}^{\infty} (-1)^n x^n \quad (-1 < x < 1),$$

$$\frac{1}{1-\frac{x}{2}} = \sum_{n=0}^{\infty} \left(\frac{x}{2}\right)^n \quad (-2 < x < 2),$$

所以

$$f(x) = \frac{1}{3}\left[\sum_{n=0}^{\infty} (-1)^n x^n - \sum_{n=0}^{\infty} \frac{1}{2^n} x^n\right] = \frac{1}{3} \sum_{n=0}^{\infty} \left[(-1)^n - \frac{1}{2^n}\right] x^n \quad (-1 < x < 1).$$

例 8

将函数 $f(x) = \frac{1}{5-x}$ 展开成 $x-2$ 的幂级数.

解 因为

$$f(x) = \frac{1}{5-x} = \frac{1}{3-(x-2)} = \frac{1}{3} \cdot \frac{1}{1-\frac{x-2}{3}},$$

而

$$\frac{1}{1-\frac{x-2}{3}}=\sum_{n=0}^{\infty}\left(\frac{x-2}{3}\right)^n \quad \left(\left|\frac{x-2}{3}\right|<1\right),$$

所以

$$f(x)=\frac{1}{3}\sum_{n=0}^{\infty}\left(\frac{x-2}{3}\right)^n=\sum_{n=0}^{\infty}\frac{1}{3^{n+1}}(x-2)^n \quad (-1<x<5).$$

最后，我们将几个常用的函数的幂级数展开式列在下面，以便读者查用：

$$\frac{1}{1-x}=\sum_{n=0}^{\infty}x^n \quad (-1<x<1);$$

$$e^x=\sum_{n=0}^{\infty}\frac{1}{n!}x^n \quad (-\infty<x<+\infty);$$

$$\sin x=\sum_{n=0}^{\infty}(-1)^n\frac{1}{(2n+1)!}x^{2n+1} \quad (-\infty<x<+\infty);$$

$$\cos x=\sum_{n=0}^{\infty}(-1)^n\frac{1}{(2n)!}x^{2n} \quad (-\infty<x<+\infty);$$

$$\ln(1+x)=\sum_{n=0}^{\infty}(-1)^n\frac{1}{n+1}x^{n+1}=\sum_{n=1}^{\infty}(-1)^{n-1}\frac{1}{n}x^n \quad (-1<x\leqslant 1);$$

$$\arctan x=\sum_{n=0}^{\infty}(-1)^n\frac{1}{2n+1}x^{2n+1} \quad (-1\leqslant x\leqslant 1);$$

$$(1+x)^\alpha=1+\alpha x+\frac{\alpha(\alpha-1)}{2!}x^2+\cdots+\frac{\alpha(\alpha-1)\cdots(\alpha-n+1)}{n!}x^n+\cdots \quad (-1<x<1).$$

最后一个式子称为**二项式展开式**，其右端的幂级数在端点 $x=\pm1$ 处的敛散性与常数 α 有关. 例如，当 $\alpha>0$ 时，它的收敛域为 $[-1,1]$；当 $-1<\alpha<0$ 时，它的收敛域为 $(-1,1]$.

习 题 10.5

1. 将下列函数展开成 x 的幂级数，并确定展开式成立的区间：

(1) $\cos^2 x$；　(2) $\sin\frac{x}{2}$；　(3) xe^{-x^2}；

(4) $\frac{1}{3-x}$；　(5) $\frac{1}{\sqrt{1-x^2}}$；　(6) $\frac{x}{x^2-2x-3}$.

2. 将下列函数在指定点处展开成幂级数，并求其收敛域：

(1) $\frac{1}{4-x}$，在点 $x_0=2$ 处；　(2) $\ln x$，在点 $x_0=2$ 处；

(3) $\frac{1}{x^2+4x+3}$，在点 $x_0=1$ 处；　(4) $\cos x$，在点 $x_0=\frac{\pi}{3}$ 处.

第六节　幂级数的应用

函数的幂级数展开式的应用很广泛. 例如，可利用它对某些数值进行近似计算.

例 1

计算 e 的近似值.

解　因为

$$e^x = 1 + x + \frac{x^2}{2!} + \cdots + \frac{x^n}{n!} + \cdots \quad (-\infty < x < +\infty),$$

所以

$$e = 1 + 1 + \frac{1}{2!} + \frac{1}{3!} + \cdots + \frac{1}{n!} + \cdots.$$

取前 $n+1$ 项作为 e 的近似值，

$$e \approx 1 + 1 + \frac{1}{2!} + \frac{1}{3!} + \cdots + \frac{1}{n!}.$$

取 $n=7$，即取级数的前 8 项做近似计算，则

$$e \approx 1 + 1 + \frac{1}{2!} + \frac{1}{3!} + \frac{1}{4!} + \frac{1}{5!} + \frac{1}{6!} + \frac{1}{7!} \approx 2.718\,26.$$

例 2

计算 $\sqrt[5]{245}$ 的近似值.

解 因为

$$\sqrt[5]{245} = \sqrt[5]{3^5+2} = \sqrt[5]{3^5 \times \left(1+\frac{2}{3^5}\right)} = 3 \times \left(1+\frac{2}{3^5}\right)^{\frac{1}{5}},$$

所以在二项式展开式中，令 $\alpha = \frac{1}{5}, x = \frac{2}{3^5}$，即得

$$\begin{aligned}\sqrt[5]{245} &= 3 \times \left(1+\frac{2}{3^5}\right)^{\frac{1}{5}} \\ &= 3 \times \left[1 + \frac{1}{5} \times \frac{2}{3^5} + \frac{1}{5} \times \left(\frac{1}{5}-1\right) \times \frac{1}{2!} \times \left(\frac{2}{3^5}\right)^2 + \cdots\right] \\ &= 3 \times \left(1 + \frac{1}{5} \times \frac{2}{3^5} - \frac{1}{5} \times \frac{4}{5} \times \frac{1}{2!} \times \frac{4}{3^{10}} + \cdots\right).\end{aligned}$$

上式右端的级数收敛很快，若取前两项作为所求近似值，则有

$$\sqrt[5]{245} \approx 3 \times \left(1 + \frac{1}{5} \times \frac{2}{3^5}\right) \approx 3.004\,9.$$

利用函数的幂级数展开式，不仅可以计算一些数值的近似值，还可计算一些定积分的近似值. 具体地说，如果被积函数的原函数不能用初等函数表示，那么此定积分不能算出，但如果被积函数在积分区间上能展开成幂级数，则可以把此幂级数逐项积分，利用积分后的级数就可以算出此定积分的近似值.

例 3

计算 $I = \int_0^1 e^{-x^2} dx$ 的近似值，精确到 10^{-4}.

解 已知

$$e^{-x^2} = 1 - \frac{1}{1!}x^2 + \frac{1}{2!}x^4 - \frac{1}{3!}x^6 + \cdots \quad (-\infty < x < +\infty),$$

将上式在闭区间[0,1]上逐项积分，得

$$I = \int_0^1 e^{-x^2} dx = 1 - \frac{1}{3} + \frac{1}{10} - \frac{1}{42} + \frac{1}{216} - \frac{1}{1\,320} + \frac{1}{9\,360} - \frac{1}{75\,600} + \cdots.$$

这是交错级数，它的余项的绝对值小于余项中第一项的绝对值. 现由于 $\frac{1}{75\,600} < 1.5 \times 10^{-5}$，故取

上式右端级数的前 7 项即可，经计算可得

$$I \approx 0.7468.$$

例 4

计算 $I=\int_0^1 \frac{\sin x}{x}\mathrm{d}x$ 的近似值，精确到 10^{-4}.

解 由于 $\lim\limits_{x\to 0}\frac{\sin x}{x}=1$，因此所给积分不是广义积分. 如果定义被积函数在点 $x=0$ 处的值为 1，那么它在积分区间 $[0,1]$ 上连续.

展开被积函数，有

$$\frac{\sin x}{x}=1-\frac{x^2}{3!}+\frac{x^4}{5!}-\frac{x^6}{7!}+\cdots \quad (-\infty<x<+\infty),$$

将上式在闭区间 $[0,1]$ 上逐项积分，得

$$I=\int_0^1 \frac{\sin x}{x}\mathrm{d}x=1-\frac{1}{3\times 3!}+\frac{1}{5\times 5!}-\frac{1}{7\times 7!}+\cdots.$$

因为上式右端级数的第四项的绝对值

$$\frac{1}{7\times 7!}<\frac{1}{30\,000},$$

所以取前 3 项的和作为积分的近似值，即

$$I=\int_0^1 \frac{\sin x}{x}\mathrm{d}x\approx 1-\frac{1}{3\times 3!}+\frac{1}{5\times 5!}\approx 0.9461.$$

对于未定式求极限，用洛必达法则求解较复杂或不可用时，可用函数的幂级数展开来求解. 一般用泰勒公式展开到相互抵消后的后一项.

例 5

求下列极限：

(1) $\lim\limits_{x\to 0}\frac{\sin x-\tan x}{x^3}$；　　(2) $\lim\limits_{x\to 0}\frac{\sqrt{1+x}+\sqrt{1-x}-2}{x^2}$.

解 (1) 因为

$$\sin x=x-\frac{x^3}{3!}+\frac{x^5}{5!}+o(x^5),$$

$$\tan x=x+\frac{x^3}{3}+\frac{2}{15}x^5+o(x^5),$$

所以

$$\sin x-\tan x=-\frac{1}{2}x^3-\frac{1}{8}x^5+o(x^5),$$

于是有

$$\lim_{x\to 0}\frac{\sin x-\tan x}{x^3}=\lim_{x\to 0}\frac{x^3\left(-\frac{1}{2}-\frac{1}{8}x^2+o(x^2)\right)}{x^3}=-\frac{1}{2}.$$

(2) 因为

$$\sqrt{1+x}=1+\frac{1}{2}x+\frac{\frac{1}{2}\left(\frac{1}{2}-1\right)}{2}x^2+o(x^2),$$

$$\sqrt{1-x}=1-\frac{1}{2}x+\frac{\frac{1}{2}\left(\frac{1}{2}-1\right)}{2}x^2+o(x^2),$$

所以

$$\sqrt{1+x}+\sqrt{1-x}-2=-\frac{1}{4}x^2+o(x^2),$$

于是有

$$\lim_{x\to 0}\frac{\sqrt{1+x}+\sqrt{1-x}-2}{x^2}=\lim_{x\to 0}\frac{-\frac{1}{4}x^2+o(x^2)}{x^2}=-\frac{1}{4}.$$

此外,函数的幂级数展开式还可用于级数求和.

例 6

某著名演员与一影视公司签订一项合同,合同规定影视公司在第 n 年支付给该演员或其后代 n 万元($n=1,2,\cdots$).假定银行存款以5%的年复利的方式计息,该影视公司应在签约当天存入银行多少钱,才能保证满足合同规定的支付数目?

解 已知 $r=5\%$ 为银行的年复利率,影视公司第 n 年末需支付 n 万元($n=1,2,\cdots$),则影视公司应在银行存入的本金总数为

$$\frac{1}{1+r}+\frac{2}{(1+r)^2}+\cdots+\frac{n}{(1+r)^n}+\cdots=\sum_{n=1}^{\infty}n(1+r)^{-n}.$$

为求这一常数项级数的和,考虑如下的幂级数:

$$\sum_{n=1}^{\infty}nx^n=x+2x^2+3x^3+\cdots+nx^n+\cdots,$$

该幂级数的收敛域为$(-1,1)$.当 $r=0.05$ 时,$\frac{1}{1+r}\in(-1,1)$.因此,若求出幂级数 $\sum_{n=1}^{\infty}nx^n$ 的和函数 $s(x)$,则 $s\left(\frac{1}{1+r}\right)$ 即为所求的常数项级数的和.

令

$$s(x)=\sum_{n=1}^{\infty}nx^n=x\sum_{n=1}^{\infty}nx^{n-1}.$$

设 $g(x)=\sum_{n=1}^{\infty}nx^{n-1}$,则

$$\int_0^x g(x)\mathrm{d}x=\int_0^x\sum_{n=1}^{\infty}nx^{n-1}\mathrm{d}x=\sum_{n=1}^{\infty}\int_0^x nx^{n-1}\mathrm{d}x=\sum_{n=1}^{\infty}x^n=\frac{x}{1-x},$$

从而

$$g(x)=\left(\frac{x}{1-x}\right)'=\frac{1}{(1-x)^2},\quad s(x)=xg(x)=\frac{x}{(1-x)^2}.$$

因此,有

$$s\left(\frac{1}{1+r}\right)=\sum_{n=1}^{\infty}n(1+r)^{-n}=\frac{\frac{1}{1+r}}{\left(1-\frac{1}{1+r}\right)^2}=\frac{1+r}{r^2}.$$

将 $r=0.05$ 代入上式,即得所求本金为

$$s\left(\frac{1}{1+0.05}\right)=420(\text{万元}).$$

习题 10.6

1. 利用函数的幂级数展开式，计算下列数的近似值（取前 3 项的和）：

(1) $\sqrt{e}$；　(2) $\sqrt[5]{1.2}$；　(3) $\sin 18^\circ$；　(4) $\ln 3$.

2. 利用函数的幂级数展开式，计算下列定积分的近似值（取前 3 项的和）：

(1) $\int_{0.1}^{1} \frac{e^x}{x} dx$；　(2) $\int_0^{0.5} \frac{dx}{1+x^4}$；

(3) $\int_0^{0.5} e^{x^2} dx$；　(4) $\int_0^{0.5} \frac{\arctan x}{x} dx$.

3. 利用函数的幂级数展开式，求下列极限：

(1) $\lim\limits_{x\to 0} \frac{e^x-(1+x)}{x^2}$；　(2) $\lim\limits_{x\to 0} \frac{1-\cos x-\frac{x^2}{2}}{x^4}$；

(3) $\lim\limits_{x\to 0} \frac{e^{-\frac{1}{x^2}}-1}{x^2}$；　(4) $\lim\limits_{x\to 0} \frac{\arctan x-\sin x}{x^3\cos x}$.

综合习题十

1. 填空题：

(1) 若级数 $\sum\limits_{n=1}^{\infty} u_n$ 的部分和数列 $\{s_n\}$ 为 $\left\{\frac{2n}{n+1}\right\}$，则 $u_n=$______，$\sum\limits_{n=1}^{\infty} u_n=$______；

(2) 对于级数 $\sum\limits_{n=1}^{\infty} u_n$，$\lim\limits_{n\to\infty} u_n=0$ 是它收敛的______条件，不是它收敛的______条件；

(3) 部分和数列 $\{s_n\}$ 有界是正项级数 $\sum\limits_{n=1}^{\infty} u_n$ 收敛的______条件；

(4) 若级数 $\sum\limits_{n=1}^{\infty} \frac{(-1)^n+a}{n}$ 收敛，则 a 的取值为______；

(5) 设幂级数 $\sum\limits_{n=1}^{\infty} a_n x^n$ 的收敛区间为 $(-3,3)$，则幂级数 $\sum\limits_{n=0}^{\infty} na_n(x-1)^{n-1}$ 的收敛区间为______.

2. 选择题：

(1) 级数 $\sum\limits_{n=1}^{\infty} \frac{a}{q^n}$（$a$ 为常数）收敛的充分条件是（　　）；

(A) $|q|>1$　(B) $q=1$　(C) $|q|<1$　(D) $q<1$

(2) 若级数 $\sum\limits_{n=1}^{\infty} u_n$ 发散，则（　　）；

(A) $\lim\limits_{n\to\infty} u_n \neq 0$

(B) $\lim\limits_{n\to\infty} s_n=\infty$ $\left(s_n \text{ 为级数 } \sum\limits_{n=1}^{\infty} u_n \text{ 的部分和}\right)$

(C) $\sum\limits_{n=1}^{\infty} u_n$ 任意加括号后所成的级数必发散

(D) $\sum\limits_{n=1}^{\infty} u_n$ 任意加括号后所成的级数可能收敛

(3) 设级数 $\sum\limits_{n=1}^{\infty} u_n$ 收敛，则下述结论中不正确的是（　　）；

(A) $\sum\limits_{n=1}^{\infty} (u_{2n-1}+u_{2n})$ 收敛

(B) $\sum\limits_{n=1}^{\infty} ku_n$ 收敛（$k\neq 0$）

(C) $\sum\limits_{n=1}^{\infty} |u_n|$ 收敛

(D) $\lim\limits_{n\to\infty} u_n=0$

(4) 对于级数 $\sum\limits_{n=1}^{\infty} \left(\frac{na}{n+1}\right)^n$（$a>0$），下列结论中正确的是（　　）；

(A) $a>1$ 时，级数收敛　　(B) $a<1$ 时，级数发散

(C) $a=1$ 时，级数收敛　　(D) $a=1$ 时，级数发散

(5) 级数 $\sum\limits_{n=1}^{\infty}(-1)^n u_n(u_n>0)$ 收敛的充分条件是(　　)；

(A) $u_{n+1}\leqslant u_n(n=1,2,\cdots)$

(B) $\lim\limits_{n\to\infty}u_n=0$

(C) $u_{n+1}\leqslant u_n(n=1,2,\cdots)$，且 $\lim\limits_{n\to\infty}u_n=0$

(D) $\sum\limits_{n=1}^{\infty}(-1)^n(u_n-u_{n+1})$ 收敛

(6) 设 a 为常数，则级数 $\sum\limits_{n=1}^{\infty}\left(\dfrac{\sin na}{n^2}-\dfrac{1}{\sqrt{n}}\right)$(　　)；

(A) 绝对收敛　　(B) 条件收敛

(C) 发散　　(D) 敛散性取决于 a 的值

(7) 若级数 $\sum\limits_{n=1}^{\infty}(u_{2n-1}+u_{2n})$ 收敛，则(　　)；

(A) $\sum\limits_{n=1}^{\infty}u_n$ 必收敛　　(B) $\sum\limits_{n=1}^{\infty}u_n$ 未必收敛

(C) $\lim\limits_{n\to\infty}u_n=0$　　(D) $\sum\limits_{n=1}^{\infty}u_n$ 发散

(8) 设 $0\leqslant u_n<\dfrac{1}{n}(n=1,2,\cdots)$，则下列级数中必定收敛的是(　　)；

(A) $\sum\limits_{n=1}^{\infty}u_n$　　(B) $\sum\limits_{n=1}^{\infty}(-1)^n u_n$

(C) $\sum\limits_{n=1}^{\infty}\sqrt{u_n}$　　(D) $\sum\limits_{n=1}^{\infty}(-1)^n u_n^2$

(9) 设级数 $\sum\limits_{n=1}^{\infty}(-1)^{n-1}\dfrac{(x-a)^n}{n}$ 当 $x>0$ 时发散，而在点 $x=0$ 处收敛，则常数 $a=$(　　).

(A) 1　　(B) -1　　(C) 2　　(D) -2

3. 判定下列级数的敛散性：

(1) $\sum\limits_{n=1}^{\infty}\dfrac{1}{n\cdot\sqrt[n]{n}}$；　　(2) $\sum\limits_{n=1}^{\infty}\dfrac{(n!)^2}{2n^2}$；

(3) $\sum\limits_{n=1}^{\infty}\dfrac{n\cos^2\dfrac{n\pi}{3}}{2^n}$；　　(4) $\sum\limits_{n=2}^{\infty}\dfrac{1}{(\ln n)^{10}}$；

(5) $\sum\limits_{n=1}^{\infty}\dfrac{a^n}{n^s}\quad(a>0,s>0)$.

4. 讨论下列级数的绝对收敛性与条件收敛性：

(1) $\sum\limits_{n=1}^{\infty}(-1)^n\ln\dfrac{n+1}{n}$；　　(2) $\sum\limits_{n=1}^{\infty}(-1)^n\dfrac{(n+1)!}{n^{n+1}}$；

(3) $\sum\limits_{n=1}^{\infty}\dfrac{\sin(2^n x)}{n!}$；　　(4) $\sum\limits_{n=1}^{\infty}(-1)^n\dfrac{1}{\pi^n}\sin\dfrac{\pi}{n}$.

5. 求下列极限：

(1) $\lim\limits_{n\to\infty}\dfrac{1}{n}\sum\limits_{k=1}^{n}\dfrac{1}{3^k}\left(1+\dfrac{1}{k}\right)^{k^2}$；　　(2) $\lim\limits_{n\to\infty}\left[2^{\frac{1}{3}}\cdot 4^{\frac{1}{9}}\cdot 8^{\frac{1}{27}}\cdot\cdots\cdot(2^n)^{\frac{1}{3^n}}\right]$.

6. 已知函数 $f(x)$ 在点 $x=0$ 的某个邻域内有二阶连续导数，且 $\lim\limits_{x\to 0}\dfrac{f(x)}{x}=0$. 证明：级数 $\sum\limits_{n=1}^{\infty}f\left(\dfrac{1}{n}\right)$ 绝对收敛.

7. 求下列幂级数的收敛域：

(1) $\sum_{n=1}^{\infty} \frac{3^n + 5^n}{n} x^n$；　　(2) $\sum_{n=1}^{\infty} \left(1 + \frac{1}{n}\right)^{n^2} x^n$；

(3) $\sum_{n=1}^{\infty} \frac{(x+1)^2}{n^2}$；　　(4) $\sum_{n=1}^{\infty} \frac{(x-1)^{2n}}{n - 3^{2n}}$.

8. 求下列幂级数的和函数：

(1) $\sum_{n=0}^{\infty} (n+1)(n+2)x^n$；　　(2) $\sum_{n=1}^{\infty} \frac{x^n}{n(n+1)}$；

(3) $\sum_{n=0}^{\infty} (2n+1)x^n$；　　(4) $\sum_{n=1}^{\infty} n(x-1)^n$.

9. 求下列级数的和：

(1) $\sum_{n=1}^{\infty} \frac{n^2}{n!}$；　　(2) $\sum_{n=1}^{\infty} \frac{n^2}{5^n}$.

10. 将下列函数展开成 x 的幂级数：

(1) $\ln(x + \sqrt{x^2 + 1})$；　　(2) $\frac{1}{(2-x)^2}$；

(3) $\int_0^x \cos t^2 \, \mathrm{d}t$.

11. 设函数 $f(x) = \begin{cases} \frac{1+x^2}{x} \arctan x, & x \neq 0, \\ 1, & x = 0. \end{cases}$ 试将 $f(x)$ 展开成 x 的幂级数，并求级数 $\sum_{n=1}^{\infty} \frac{(-1)^n}{1-4n^2}$ 的和.

12. 设函数 $f(x) = \sum_{n=0}^{\infty} a_n x^n \ (x \in (-R, R))$，证明：

(1) 若 $f(x)$ 为奇函数，则级数 $\sum_{n=0}^{\infty} a_n x^n$ 中仅出现奇数次幂的项；

(2) 若 $f(x)$ 为偶函数，则级数 $\sum_{n=0}^{\infty} a_n x^n$ 中仅出现偶数次幂的项.

第十一章

常微分方程

在用数学方法解决科学技术和经济管理等领域中的问题时，往往需要找出与问题有关的各个变量之间的函数关系. 但在很多情况下，只能得到含有未知函数及其导数(或微分)的方程，这种方程就是微分方程. 微分方程建立以后，对它进行研究，求出未知函数，这一过程就叫作解微分方程. 本章首先介绍微分方程的一些基本概念，然后讨论几种常见的微分方程的解法，最后举例介绍微分方程的一些简单应用.

第一节　常微分方程的基本概念

我们首先举两个简单例子，然后介绍微分方程的一些基本概念.

例 1

已知平面上的一条曲线经过点(1,2)，且曲线上任一点(x,y)处的切线斜率为$2x$，求这条曲线方程.

解　设所求曲线方程为$y=f(x)$，则由导数的几何意义可知，未知函数$y=f(x)$应满足关系式

$$\frac{\mathrm{d}y}{\mathrm{d}x}=2x \quad \text{或} \quad \mathrm{d}y=2x\mathrm{d}x. \tag{11-1}$$

另外，未知函数$y=f(x)$还应满足下列条件：

$$y|_{x=1}=2 \quad \text{或} \quad f(1)=2. \tag{11-2}$$

对方程(11-1)两边积分，得

$$y=x^2+C, \tag{11-3}$$

其中C为待定常数.

将式(11-2)代入式(11-3)，得$C=1$，故所求曲线方程为

$$y=x^2+1. \tag{11-4}$$

例 2

设一质量为m的物体仅受重力的作用在空中某处从静止开始下落，试确定物体下落的距离与时间的函数关系.

解　取x轴的正向垂直向下，物体下落的起点为坐标原点. 设下落过程中任一t时刻物体下

落的距离为 x，则由牛顿第二定律可得

$$m\frac{d^2x}{dt^2}=mg,\quad 即\quad \frac{d^2x}{dt^2}=g, \tag{11-5}$$

其中 g 表示重力加速度.

此外，未知函数 $x=x(t)$ 还满足条件：当 $t=0$ 时，$x=0,v=\frac{dx}{dt}=0$，或写成

$$x\big|_{t=0}=0,\quad v\big|_{t=0}=\frac{dx}{dt}\bigg|_{t=0}=0. \tag{11-6}$$

对方程(11-5)两边积分，得

$$v=\frac{dx}{dt}=gt+C_1, \tag{11-7}$$

再对式(11-7)积分一次，得

$$x=\frac{1}{2}gt^2+C_1t+C_2, \tag{11-8}$$

其中 C_1,C_2 为待定常数.

将条件 $v\big|_{t=0}=0$ 代入式(11-7)，得

$$C_1=0.$$

再将条件 $x\big|_{t=0}=0$ 代入式(11-8)，得

$$C_2=0.$$

于是，得到物体下落的距离 x 与时间 t 的函数关系为

$$x=\frac{1}{2}gt^2. \tag{11-9}$$

定义 1　含有未知函数的导数或微分的方程，称为**微分方程**.

在微分方程中，如果未知函数是一元函数，则称之为**常微分方程**；如果未知函数是多元函数，则称之为**偏微分方程**. 例如，上面的方程(11-1)和方程(11-5)都是常微分方程，而微分方程

$$x\frac{\partial z}{\partial x}+y\frac{\partial z}{\partial y}=1\quad 和\quad \left(\frac{\partial u}{\partial x}\right)^2+\left(\frac{\partial u}{\partial y}\right)^2+\left(\frac{\partial u}{\partial z}\right)^2=0$$

都是偏微分方程.

本章只研究常微分方程，若无特别说明，本章后面提到的微分方程或方程均指常微分方程.

定义 2　微分方程中未知函数的最高阶导数的阶数，叫作微分方程的**阶**.

例如，方程(11-1)是一阶微分方程，方程(11-5)是二阶微分方程.

n 阶微分方程的一般形式为

$$F(x,y,y',y'',\cdots,y^{(n)})=0, \tag{11-10}$$

其中 x 是自变量，y 是未知函数，F 是一个已知函数，且 $y^{(n)}$ 必须出现.

如果能从方程(11-10)中解出最高阶导数，则可得微分方程

$$y^{(n)}=f(x,y,y',y'',\cdots,y^{(n-1)}). \tag{11-11}$$

以后我们讨论的微分方程都是已解出或能解出最高阶导数的微分方程.

定义 3　若函数 $y=\varphi(x)$ 代入方程(11-10)后，方程(11-10)两边恒等，则称函数 $y=\varphi(x)$ 为方程(11-10)的**解**，也可以称函数 $y=\varphi(x)$ 为方程(11-10)的**显式解**. 若由关系式 $\psi(x,y)=0$ 所确定的隐函数 $y=\varphi(x)$ 是方程(11-10)的解，则称 $\psi(x,y)=0$ 为方程(11-10)

的**隐式解**.

例如,函数(11-3)和函数(11-4)都是方程(11-1)的解;函数(11-8)和函数(11-9)都是方程(11-5)的解.又如,对于一阶微分方程

$$\frac{dy}{dx}=-\frac{x}{y}, \tag{11-12}$$

容易验证,由等式

$$x^2+y^2=C \quad (C\text{为正常数}) \tag{11-13}$$

所确定的隐函数 $y=\varphi(x)$ 满足方程(11-12),故式(11-13)为方程(11-12)的隐式解.为了简便起见,以后我们不把微分方程的显式解和隐式解加以区别,而是把它们统称为微分方程的解.

定义 4 如果 n 阶微分方程(11-10)的解中含有 n 个相互独立的任意常数,则称这样的解为方程(11-10)的**通解**;如果 n 阶微分方程(11-10)的解中不包含任意常数,则称这样的解为方程(11-10)的**特解**.

这里所说的任意常数是相互独立的,是指它们不能合并而使得任意常数的个数减少.

例如,函数(11-3)是一阶微分方程(11-1)的解,它含有一个任意常数,所以函数(11-3)是方程(11-1)的通解;函数(11-4)是一阶微分方程(11-1)的解,它不包含任意常数,所以函数(11-4)是方程(11-1)的特解.同理,函数(11-8)是二阶微分方程(11-5)的通解,而函数(11-9)是二阶微分方程(11-5)的特解.

显然,当微分方程的通解中的任意常数一旦确定之后,通解也就变成了特解.为了确定通解中的任意常数得到特解,需要给出确定这些常数的条件,这样的条件称为**定解条件**.通常用来确定 n 阶微分方程(11-10)的通解中的任意常数的定解条件是如下 n 个条件:

$$y(x_0)=y_0,\quad y'(x_0)=y_0',\quad \cdots,\quad y^{(n-1)}(x_0)=y_0^{(n-1)}, \tag{11-14}$$

或写成

$$y\big|_{x=x_0}=y_0,\quad y'\big|_{x=x_0}=y_0',\quad \cdots,\quad y^{(n-1)}\big|_{x=x_0}=y_0^{(n-1)}, \tag{11-15}$$

其中 $x_0,y_0,y_0',\cdots,y_0^{(n-1)}$ 都是给定的值.上述这种定解条件称为**初值条件**.求方程(11-10)满足初值条件(11-14)的特解这样一个问题,叫作 n 阶微分方程的**初值问题**,常记为

$$\begin{cases}F(x,y,y',\cdots,y^{(n)})=0,\\ y(x_0)=y_0,y'(x_0)=y_0',\cdots,y^{(n-1)}(x_0)=y_0^{(n-1)}.\end{cases}$$

例如,函数(11-4)就是方程(11-1)满足初值条件(11-2)的特解;函数(11-9)就是方程(11-5)满足初值条件(11-6)的特解.

一阶微分方程

$$\frac{dy}{dx}=f(x) \tag{11-16}$$

的一个解 $y=\varphi(x)$ 的图形为一条平面曲线,我们称它为方程(11-16)的一条**积分曲线**.而方程(11-16)的通解 $y=\varphi(x,C)$ 对应于一族平面曲线,我们称这族曲线为方程(11-16)的**积分曲线族**.方程(11-16)满足初值条件 $y(x_0)=y_0$ 的特解就是方程(11-16)的通过点(x_0,y_0)的一条积分曲线.

例如,方程(11-1)的通解(11-3)对应于一族抛物线,这族抛物线就是方程(11-1)的积分曲线族,而方程(11-1)满足初值条件(11-2)的特解(11-4)就是方程(11-1)的积分曲线族中过点(1,2)的那一条积分曲线.

例 3

验证：函数 $y=\cos 3x$ 是微分方程 $y''+9y=0$ 的解.

证 由于

$$y'=-3\sin 3x,\quad y''=-9\cos 3x,$$

于是

$$y''+9y=-9\cos 3x+9\cos 3x=0.$$

因此，函数 $y=\cos 3x$ 是微分方程 $y''+9y=0$ 的解.

例 4

设一微分方程的通解为 $y=Ce^x+x^2$（C 为任意常数），求此微分方程.

解 函数 $y=Ce^x+x^2$ 对 x 求导，得

$$\frac{\mathrm{d}y}{\mathrm{d}x}=Ce^x+2x.$$

而由 $y=Ce^x+x^2$ 可得

$$Ce^x=y-x^2,$$

因此

$$\frac{\mathrm{d}y}{\mathrm{d}x}=y-x^2+2x.$$

这就是所求的微分方程.

习题 11.1

1. 试说出下列微分方程的阶数：

(1) $\frac{\mathrm{d}y}{\mathrm{d}x}=x^2+y^2$； (2) $(x^2-1)\mathrm{d}y+(2xy-\cos x)\mathrm{d}x=0$；

(3) $y=(y'')^2-xy'+\frac{x^2}{2}$； (4) $\frac{\mathrm{d}^3y}{\mathrm{d}x^3}-2x\left(\frac{\mathrm{d}^2y}{\mathrm{d}x^2}\right)^3+x^2=0$.

2. 指出下列小题中的函数是否为所给微分方程的解：

(1) $y=\frac{\sin x}{x}$，$xy'+y=\cos x$；

(2) $y=C_1\cos x+C_2\sin x$（C_1,C_2 为任意常数），$y''+y=0$；

(3) $y=x^2e^x$，$y''-2y'+y=0$；

(4) $y=e^x\left(\int_0^x e^{t^2}\mathrm{d}t+C\right)$（$C$ 为任意常数），$y'-y=e^{x+x^2}$.

3. 给定一阶微分方程 $\frac{\mathrm{d}y}{\mathrm{d}x}=2x$，求：

(1) 它的通解；

(2) 满足初值条件 $y|_{x=1}=4$ 的特解；

(3) 它的与直线 $y=2x+3$ 相切的积分曲线.

4. 已知曲线上任一点 (x,y) 处的切线在 y 轴上的截距等于切点横坐标的平方，求该曲线所满足的微分方程.

5. 设微分方程的通解为 $y=\sin(x+C)$（C 为任意常数），求此微分方程.

第二节　可分离变量的微分方程与齐次微分方程

本节和第三节将介绍几种特殊类型的一阶微分方程的求解方法，这些方法是把微分方程的求解问题化成初等函数的积分问题，因此称为**初等积分法**.

一、可分离变量的微分方程

形如

$$\frac{dy}{dx}=f(x)g(y) \tag{11-17}$$

或

$$M_1(x)M_2(y)dx=N_1(x)N_2(y)dy \tag{11-18}$$

的一阶微分方程称为**可分离变量的微分方程**，其中 $f(x),g(y),M_1(x),M_2(y),N_1(x),N_2(y)$ 均为已知连续函数.

现在说明求解方程(11-17)的分离变量法.

若 $g(y)\neq 0$，则可将方程(11-17)分离变量得

$$\frac{dy}{g(y)}=f(x)dx, \tag{11-19}$$

然后对式(11-19)左右两边分别关于 y 和 x 积分，即可得方程(11-17)的通解为

$$\int\frac{dy}{g(y)}=\int f(x)dx+C. \tag{11-20}$$

注意，这里我们把积分常数 C 明确写出来，而把 $\int\frac{dy}{g(y)}$ 理解为 $\frac{1}{g(y)}$ 的一个原函数，把 $\int f(x)dx$ 理解为 $f(x)$ 的一个原函数 $\left(\text{以后在微分方程的通解中出现}\int f(x)dx\text{ 时总是这样理解}\right)$. 这就是说，若 $G(y),F(x)$ 分别为 $\frac{1}{g(y)}$ 和 $f(x)$ 的一个原函数，则方程(11-17)的通解即为

$$G(y)=F(x)+C\quad(C\text{ 为任意常数}). \tag{11-21}$$

另外，若存在实数 y_0，使得 $g(y_0)=0$，则常值函数 $y=y_0$ 也是方程(11-17)的解.

与求解方程(11-17)类似，方程(11-18)也可用分离变量法求解.

例 1

求解微分方程 $\frac{dy}{dx}=-\frac{x}{y}$.

解　分离变量得

$$ydy=-xdx,$$

两边积分得

$$\frac{1}{2}y^2=-\frac{1}{2}x^2+C_1,$$

因而通解为

$$x^2+y^2=C,$$

其中 $C=2C_1$ 为任意正常数. 也可以解出 y，写出显函数形式的解

$$y=\pm\sqrt{C-x^2}.$$

例 2

求解微分方程 $\dfrac{dy}{dx}=\dfrac{1}{2}(1-y^2)$.

解 当 $y\neq\pm1$ 时，分离变量得

$$\frac{dy}{1-y^2}=\frac{dx}{2},$$

两边积分得

$$\frac{1}{2}\ln\left|\frac{1+y}{1-y}\right|=\frac{1}{2}x+C_1,$$

由此得

$$y=\frac{Ce^x-1}{Ce^x+1}, \tag{11-22}$$

这里 $C=\pm e^{2C_1}$ 为任意非零常数. 显然，$y=\pm1$ 也是原微分方程的解. 实际上，解 $y=-1$ 就是式(11－22)中 $C=0$ 的情形，因此原微分方程的通解为

$$y=\frac{Ce^x-1}{Ce^x+1}\quad (C\text{ 为任意常数}).$$

此时解 $y=1$ 不包含在通解中.

例 3

求微分方程 $dy=(1-x+y^2-xy^2)dx$ 满足初值条件 $y(0)=1$ 的特解.

解 先求微分方程的通解. 为此，分离变量得

$$\frac{dy}{1+y^2}=(1-x)dx,$$

两边积分得通解为

$$\arctan y=x-\frac{1}{2}x^2+C\quad (C\text{ 为任意常数}).$$

将初值条件 $y(0)=1$ 代入通解中，得

$$C=\frac{\pi}{4}.$$

因此，所求特解为

$$\arctan y=x-\frac{1}{2}x^2+\frac{\pi}{4}\quad \text{或}\quad y=\tan\left(x-\frac{1}{2}x^2+\frac{\pi}{4}\right).$$

例 4

求微分方程

$$\frac{dy}{dx}+p(x)y=0$$

的通解，其中 $p(x)$ 是 x 的已知连续函数.

解 当 $y\neq0$ 时，分离变量得

$$\frac{dy}{y}=-p(x)dx,$$

两边积分得

$$\ln|y|=-\int p(x)\mathrm{d}x+C_1 \quad (C_1 \text{ 为任意常数}).$$

由此推出

$$y=C\mathrm{e}^{-\int p(x)\mathrm{d}x}, \tag{11-23}$$

这里 $C=\pm \mathrm{e}^{C_1}$ 为任意非零常数. 显然，$y=0$ 也是原微分方程的解，且它就是式(11-23)中 $C=0$ 的情形，那么 $y=0$ 就包括在式(11-23)中. 因此，原微分方程的通解为式(11-23)，其中 C 为任意常数.

二、齐次微分方程

形如

$$\frac{\mathrm{d}y}{\mathrm{d}x}=g\left(\frac{y}{x}\right) \tag{11-24}$$

的一阶微分方程，称为**齐次微分方程**，这里 $g(u)$ 是 u 的已知连续函数.

对于齐次微分方程(11-24)，可通过变量代换将其化为可分离变量的微分方程进行求解.

令

$$u=\frac{y}{x} \quad 或 \quad y=xu,$$

这里 u 是新的未知函数. 由于

$$\frac{\mathrm{d}y}{\mathrm{d}x}=x\frac{\mathrm{d}u}{\mathrm{d}x}+u,$$

因此方程(11-24)化为

$$x\frac{\mathrm{d}u}{\mathrm{d}x}+u=g(u), \quad 即 \quad \frac{\mathrm{d}u}{\mathrm{d}x}=\frac{g(u)-u}{x}. \tag{11-25}$$

这是一个可分离变量的微分方程. 用分离变量法求出方程(11-25)的解后，再用 $u=\dfrac{y}{x}$ 换回原变量，就得到原方程(11-24)的解.

例 5

求解微分方程

$$\frac{\mathrm{d}y}{\mathrm{d}x}=\frac{x+y}{x-y}.$$

解 将微分方程改写成

$$\frac{\mathrm{d}y}{\mathrm{d}x}=\frac{1+\dfrac{y}{x}}{1-\dfrac{y}{x}},$$

这是齐次微分方程. 令 $u=\dfrac{y}{x}$，得 $\dfrac{\mathrm{d}y}{\mathrm{d}x}=u+x\dfrac{\mathrm{d}u}{\mathrm{d}x}$，原微分方程化为

$$u+x\frac{\mathrm{d}u}{\mathrm{d}x}=\frac{1+u}{1-u}, \quad 即 \quad x\frac{\mathrm{d}u}{\mathrm{d}x}=\frac{1+u^2}{1-u}.$$

分离变量得

$$\frac{(1-u)}{1+u^2}\mathrm{d}u=\frac{\mathrm{d}x}{x},$$

两边积分得

$$\arctan u-\ln\sqrt{1+u^2}=\ln|x|+C_1\quad(C_1\text{ 为任意常数}),$$

从而

$$|x|\sqrt{1+u^2}=Ce^{\arctan u},$$

其中 $C=e^{-C_1}$ 为任意正常数. 以 $u=\frac{y}{x}$ 代入上式，即得原微分方程的通解为

$$\sqrt{x^2+y^2}=Ce^{\arctan\frac{y}{x}},$$

其中 C 为任意正常数.

例 6

求解微分方程

$$x^2\frac{dy}{dx}-3xy-2y^2=0.$$

解 将微分方程改写为

$$\frac{dy}{dx}=3\frac{y}{x}+2\left(\frac{y}{x}\right)^2,$$

这是齐次微分方程. 令 $\frac{y}{x}=u$，得 $\frac{dy}{dx}=x\frac{du}{dx}+u$，原微分方程化为

$$x\frac{du}{dx}=2u(1+u).\qquad(11-26)$$

当 $u(1+u)\neq 0$ 时，分离变量得

$$\frac{du}{u(1+u)}=\frac{2}{x}dx,$$

两边积分得

$$\ln\left|\frac{u}{u+1}\right|=\ln x^2+C_1\quad(C_1\text{ 为任意常数}).$$

整理后得

$$\frac{u}{u+1}=Cx^2,$$

其中 $C=\pm e^{C_1}$ 为任意非零常数. 此外，$u=0$ 和 $u=-1$ 也是方程(11－26)的解.

将 u 换成 $\frac{y}{x}$ 并化简，得原微分方程的通解为

$$y=Cx^2(x+y),$$

其中 C 是任意常数. 另外，$y=-x$ 也是原微分方程的解，但不包括在通解中.

习题 11.2

1. 求解下列可分离变量的微分方程：

(1) $y'=1+x+y^2+xy^2$；

(2) $xy'-y\ln y=0$；

(3) $dy-8^{x+y}dx=0$；

(4) $\frac{dy}{dx}=(\cos x\cos 2y)^2$；

(5) $\frac{dy}{dx}=\frac{\sqrt{1-y^2}}{\sqrt{1-x^2}}$.

2. 求解下列齐次微分方程：

(1) $y'=\frac{x}{y}+\frac{y}{x}$；

(2) $\frac{dy}{dx}=\frac{2x+3y}{3x+2y}$；

(3) $x\frac{dy}{dx}=y\ln\frac{y}{x}$；　　(4) $\left(1+e^{\frac{x}{y}}\right)dx+e^{\frac{x}{y}}\left(1-\frac{x}{y}\right)dy=0$.

3. 求下列微分方程满足所给初值条件的特解：

(1) $y'=e^{2x-y}$，$y|_{x=0}=0$；

(2) $\sin 2x dx+\cos 3y dy=0$，$y\left(\frac{\pi}{2}\right)=\frac{\pi}{3}$；

(3) $x^2y'+xy=y^2$，$y(1)=1$；

(4) $(y^2-3x^2)dy+2xy dx=0$，$y|_{x=0}=1$.

4. 设函数 $f(x)$ 具有连续导数，且满足方程

$$f(x)=\int_0^x e^{-f(t)}dt,$$

求 $f(x)$.

5. 已知一条曲线过点(1,2)，其上任一点 $P(x,y)$ 处的法线与 x 轴的交点为 Q，且线段 PQ 被 y 轴平分，求这条曲线的方程.

第三节　一阶线性微分方程

形如

$$y'+p(x)y=q(x) \tag{11-27}$$

的一阶微分方程，称为**一阶线性微分方程**，其中 $p(x)$，$q(x)$ 均为 x 的已知连续函数，$q(x)$ 称为**自由项**.

当 $q(x)\equiv 0$ 时，方程(11-27)成为

$$y'+p(x)y=0, \tag{11-28}$$

该方程称为**一阶齐次线性微分方程**. 而当 $q(x)\not\equiv 0$ 时，方程(11-27)称为**一阶非齐次线性微分方程**，方程(11-28)也叫作**对应于非齐次线性微分方程**(11-27)**的齐次线性微分方程**. 注意，这里的齐次与第二节所讨论的齐次微分方程的齐次是不同的.

注意到方程(11-28)是可分离变量的微分方程，我们已在第一节例4中求得它的通解为

$$y=Ce^{-\int p(x)dx}\quad (C\text{ 为任意常数}). \tag{11-29}$$

为了求得一阶非齐次线性微分方程(11-27)的通解，首先把方程(11-28)的通解表达式(11-29)中的常数 C 换成 x 的待定函数 $C(x)$，并假设

$$y=C(x)e^{-\int p(x)dx} \tag{11-30}$$

是方程(11-27)的解. 然后把式(11-30)代入方程(11-27)，得

$$\left(C(x)e^{-\int p(x)dx}\right)'+p(x)C(x)e^{-\int p(x)dx}=q(x),$$

化简得

$$C'(x)e^{-\int p(x)dx}=q(x),$$

即

$$C'(x)=q(x)e^{\int p(x)dx}.$$

上式两边积分得

$$C(x)=\int q(x)e^{\int p(x)dx}dx+C, \tag{11-31}$$

其中 C 是任意常数. 最后将式(11-31)代入式(11-30),即可得到一阶非齐次线性微分方程(11-27)的通解为

$$y = \mathrm{e}^{-\int p(x)\mathrm{d}x}\left(\int q(x)\mathrm{e}^{\int p(x)\mathrm{d}x}\mathrm{d}x + C\right). \tag{11-32}$$

这种将常数变易为待定函数的方法,称为**常数变易法**. 这是解线性微分方程常用的方法.

将式(11-32)改写成两项之和,即

$$y = C\mathrm{e}^{-\int p(x)\mathrm{d}x} + \mathrm{e}^{-\int p(x)\mathrm{d}x}\int q(x)\mathrm{e}^{\int p(x)\mathrm{d}x}\mathrm{d}x.$$

不难发现,上式右端第一项是对应于非齐次线性微分方程(11-27)的齐次线性微分方程(11-28)的通解,第二项是非齐次线性微分方程(11-27)的一个特解(在方程(11-27)的通解(11-32)中取 $C=0$ 便得到这个特解). 由此可知,一阶非齐次线性微分方程的通解等于它对应的齐次线性微分方程的通解与它本身的一个特解之和.

例 1

求微分方程 $x^2y' + xy = 1$ 的通解.

解 将微分方程改写为

$$y' + \frac{1}{x}y = \frac{1}{x^2}, \tag{11-33}$$

这是一阶非齐次线性微分方程,它对应的齐次线性微分方程的通解为

$$y = \frac{C}{x}.$$

再利用常数变易法,即设方程(11-33)的解为

$$y = \frac{C(x)}{x},$$

代入方程(11-33)得

$$\frac{C'(x)}{x} - \frac{C(x)}{x^2} + \frac{C(x)}{x^2} = \frac{1}{x^2}, \quad 即 \quad C'(x) = \frac{1}{x},$$

两边积分得

$$C(x) = \ln|x| + C.$$

因此,原微分方程的通解为

$$y = \frac{1}{x}(\ln|x| + C) \quad (C 为任意常数).$$

求解一阶线性微分方程时,可直接利用通解公式(11-32),但要注意的是,必须先将微分方程化成方程(11-27)的形式. 例如,本题可以对方程(11-33)直接用通解公式(11-32)得到其通解.

例 2

求微分方程 $(1+y^2)\mathrm{d}x + (x - \arctan y)\mathrm{d}y = 0$ 的通解.

解 如果将微分方程改写为

$$\frac{\mathrm{d}y}{\mathrm{d}x} + \frac{1+y^2}{x - \arctan y} = 0,$$

那么它显然不是线性微分方程.

如果将微分方程改写为

$$\frac{\mathrm{d}x}{\mathrm{d}y} + \frac{1}{1+y^2}x = \frac{\arctan y}{1+y^2},$$

即把 x 看作 y 的函数，那么它是形如

$$\frac{dx}{dy}+p(y)x=q(y)$$

的一阶线性微分方程. 于是，原微分方程的通解为

$$x=e^{-\int p(y)dy}\left(\int q(y)e^{\int p(y)dy}dy+C\right)=e^{-\int\frac{1}{1+y^2}dy}\left(\int\frac{\arctan y}{1+y^2}e^{\int\frac{1}{1+y^2}dy}dy+C\right)$$

$$=e^{-\arctan y}\left(\int\frac{\arctan y}{1+y^2}e^{\arctan y}dy+C\right)=e^{-\arctan y}\left(e^{\arctan y}\arctan y-e^{\arctan y}+C\right)$$

$$=Ce^{-\arctan y}+\arctan y-1\quad(C\text{ 为任意常数}).$$

例 3

已知连续函数 $f(x)$ 满足条件

$$f(x)=\int_0^{3x}f\left(\frac{t}{3}\right)dt+e^{2x},$$

求 $f(x)$.

解 对 $f(x)$ 求导，得一阶非齐次线性微分方程

$$f'(x)=3f(x)+2e^{2x},\quad 即\quad f'(x)-3f(x)=2e^{2x}.$$

运用通解公式(11-32)，得通解为

$$f(x)=e^{-\int p(x)dx}\left(\int q(x)e^{\int p(x)dx}dx+C\right)=e^{3x}\left(\int 2e^{2x}e^{-3x}dx+C\right)$$

$$=e^{3x}\left(-2e^{-x}+C\right)=Ce^{3x}-2e^{2x}.$$

显然 $f(0)=1$，代入通解中，得 $C=3$. 于是，所求连续函数为

$$f(x)=3e^{3x}-2e^{2x}.$$

我们前面已经知道，对于齐次微分方程

$$\frac{dy}{dx}=g\left(\frac{y}{x}\right),$$

通过变量代换 $y=xu$，就将它化成了可分离变量的微分方程. 实际上，通过适当的变量代换把一个微分方程化成可分离变量的微分方程或一阶线性微分方程是解微分方程的一种常用方法. 下面介绍通过变量代换可化成一阶线性微分方程的一类方程的求解方法.

形如

$$\frac{dy}{dx}+p(x)y=q(x)y^{\alpha}\tag{11-34}$$

的一阶微分方程，称为**伯努利**(Bernoulli)**方程**，其中 $p(x)$，$q(x)$ 是已知连续函数，α 为常数，且 $\alpha\neq 0,1$.

显然，方程(11-34)不是一阶线性微分方程，但通过变量代换可把它化为一阶线性微分方程. 事实上，当 $y\neq 0$ 时，用 $y^{-\alpha}$ 乘以方程(11-34)两边，得到

$$y^{-\alpha}\frac{dy}{dx}+p(x)y^{1-\alpha}=q(x).\tag{11-35}$$

引入变量代换

$$z=y^{1-\alpha},\tag{11-36}$$

则

$$\frac{\mathrm{d}z}{\mathrm{d}x}=(1-\alpha)y^{-\alpha}\frac{\mathrm{d}y}{\mathrm{d}x}. \tag{11-37}$$

再将式(11－36)和式(11－37)代入方程(11－35)，即得

$$\frac{\mathrm{d}z}{\mathrm{d}x}+(1-\alpha)p(x)z=(1-\alpha)q(x). \tag{11-38}$$

这是一阶线性微分方程，可按前面介绍的方法求得它的通解. 另外，当 $\alpha>0$ 时，方程(11－34)还有解 $y=0$.

例 4

求解微分方程

$$\frac{\mathrm{d}y}{\mathrm{d}x}-\frac{4y}{x}=x\sqrt{y}.$$

解 这是伯努利方程，此处 $\alpha=\frac{1}{2}$. 当 $y\neq 0$ 时，把微分方程改写成

$$\frac{1}{2\sqrt{y}}\cdot\frac{\mathrm{d}y}{\mathrm{d}x}-\frac{2}{x}\sqrt{y}=\frac{x}{2}. \tag{11-39}$$

令 $z=\sqrt{y}$，则 $\frac{\mathrm{d}z}{\mathrm{d}x}=\frac{1}{2\sqrt{y}}\cdot\frac{\mathrm{d}y}{\mathrm{d}x}$，代入方程(11－39)，得

$$\frac{\mathrm{d}z}{\mathrm{d}x}-\frac{2}{x}z=\frac{x}{2}.$$

这是一阶非齐次线性微分方程，其通解为

$$z=\mathrm{e}^{\int\frac{2}{x}\mathrm{d}x}\left(\int\frac{x}{2}\mathrm{e}^{-\int\frac{2}{x}\mathrm{d}x}\mathrm{d}x+C\right)=x^2\left(\frac{1}{2}\ln|x|+C\right).$$

将 $z=\sqrt{y}$ 代入上式，可得原微分方程的通解为

$$y=x^4\left(\frac{1}{2}\ln|x|+C\right)^2 \quad (C\text{ 为任意常数}).$$

另外，$y=0$ 也是原微分方程的解.

习题 11.3

1. 求下列微分方程的通解：

(1) $y'=x+y$；

(2) $xy'-2y=2x^4$；

(3) $x\left(\frac{\mathrm{d}y}{\mathrm{d}x}-y\right)=\mathrm{e}^x$；

(4) $\frac{\mathrm{d}y}{\mathrm{d}x}=\frac{2y}{4x+y^2}$；

(5) $y\ln y\mathrm{d}x+(x-\ln y)\mathrm{d}y=0$；

(6) $y'\sin x\cos x-y=\sin^3 x$.

2. 求下列微分方程满足所给初值条件的特解：

(1) $\frac{\mathrm{d}y}{\mathrm{d}x}+y\sin x=0, y(0)=\frac{3}{2}$；

(2) $y'+x^2y=x^2, y(0)=0$；

(3) $\frac{\mathrm{d}y}{\mathrm{d}x}+\frac{y}{x}=\frac{\sin x}{x}, y(\pi)=1$；

(4) $\frac{\mathrm{d}y}{\mathrm{d}x}+3y=8, y(0)=2$.

3. 已知一阶齐次线性微分方程

$$\text{Ⅰ}:\quad \frac{\mathrm{d}y}{\mathrm{d}x}+p(x)y=0$$

和一阶非齐次线性微分方程

$$\text{Ⅱ}:\quad \frac{\mathrm{d}y}{\mathrm{d}x}+p(x)y=q(x).$$

试证明：

(1) 如果函数 $y_1(x)$ 和 $y_2(x)$ 是方程 Ⅰ 的两个解,那么 $C_1y_1(x)+C_2y_2(x)$ 也是方程 Ⅰ 的解,其中 C_1,C_2 是任意常数;

(2) 如果函数 $y(x)$ 是方程 Ⅰ 的解,函数 $\bar{y}(x)$ 是方程 Ⅱ 的解,那么 $y(x)+\bar{y}(x)$ 也是方程 Ⅱ 的解;

(3) 如果函数 $\bar{y}_1(x)$ 和 $\bar{y}_2(x)$ 都是方程 Ⅱ 的解,那么 $\bar{y}_1(x)-\bar{y}_2(x)$ 是方程 Ⅰ 的解;

(4) 如果方程 Ⅱ 中函数 $q(x)=q_1(x)+q_2(x)$,而函数 $\bar{y}_1(x)$ 和 $\bar{y}_2(x)$ 分别是方程

$$\frac{\mathrm{d}y}{\mathrm{d}x}+p(x)y=q_1(x) \quad 和 \quad \frac{\mathrm{d}y}{\mathrm{d}x}+p(x)y=q_2(x)$$

的解,那么 $\bar{y}_1(x)+\bar{y}_2(x)$ 是方程 Ⅱ 的解.

4. 设可导函数 $\varphi(x)$ 满足

$$\int_0^x (x-t)\varphi(t)\mathrm{d}t=\sin x+\int_0^x \varphi(t)\mathrm{d}t,$$

求 $\varphi(x)$.

5. 镭的衰变有如下规律:衰变速度与它的现存量 R 成正比. 由经验材料得知,镭经过 1 600 年后,只余原始量 R_0 的一半. 试求镭的存量 R 与时间 t 的函数关系.

6. 一曲线经过点(2,3),且其上任一点处的切线介于两坐标轴间的部分恰被该切点所平分,求此曲线方程.

7. 求下列伯努利方程的通解:

(1) $y'+y=x\sqrt{y}$;

(2) $\dfrac{\mathrm{d}y}{\mathrm{d}x}+y=y^2(\cos x-\sin x)$;

(3) $\dfrac{\mathrm{d}y}{\mathrm{d}x}=\dfrac{y^2-x}{2xy}$.

第四节　可降阶的高阶微分方程

二阶及二阶以上的微分方程统称为**高阶微分方程**. 求解高阶微分方程的基本思想是降阶,即通过适当的变量代换,将高阶微分方程化为阶数较低的微分方程求解.

下面介绍几类可通过降阶的方法来求解的高阶微分方程.

一、$y^{(n)}=f(x)$ 型的微分方程

这类微分方程可通过连续积分 n 次得到通解.

例 1

求微分方程 $y'''=2x\ln x$ 的通解.

解　对微分方程连续积分 3 次,得

$$y''=\int 2x\ln x\mathrm{d}x=x^2\ln x-\frac{1}{2}x^2+C,$$

$$y'=\int\left(x^2\ln x-\frac{1}{2}x^2+C\right)\mathrm{d}x=\frac{1}{3}x^3\ln x-\frac{5}{18}x^3+Cx+C_2,$$

$$y=\int\left(\frac{1}{3}x^3\ln x-\frac{5}{18}x^3+Cx+C_2\right)\mathrm{d}x$$

$$=\frac{1}{12}x^4\ln x-\frac{13}{144}x^4+C_1x^2+C_2x+C_3,$$

其中 $C_1=\dfrac{C}{2}$,C_2,C_3 均为任意常数. 这就是所求的通解.

二、$y''=f(x,y')$ 型的微分方程

这类微分方程

$$y''=f(x,y') \tag{11-40}$$

的特点是方程中不显含未知函数 y. 为了降阶，做变量代换

$$y'=p,$$

引入新的未知函数 p. 于是，有

$$y''=\frac{\mathrm{d}p}{\mathrm{d}x}=p',$$

从而方程(11-40) 化成一个关于变量 x,p 的一阶微分方程

$$\frac{\mathrm{d}p}{\mathrm{d}x}=f(x,p). \tag{11-41}$$

此时，若能求得方程(11-41) 的通解为

$$p=\varphi(x,C_1),$$

那么又得到一个一阶微分方程

$$\frac{\mathrm{d}y}{\mathrm{d}x}=\varphi(x,C_1).$$

对它进行积分，便得到方程(11-40) 的通解为

$$y=\int\varphi(x,C_1)\mathrm{d}x+C_2 \quad (C_1,C_2\text{ 为任意常数}).$$

例 2

求二阶微分方程 $xy''=y'+x^2$ 的通解.

解 这是 $y''=f(x,y')$ 型的微分方程. 设 $y'=p$，则 $y''=p'$，代入原微分方程得

$$p'-\frac{1}{x}p=x.$$

于是，有

$$p=\mathrm{e}^{\int\frac{1}{x}\mathrm{d}x}\left(\int x\mathrm{e}^{-\int\frac{1}{x}\mathrm{d}x}\mathrm{d}x+C\right)=x^2+Cx,$$

即

$$y'=x^2+Cx.$$

对上式积分，即得原微分方程的通解为

$$y=\frac{1}{3}x^3+C_1x^2+C_2,$$

其中 $C_1=\frac{C}{2}$，C_2 均为任意常数.

例 3

求微分方程 $y''+2x(y')^2=0$ 满足初值条件 $y(0)=1,y'(0)=-\frac{1}{2}$ 的特解.

解 这是 $y''=f(x,y')$ 型的微分方程. 令 $y'=p$，则原微分方程降为一阶微分方程

$$p'+2xp^2=0.$$

分离变量后两边积分得

$$\frac{1}{p}=x^2+C_1.$$

将初值条件 $y'(0)=-\frac{1}{2}$ 代入上式，求得 $C_1=-2$，于是得

$$y'=\frac{1}{x^2-2}.$$

对上式积分得

$$y=\frac{1}{2\sqrt{2}}\ln\left|\frac{x-\sqrt{2}}{x+\sqrt{2}}\right|+C,$$

再将初值条件 $y(0)=1$ 代入上式，求得 $C=1$. 因此，所求特解为

$$y=1+\frac{1}{2\sqrt{2}}\ln\left|\frac{x-\sqrt{2}}{x+\sqrt{2}}\right|.$$

三、$y''=f(y,y')$ 型的微分方程

这类微分方程

$$y''=f(y,y') \tag{11-42}$$

的特点是方程中不显含自变量 x. 为了降阶，做变量代换

$$y'=p,$$

引入新的未知函数 p. 将 p 看作 y 的函数，利用复合函数的求导法则，得

$$y''=\frac{\mathrm{d}p}{\mathrm{d}x}=\frac{\mathrm{d}p}{\mathrm{d}y}\cdot\frac{\mathrm{d}y}{\mathrm{d}x}=p\frac{\mathrm{d}p}{\mathrm{d}y},$$

从而方程(11-42)化为一个关于变量 y,p 的一阶微分方程

$$p\frac{\mathrm{d}p}{\mathrm{d}y}=f(y,p). \tag{11-43}$$

此时，若能求得方程(11-43)的通解为

$$y'=p=\varphi(y,C_1),$$

那么分离变量后两边积分，便得到方程(11-42)的通解为

$$\int\frac{\mathrm{d}y}{\varphi(y,C_1)}=x+C_2 \quad (C_1,C_2\text{ 为任意常数}).$$

例 4

求微分方程 $1+yy''+(y')^2=0$ 的通解.

解 这是 $y''=f(y,y')$ 型的微分方程. 令 $y'=p$，则 $y''=p\frac{\mathrm{d}p}{\mathrm{d}y}$，从而原微分方程化为

$$1+yp\frac{\mathrm{d}p}{\mathrm{d}y}+p^2=0.$$

分离变量得

$$\frac{p}{p^2+1}\mathrm{d}p=-\frac{\mathrm{d}y}{y},$$

两边积分得

$$\frac{1}{2}\ln(p^2+1)=-\ln|y|+\frac{1}{2}\ln C_1,$$

整理得

$$\frac{\mathrm{d}y}{\mathrm{d}x}=p=\pm\frac{\sqrt{C_1-y^2}}{y}.$$

分离变量得

$$\pm\frac{y\mathrm{d}y}{\sqrt{C_1-y^2}}=\mathrm{d}x,$$

两边积分得

$$\mp\sqrt{C_1-y^2}=x+C_2.$$

因此，原微分方程的通解为

$$C_1-y^2=(x+C_2)^2,$$

其中 C_1 为任意正常数，C_2 为任意常数.

习题 11.4

1. 求下列微分方程的通解：

(1) $y''=x+\sin x$；

(2) $y''=\frac{1}{x^2+1}$；

(3) $y''=y'+x$；

(4) $xy''+(x^2-1)(y'-1)=0$；

(5) $y^3y''-1=0$；

(6) $y''+\frac{2}{1-y}(y')^2=0$.

2. 求下列微分方程满足所给初值条件的特解：

(1) $xy''+y'+x=0, y(1)=0, y'(1)=0$；

(2) $(1+x^2)y''=2xy', y(0)=1, y'(0)=3$；

(3) $y''=3\sqrt{y}, y|_{x=0}=1, y'|_{x=0}=2$；

(4) $y''=\mathrm{e}^{2y}, y|_{x=0}=y'|_{x=0}=0$.

3. 已知某曲线 $y=f(x)$ 满足方程

$$(y')^2+2yy''=0,$$

且与直线 $y=x$ 相切于点(1,1)，求此曲线方程.

第五节　二阶线性微分方程解的结构

二阶线性微分方程是实际中应用得较多的一类高阶微分方程，它的一般形式是

$$y''+p(x)y'+q(x)y=f(x), \tag{11-44}$$

其中 $p(x)$，$q(x)$ 和 $f(x)$ 都是某区间 I 上的已知连续函数，$p(x)$ 和 $q(x)$ 称为方程(11-44)的系数，$f(x)$ 称为自由项.

当 $f(x)\equiv 0$ 时，方程(11-44)变为

$$y''+p(x)y'+q(x)y=0, \tag{11-45}$$

称为**二阶齐次线性微分方程**.

当 $f(x)\not\equiv 0$ 时，称方程(11-44)为**二阶非齐次线性微分方程**，此时也把方程(11-45)称为对应于非齐次线性微分方程(11-44)的齐次线性微分方程.

先讨论二阶齐次线性微分方程(11-45). 容易证明方程(11-45)的解的结构具有如下特点.

定理 1(叠加原理)　**如果函数 $y_1(x)$ 与 $y_2(x)$ 是方程(11-45)的两个解，那么**

$$y=C_1y_1(x)+C_2y_2(x) \tag{11-46}$$

也是方程(11-45)的解,其中 C_1,C_2 是任意常数.

从形式上看,解(11-46)含有 C_1 和 C_2 两个任意常数,但它不一定是方程(11-45)的通解.例如,设 $y_1(x)\neq 0$ 是方程(11-45)的一个解,则 $y_2(x)=2y_1(x)$ 也是方程(11-45)的解,于是对任意两个常数 C_1 和 C_2,有 $y=C_1y_1(x)+C_2y_2(x)=(C_1+2C_2)y_1(x)=Cy_1(x)$,其中 $C=C_1+2C_2$ 是一个任意常数,所以它不是方程(11-45)的通解.那么在什么条件下,解(11-46)是方程(11-45)的通解呢?要解决这个问题,还需要引入函数组的线性相关与线性无关的概念.

定义 1 设 $y_1(x),y_2(x),\cdots,y_n(x)$ 是定义在区间 I 上的 n 个函数.如果存在 n 个不全为零的常数 $k_1,k_2,\cdots,k_n$,使得对于所有的 $x\in I$,都有

$$k_1y_1(x)+k_2y_2(x)+\cdots+k_ny_n(x)=0,$$

则称这 n 个函数在区间 I 上**线性相关**;否则,称这 n 个函数在区间 I 上**线性无关**.

例如,函数 $1,\cos^2 x,\sin^2 x$ 在任意区间 I 上都是线性相关的.这是因为对于任意的 $x\in I$,都有

$$1-\cos^2 x-\sin^2 x=0.$$

又如,函数 $\sin x$ 和 $\cos x$ 在任意区间 I 上都线性无关.这是因为,如果存在常数 k_1 和 k_2,使得对于任意的 $x\in I$,都有

$$k_1\sin x+k_2\cos x=0,$$

则对上式两边求导,有

$$k_1\cos x-k_2\sin x=0.$$

这说明 k_1 和 k_2 是以 a_1,a_2 为未知量的线性方程组

$$\begin{cases}a_1\sin x+a_2\cos x=0,\\ a_1\cos x-a_2\sin x=0\end{cases}\tag{11-47}$$

的解.由于方程组(11-47)的系数行列式

$$\begin{vmatrix}\sin x & \cos x\\ \cos x & -\sin x\end{vmatrix}=-1\neq 0,$$

故方程组(11-47)只有零解,即有 $k_1=k_2=0$.因此,$\cos x$ 和 $\sin x$ 在任意区间 I 上都线性无关.

有了函数组线性无关的概念后,我们有如下关于二阶齐次线性微分方程(11-45)通解的结构定理.

定理 2 **如果函数 $y_1(x)$ 和 $y_2(x)$ 是方程(11-45)的两个线性无关的特解,那么**

$$y=C_1y_1(x)+C_2y_2(x)$$

就是方程(11-45)的通解,其中 C_1,C_2 是任意常数.

下面讨论二阶非齐次线性微分方程(11-44)的解的结构.

由于方程(11-45)是方程(11-44)的特殊情况,故可以想象它们的解之间应有一定的联系.事实上,我们不难验证方程(11-44)的解和方程(11-45)的解之间具有如下两个简单性质.

性质 1 如果函数 $\bar{y}(x)$ 是方程(11-44)的一个特解,而函数 $y(x)$ 是方程(11-45)的通解,则 $\bar{y}(x)+y(x)$ 就是方程(11-44)的通解.

性质 2 方程(11-44)的任意两个解之差必是方程(11-45)的一个特解.

如果再进一步,我们会问,非齐次线性微分方程(11-44)的通解和其对应的齐次线性微分方程(11-45)的通解之间又有什么关系?这时,我们可以联想到第三节中一阶非齐次线性微分方程的通解与其对应的一阶齐次线性微分方程的通解之间的关系式.我们已经知道,一阶非齐次线性微分方程的通解等于其对应的齐次线性微分方程的通解再加上它本身的一个特解.实际上,二阶

非齐次线性微分方程(11-44)的通解和其对应的齐次线性微分方程(11-45)的通解有同样的关系,即下面要介绍的二阶非齐次线性微分方程(11-44)通解的结构定理.

定理3 **设函数 $\bar{y}(x)$ 是二阶非齐次线性微分方程(11-44)的一个特解,函数 $y_1(x)$ 和 $y_2(x)$ 是对应于方程(11-44)的齐次线性微分方程(11-45)的两个线性无关的特解,那么**

$$y = C_1 y_1(x) + C_2 y_2(x) + \bar{y}(x)$$

是方程(11-44)的通解,其中 C_1, C_2 是任意常数.

二阶非齐次线性微分方程(11-44)的特解有时要用下面的定理帮助求出.

定理4 **设二阶非齐次线性微分方程(11-44)的自由项 $f(x)$ 是两个函数之和,即**

$$y'' + p(x)y' + q(x)y = f_1(x) + f_2(x), \tag{11-48}$$

而函数 $\bar{y}_1(x)$ 与 $\bar{y}_2(x)$ 分别是微分方程

$$y'' + p(x)y' + q(x)y = f_1(x)$$

与

$$y'' + p(x)y' + q(x)y = f_2(x)$$

的特解,则 $\bar{y} = \bar{y}_1(x) + \bar{y}_2(x)$ 就是方程(11-48)的一个特解.

这个定理称为**非齐次线性微分方程的解的叠加原理**.该定理的证明请读者自己完成.

例1

设函数 $y_1 = x$ 和 $y_2 = \frac{1}{x}$ 是某二阶齐次线性微分方程的两个解,试建立此微分方程.

解 由 $\frac{y_1}{y_2} = x^2 \neq$ 常数可知,y_1 与 y_2 线性无关,所以此微分方程的通解为

$$y = C_1 x + \frac{C_2}{x} \quad (C_1, C_2 \text{ 为任意常数}).$$

对它求导得

$$y' = C_1 - \frac{C_2}{x^2}, \quad y'' = \frac{2C_2}{x^3}.$$

由以上3式消去 C_1 和 C_2 可得所求微分方程为

$$x^2 y'' + xy' - y = 0 \quad \text{或} \quad y'' + \frac{1}{x}y' - \frac{1}{x^2}y = 0.$$

例2

已知某二阶非齐次线性微分方程具有3个特解

$$y_1 = -e^x, \quad y_2 = e^{2x} - e^x, \quad y_3 = 1 + e^{2x} - e^x,$$

试求这个微分方程的通解.

解 这个微分方程对应的齐次线性微分方程有两个解

$$\bar{y}_1 = y_3 - y_2 = 1, \quad \bar{y}_2 = y_2 - y_1 = e^{2x},$$

而

$$\frac{\bar{y}_2}{\bar{y}_1} = e^{2x} \neq \text{常数},$$

所以这个微分方程对应的齐次线性微分方程的通解为

$$Y = C_1 \bar{y}_1 + C_2 \bar{y}_2 = C_1 + C_2 e^{2x},$$

其中 C_1 和 C_2 为任意常数.

由二阶非齐次线性微分方程通解的结构定理可知,所求通解为

$$y = Y + y_1 = C_1 + C_2 e^{2x} - e^x.$$

习题 11.5

1. 判断下列函数组在其公共定义域内的线性相关性:

(1) x, x^2, x^3;　　(2) $\sin 2x, \sin x, \cos x$;

(3) $1, \sec^2 x, \tan^2 x$;　　(4) $\sin^2 x, 1 + \cos 2x$;

(5) $e^{ax}, e^{bx}\quad (a \neq b)$;　　(6) e^x, xe^x.

2. 验证:函数 $y_1 = e^{x^2}$ 及 $y_2 = e^{-x^2}$ 都是微分方程 $y'' - \dfrac{1}{x}y' - 4x^2 y = 0$ 的解,并写出该微分方程的通解.

3. 验证:

(1) 函数 $y = C_1 x^2 + C_2 x^2 \ln x$($C_1, C_2$ 是任意常数) 是微分方程 $x^2 y'' - 3xy' + 4y = 0$ 的通解;

(2) 函数 $y = \dfrac{1}{x}(C_1 e^x + C_2 e^{-x}) + \dfrac{1}{2}e^x$($C_1, C_2$ 是任意常数) 是微分方程 $xy'' + 2y' - xy = e^x$ 的通解.

4. 设函数 $y_1 = \cos x$ 和 $y_2 = e^{-x}$ 是某二阶齐次线性微分方程的两个解,试建立此微分方程.

5. 已知某二阶非齐次线性微分方程具有 3 个特解

$$y_1 = x,\quad y_2 = x + e^x,\quad y_3 = 1 + x + e^x,$$

试求这个微分方程的通解.

第六节　二阶常系数线性微分方程

二阶常系数线性微分方程的一般形式是

$$y'' + py' + qy = f(x), \tag{11-49}$$

其中 p, q 为实常数,$f(x)$ 是 x 的已知函数. 当 $f(x) \equiv 0$ 时,方程(11-49) 成为

$$y'' + py' + qy = 0, \tag{11-50}$$

称为**二阶常系数齐次线性微分方程**. 当 $f(x) \not\equiv 0$ 时,方程(11-49) 叫作**二阶常系数非齐次线性微分方程**,此时也称方程(11-50) 为对应于方程(11-49) 的齐次线性微分方程.

一、二阶常系数齐次线性微分方程的解法

由第五节定理 2 可知,求二阶常系数齐次线性微分方程(11-50) 的通解,归结为求出它的两个线性无关的特解.

根据方程(11-50) 的特点,如果能找到一个函数 $y(x)(y(x) \neq 0)$,这个函数与它的各阶导数都只相差一个常数因子,即 $y'(x) = ay(x), y''(x) = by(x)$($a$ 和 b 都是常数),并且常数 a 和 b 还满足 $b + ap + q = 0$,那么 $y''(x) + py'(x) + qy(x) = (b + ap + q)y(x) = 0$,这时函数 $y(x)$ 就是方程(11-50) 的解. 什么样的函数可能满足上面的条件呢?我们自然会想到指数函数 $y = e^{rx}$(r 为常数),将它代入方程(11-50),得

$$(r^2 + pr + q)e^{rx} = 0.$$

因为 $e^{rx} \neq 0$,所以

$$r^2 + pr + q = 0. \tag{11-51}$$

由此可见,只要 r 满足代数方程(11-51),函数 $y = e^{rx}$ 就是方程(11-50) 的解. 我们把代数方

程(11－51)叫作方程(11－50)的**特征方程**,特征方程的根称为**特征根**.

特征方程(11－51)是一个一元二次代数方程,其中 r^2,r 的系数及常数项恰好依次是方程(11－50)中 y'',y' 和 y 的系数.由一元二次方程的求根公式,可得两个特征根分别为

$$r_{1,2}=\frac{-p\pm\sqrt{p^2-4q}}{2}.$$

下面按特征根的 3 种不同情况,分别讨论方程(11－50)的通解的求法.

(1) 特征方程(11－51)有两个不相等的实根 r_1 与 r_2.这时,方程(11－50)有两个特解

$$y_1=e^{r_1x},\quad y_2=e^{r_2x}.$$

由于 $\frac{y_1}{y_2}=e^{(r_1-r_2)x}\neq$ 常数,因此 y_1,y_2 线性无关.于是,方程(11－50)的通解为

$$y=C_1e^{r_1x}+C_2e^{r_2x},$$

其中 C_1,C_2 为任意常数.

(2) 特征方程(11－51)有两个相等的实根 $r_1=r_2=-\frac{p}{2}$.这时,方程(11－50)有一个特解 $y_1=e^{r_1x}$.可以证明,$y_2=xe^{r_1x}$ 是方程(11－50)的另一个特解.因为 y_1,y_2 线性无关,所以方程(11－50)的通解为

$$y=C_1e^{r_1x}+C_2xe^{r_1x}=(C_1+C_2x)e^{r_1x},$$

其中 C_1,C_2 为任意常数.

(3) 特征方程(11－51)有一对共轭复根

$$r_1=\alpha+i\beta,\quad r_2=\alpha-i\beta,$$

其中

$$\alpha=-\frac{p}{2},\quad \beta=\frac{\sqrt{4q-p^2}}{2}\neq 0,\quad i=\sqrt{-1}.$$

此时,可以证明 $y_1=e^{\alpha x}\cos\beta x$,$y_2=e^{\alpha x}\sin\beta x$ 是方程(11－50)的两个线性无关的特解.所以,方程(11－50)的通解为

$$y=C_1e^{\alpha x}\cos\beta x+C_2e^{\alpha x}\sin\beta x=e^{\alpha x}(C_1\cos\beta x+C_2\sin\beta x),$$

其中 C_1,C_2 为任意常数.

综上所述,求二阶常系数齐次线性微分方程

$$y''+py'+qy=0 \qquad (11-50)$$

的通解的步骤如下:

第一步,写出微分方程(11－50)的特征方程

$$r^2+pr+q=0; \qquad (11-51)$$

第二步,求出特征方程(11－51)的两个根 r_1,r_2;

第三步,根据特征方程(11－51)两个根的不同情况,按照表 11－1 写出方程(11－50)的通解,其中 C_1,C_2 为任意常数.

表 11－1

特征方程 $r^2+pr+q=0$ 的两个根	微分方程 $y''+py'+qy=0$ 的通解
两个不相等的实根 r_1,r_2	$y=C_1e^{r_1x}+C_2e^{r_2x}$
两个相等的实根 $r_1=r_2$	$y=(C_1+C_2x)e^{r_1x}$
一对共轭复根 $r_{1,2}=\alpha\pm i\beta$	$y=e^{\alpha x}(C_1\cos\beta x+C_2\sin\beta x)$

例 1

求下列微分方程的通解：

(1) $y'' - 5y' + 6y = 0$；

(2) $y'' + 2y' + y = 0$；

(3) $y'' + 6y' + 13y = 0$.

解 (1) 微分方程的特征方程为 $r^2 - 5r + 6 = 0$，它有两个不相等的实根

$$r_1 = 2, \quad r_2 = 3.$$

所以，微分方程的通解为

$$y = C_1 e^{2x} + C_2 e^{3x},$$

其中 C_1, C_2 是任意常数.

(2) 微分方程的特征方程为 $r^2 + 2r + 1 = 0$，它有两个相等的实根

$$r_1 = r_2 = -1.$$

所以，微分方程的通解为

$$y = (C_1 + C_2 x)e^{-x},$$

其中 C_1, C_2 为任意常数.

(3) 微分方程的特征方程为 $r^2 + 6r + 13 = 0$，它有一对共轭复根

$$r_1 = -3 + 2i, \quad r_2 = -3 - 2i.$$

所以，微分方程的通解为

$$y = e^{-3x}(C_1 \cos 2x + C_2 \sin 2x),$$

其中 C_1, C_2 为任意常数.

二、二阶常系数非齐次线性微分方程的解法

由第五节定理 3 可知，求二阶常系数非齐次线性微分方程

$$y'' + py' + qy = f(x) \tag{11-49}$$

的通解，归结为求出它对应的齐次线性微分方程

$$y'' + py' + qy = 0 \tag{11-50}$$

的通解和方程(11-49)本身的一个特解. 由于二阶常系数齐次线性微分方程(11-50)的通解的求法已经在上一段得到解决，因此现在我们需要介绍的是求非齐次线性微分方程(11-49)的一个特解 $\bar{y}(x)$ 的方法.

下面只介绍当方程(11-49)右端的自由项 $f(x)$ 是以下两种常见类型的函数时，求它的特解 $\bar{y}(x)$ 的待定系数法.

类型 Ⅰ $f(x) = P_m(x)e^{\lambda x}$，其中 $P_m(x)$ 是 x 的 m 次多项式，λ 是常数.

由于方程(11-49)的自由项 $f(x)$ 是多项式 $P_m(x)$ 与指数函数 $e^{\lambda x}$ 的乘积，而多项式与指数函数乘积的导数仍然是多项式与指数函数的乘积，因此我们推测方程(11-49)有一个特解为

$$\bar{y}(x) = Q(x)e^{\lambda x},$$

其中 $Q(x)$ 是某个多项式.

现在假设函数 $\bar{y}(x) = Q(x)e^{\lambda x}$($Q(x)$ 是某个多项式)是方程(11-49)的解，将其代入方程(11-49)，经整理后得

$$[Q''(x) + (2\lambda + p)Q'(x) + (\lambda^2 + p\lambda + q)Q(x)]e^{\lambda x} = P_m(x)e^{\lambda x}.$$

因为 $e^{\lambda x} \neq 0$，所以

$$Q''(x)+(2\lambda+p)Q'(x)+(\lambda^2+p\lambda+q)Q(x)=P_m(x). \tag{11-52}$$

(1) 若 λ 不是特征方程 $r^2+pr+q=0$ 的根，即 $\lambda^2+p\lambda+q\neq 0$，则由式(11-52) 可知，$Q(x)$ 的次数应与 $P_m(x)$ 的次数相同. 故可令

$$Q(x)=Q_m(x)=a_0x^m+a_1x^{m-1}+\cdots+a_{m-1}x+a_m,$$

其中 $a_0,a_1,\cdots,a_{m-1},a_m$ 是待定系数. 将其代入式(11-52)，比较等式两边 x 同次幂的系数，就得到以 $a_0,a_1,a_2,\cdots,a_m$ 作为未知量的 $m+1$ 个方程的联立方程组，从而可以确定待定系数 $a_i(i=0,1,2,\cdots,m)$，并得到所求的特解 $\bar{y}(x)=Q_m(x)e^{\lambda x}$.

(2) 若 λ 是特征方程 $r^2+pr+q=0$ 的单根，即 $\lambda^2+p\lambda+q=0$，但 $2\lambda+p\neq 0$，则同样由式(11-52) 可知，$Q'(x)$ 必须是 m 次多项式. 此时，可令 $Q(x)=xQ_m(x)$，其中 $Q_m(x)$ 是 m 次待定多项式. 再用同样的方法来确定多项式 $Q_m(x)$ 的系数 $a_i(i=0,1,2,\cdots,m)$，从而得到所求的特解 $\bar{y}(x)=xQ_m(x)e^{\lambda x}$.

(3) 若 λ 是特征方程 $r^2+pr+q=0$ 的二重根，即 $\lambda^2+p\lambda+q=0$，且 $2\lambda+p=0$，则同样由式(11-52) 可知，$Q''(x)$ 必须是 m 次多项式. 此时，可令 $Q(x)=x^2Q_m(x)$，其中 $Q_m(x)$ 是 m 次待定多项式. 再用同样的方法可确定多项式 $Q_m(x)$ 的系数 $a_i(i=0,1,2,\cdots,m)$，从而得到所求的特解 $\bar{y}(x)=x^2Q_m(x)e^{\lambda x}$.

综上所述，我们有如下结论：

如果二阶常系数非齐次线性微分方程(11-49) 的自由项 $f(x)=P_m(x)e^{\lambda x}$，其中 $P_m(x)$ 是 x 的 m 次多项式，λ 是常数，那么方程(11-49) 的特解可设为

$$\bar{y}(x)=x^kQ_m(x)e^{\lambda x}, \tag{11-53}$$

其中 $Q_m(x)$ 是与 $P_m(x)$ 具有相同次数(m 次) 的待定多项式，而 k 的取值按下面的情形确定：

(1) 若 λ 不是特征方程 $r^2+pr+q=0$ 的根，则 $k=0$；

(2) 若 λ 是特征方程 $r^2+pr+q=0$ 的单根，则 $k=1$；

(3) 若 λ 是特征方程 $r^2+pr+q=0$ 的二重根，则 $k=2$.

例 2

求微分方程 $y''+y=x^2+x$ 的通解.

解 这是一个二阶常系数非齐次线性微分方程，且其自由项 $f(x)$ 是 $P_m(x)e^{\lambda x}$ 型，其中 $P_m(x)=x^2+x$，$m=2$，$\lambda=0$.

原微分方程对应的齐次线性微分方程为

$$y''+y=0, \tag{11-54}$$

它的特征方程为

$$r^2+1=0, \tag{11-55}$$

特征根为 $r_1=i$，$r_2=-i$. 所以，方程(11-54) 的通解为

$$Y=C_1\cos x+C_2\sin x,$$

其中 C_1,C_2 为任意常数.

因为 $\lambda=0$ 不是特征方程(11-55) 的根，所以原微分方程的特解 $\bar{y}(x)$ 可设为

$$\bar{y}(x)=ax^2+bx+c,$$

其中 a,b,c 为待定系数. 将它代入原微分方程，得

$$ax^2+bx+c+2a=x^2+x.$$

比较上式两边 x 同次幂的系数，得

$$a=1,\quad b=1,\quad c+2a=0,\quad 即\quad a=1,\quad b=1,\quad c=-2.$$

于是,得原微分方程的一个特解为

$$\bar{y}(x)=x^2+x-2.$$

因此,原微分方程的通解为

$$y=C_1\cos x+C_2\sin x+x^2+x-2.$$

例 3

求微分方程 $y''+2y'+y=xe^{-x}$ 的通解.

解 这是二阶常系数非齐次线性微分方程,且其自由项 $f(x)$ 是 $P_m(x)e^{\lambda x}$ 型,其中 $P_m(x)=x, m=1, \lambda=-1$.

从例 1 可知原微分方程对应的齐次线性微分方程的通解为

$$Y=(C_1+C_2x)e^{-x},$$

其中 C_1, C_2 为任意常数.

因为 $\lambda=-1$ 是特征方程 $r^2+2r+1=0$ 的二重根,所以可设原微分方程的特解为

$$\bar{y}=x^2(ax+b)e^{-x},$$

其中 a, b 为待定系数. 将它代入原微分方程,得

$$6ax+2b=x.$$

比较上式两边 x 同次幂的系数,得

$$a=\frac{1}{6},\quad b=0.$$

于是,得原微分方程的一个特解为

$$\bar{y}=\frac{1}{6}x^3e^{-x}.$$

因此,原微分方程的通解为

$$y=(C_1+C_2x)e^{-x}+\frac{1}{6}x^3e^{-x}.$$

类型 Ⅱ $f(x)=(R^{(1)}(x)\cos\beta x+R^{(2)}(x)\sin\beta x)e^{\alpha x}$,其中 $R^{(1)}(x), R^{(2)}(x)$ 是 x 的多项式,并且一个是 m 次多项式,另一个是次数不超过 m 的多项式,甚至可以恒等于 0,而 α, β 是常数.

此时,方程(11-49)的特解可设为

$$\bar{y}(x)=x^k(P_m(x)\cos\beta x+Q_m(x)\sin\beta x)e^{\alpha x}, \tag{11-56}$$

其中 $P_m(x)$ 和 $Q_m(x)$ 都是 x 的 m 次待定多项式,而 k 的取值按下面的情形确定:

(1) 若 $\alpha+i\beta$(或 $\alpha-i\beta$) 不是特征方程 $r^2+pr+q=0$ 的根,则 $k=0$;

(2) 若 $\alpha+i\beta$(或 $\alpha-i\beta$) 是特征方程 $r^2+pr+q=0$ 的根,则 $k=1$.

这个结论的推导比较复杂,这里从略.

例 4

求微分方程 $y''-2y'+2y=e^{-x}\cos x$ 的一个特解.

解 原微分方程是二阶常系数非齐次线性微分方程,且其自由项 $f(x)$ 是$(R^{(1)}(x)\cos\beta x+R^{(2)}(x)\sin\beta x)e^{\alpha x}$ 型,其中 $\alpha=-1, \beta=1, R^{(1)}(x)=1, R^{(2)}(x)=0$.

原微分方程对应的齐次线性微分方程为

$$y''-2y'+2y=0,$$

它的特征方程为

$$r^2-2r+2=0.$$

由于 $\alpha+\mathrm{i}\beta=-1+\mathrm{i}$ 不是特征方程的根，因此可设原微分方程的特解为

$$\bar{y}(x)=(a\cos x+b\sin x)\mathrm{e}^{-x},$$

其中 a,b 为待定系数. 把它代入原微分方程，得

$$\mathrm{e}^{-x}[4(a-b)\cos x+4(a+b)\sin x]=\mathrm{e}^{-x}\cos x.$$

比较上式两边同类项的系数，得

$$\begin{cases}4(a-b)=1,\\4(a+b)=0,\end{cases}\quad 即\quad \begin{cases}a=\dfrac{1}{8},\\[2mm] b=-\dfrac{1}{8}.\end{cases}$$

于是，求得原微分方程的一个特解为

$$\bar{y}(x)=\frac{1}{8}\mathrm{e}^{-x}(\cos x-\sin x).$$

例 5

求微分方程 $y''+y=x\sin x$ 的通解.

解 原微分方程是二阶常系数非齐次线性微分方程，且其自由项 $f(x)$ 是 $(R^{(1)}(x)\cos\beta x+R^{(2)}(x)\sin\beta x)\mathrm{e}^{\alpha x}$ 型，其中 $\alpha=0,\beta=1,R^{(1)}(x)=0,R^{(2)}(x)=x$.

原微分方程对应的齐次线性微分方程为

$$y''+y=0,$$

其特征方程 $r^2+1=0$ 的根为

$$r_1=\mathrm{i},\quad r_2=-\mathrm{i},$$

故它的通解为

$$Y=C_1\cos x+C_2\sin x,$$

其中 C_1,C_2 为任意常数.

因为 $\alpha+\mathrm{i}\beta=\mathrm{i}$ 是特征方程的根，所以可设原微分方程的特解为

$$\bar{y}(x)=x[(ax+b)\cos x+(cx+d)\sin x],$$

其中 a,b,c,d 为待定系数. 把它代入原微分方程，得

$$[4cx+2(a+d)]\cos x+[-4ax+2(c-b)]\sin x=x\sin x.$$

比较上式两边同类项的系数，得

$$\begin{cases}4c=0,\\2(a+d)=0,\\-4a=1,\\2(c-b)=0,\end{cases}\quad 即\quad \begin{cases}a=-\dfrac{1}{4},\\[2mm] b=c=0,\\[2mm] d=\dfrac{1}{4}.\end{cases}$$

于是，得原微分方程的一个特解为

$$\bar{y}(x)=\frac{1}{4}x(\sin x-x\cos x).$$

因此，原微分方程的通解为

$$y=C_1\cos x+C_2\sin x+\frac{1}{4}x(\sin x-x\cos x).$$

例 6

求微分方程 $y''+y=x\sin x+x^2+x$ 的通解.

解 根据非齐次线性微分方程的解的叠加原理和例 2 及例 5 的结果可知,所求通解为

$$y=C_1\cos x+C_2\sin x+\frac{1}{4}x(\sin x-x\cos x)+x^2+x-2,$$

其中 C_1,C_2 为任意常数.

三、常系数线性微分方程组

前面我们研究了只含一个一元未知函数及其导数的微分方程,但在研究某些实际问题时,还会遇到由含几个具有同一自变量的一元未知函数以及它们的导数的微分方程所组成的方程组,即**微分方程组**.

若微分方程组中的每一个微分方程都是一阶常系数线性微分方程,则称此微分方程组为**一阶常系数线性微分方程组**. 对于一阶常系数线性微分方程组,通常可采用消元法来求解. 下面将举例说明求解一阶常系数线性微分方程组的消元法.

例 7

求解微分方程组

$$\begin{cases}\dfrac{\mathrm{d}x}{\mathrm{d}t}=3x+5y, & (11-57)\\[2mm] \dfrac{\mathrm{d}y}{\mathrm{d}t}=-2x-8y. & (11-58)\end{cases}$$

解 由式(11-57)得

$$y=\frac{1}{5}\left(\frac{\mathrm{d}x}{\mathrm{d}t}-3x\right). \tag{11-59}$$

在式(11-59)两边对 t 求导,得

$$\frac{\mathrm{d}y}{\mathrm{d}t}=\frac{1}{5}\left(\frac{\mathrm{d}^2x}{\mathrm{d}t^2}-3\frac{\mathrm{d}x}{\mathrm{d}t}\right). \tag{11-60}$$

将式(11-59)和式(11-60)代入式(11-58),经整理后得

$$\frac{\mathrm{d}^2x}{\mathrm{d}t^2}+5\frac{\mathrm{d}x}{\mathrm{d}t}-14x=0.$$

这是一个二阶常系数齐次线性微分方程,它的通解是

$$x=C_1\mathrm{e}^{2t}+C_2\mathrm{e}^{-7t}. \tag{11-61}$$

再把式(11-61)代入式(11-59),得

$$y=-\frac{1}{5}(C_1\mathrm{e}^{2t}+10C_2\mathrm{e}^{-7t}). \tag{11-62}$$

故原微分方程组的通解为

$$\begin{cases}x=C_1\mathrm{e}^{2t}+C_2\mathrm{e}^{-7t},\\ y=-\dfrac{1}{5}(C_1\mathrm{e}^{2t}+10C_2\mathrm{e}^{-7t}),\end{cases}$$

其中 C_1,C_2 为任意常数.

例 8

求微分方程组

$$\begin{cases}\dfrac{dx}{dt}+2x-\dfrac{dy}{dt}=10\cos t, & (11-63)\\[2mm] \dfrac{dx}{dt}+\dfrac{dy}{dt}+2y=4e^{-2t} & (11-64)\end{cases}$$

满足初值条件 $x(0)=2, y(0)=0$ 的解.

解 先求微分方程组的通解.用式(11－64)减去式(11－63),得

$$2\frac{dy}{dt}+2y-2x=4e^{-2t}-10\cos t,$$

由此得

$$x=\frac{dy}{dt}+y-2e^{-2t}+5\cos t. \tag{11-65}$$

将式(11－65)代入式(11－64),经整理后得

$$\frac{d^2y}{dt^2}+2\frac{dy}{dt}+2y=5\sin t. \tag{11-66}$$

这是一个二阶常系数非齐次线性微分方程,它的通解是

$$y=e^{-t}(C_1\cos t+C_2\sin t)+\sin t-2\cos t. \tag{11-67}$$

再把式(11－67)代入式(11－65),得

$$x=e^{-t}(C_2\cos t-C_1\sin t)+4\cos t+3\sin t-2e^{-2t}. \tag{11-68}$$

式(11－67)和式(11－68)即为微分方程组的通解.

将初值条件代入通解,可得

$$C_1=2,\quad C_2=0,$$

故所求解为

$$\begin{cases}x=4\cos t+3\sin t-2e^{-2t}-2e^{-t}\sin t,\\ y=\sin t-2\cos t+2e^{-t}\cos t.\end{cases}$$

习题 11.6

1. 求下列微分方程的通解：

(1) $y''-3y'-4y=0$；　(2) $y''-2y'=0$；

(3) $y''-4y'+4y=0$；　(4) $y''-4y'+5y=0$；

(5) $y''+9y=0$；　(6) $y''-y'=2x$；

(7) $y''-5y'+6y=-5e^{2x}$；　(8) $y''+6y'+9y=5xe^{-3x}$；

(9) $y''-y'-2y=\sin 2x$；　(10) $y''+4y=x\cos x$；

(11) $y''-y=e^x\cos 2x$；　(12) $y''-y=\sin^2 x$.

2. 求下列微分方程满足所给初值条件的特解：

(1) $y''-4y'+3y=0, y|_{x=0}=6, y'|_{x=0}=10$；

(2) $y''-4y'+20y=0, y|_{x=0}=0, y'|_{x=0}=4$；

(3) $y''-y=4xe^x, y|_{x=0}=0, y'|_{x=0}=1$；

(4) $y''+y+\sin 2x=0, y|_{x=\pi}=1, y'|_{x=\pi}=1$.

3. 求下列微分方程组的通解：

(1) $\begin{cases}\dfrac{dx}{dt}=3x+y,\\[2mm] \dfrac{dy}{dt}=3y;\end{cases}$　(2) $\begin{cases}\dfrac{dx}{dt}+\dfrac{dy}{dt}=-x+y+3,\\[2mm] \dfrac{dx}{dt}-\dfrac{dy}{dt}=x+y-3.\end{cases}$

4. 求下列微分方程组满足所给初值条件的特解：

(1) $\begin{cases} \dfrac{dx}{dt}+3x-y=0, \\ \dfrac{dy}{dt}-8x+y=0, \end{cases}$ $x|_{t=0}=1, y|_{t=0}=4$;

(2) $\begin{cases} \dfrac{dx}{dt}-3x+2y=\cos t, \\ \dfrac{dy}{dt}-2x+y=0, \end{cases}$ $x(0)=0, y(0)=1$.

5. 设可导函数 $\varphi(x)$ 满足

$$\varphi(x)=1+2x+\int_0^x t\varphi(t)\,dt-x\int_0^x \varphi(t)\,dt,$$

求 $\varphi(x)$.

6. 利用代换 $t=\sin x$ 将微分方程 $y''+y'\tan x-y\cos^2 x=0$ 化简，并求出该微分方程的通解.

7. 长为 6 m 的链条自桌上无摩擦地向下滑动. 假设在运动开始时，链条自桌上垂下的部分已有 1 m，需要多长时间(单位：s) 链条才全部滑过桌面？

第七节 常微分方程的应用举例

本节将通过几个具体的例子，介绍常微分方程的一些简单应用.

例 1

设某种商品的供给量 S 与需求量 Q 都是只依赖于价格 P 的线性函数，它们分别是

$$S=-a+bP, \tag{11-69}$$

$$Q=c-dP, \tag{11-70}$$

其中 a,b,c,d 都是已知的正常数. 函数(11-69) 表明供给量 S 是价格 P 的单调增加函数；函数(11-70) 表明需求量 Q 是价格 P 的单调减少函数. 当供需相等，即 $Q(P)=S(P)$ 时，由式(11-69) 和式(11-70) 可以求得均衡价格为

$$P_e=\frac{a+c}{b+d}.$$

当供需不相等时，瓦尔拉斯(Walras) 假设：当超额需求 $Q(P)-S(P)$ 为正时，未被满足的买方愿出高价，供不应求的卖方将提价，因而价格上涨；当超额需求 $Q(P)-S(P)$ 为负时，价格下跌. 因此，t 时刻价格的变化率 $\dfrac{dP}{dt}$ 与超额需求 $Q(P)-S(P)$ 成正比，即

$$\frac{dP}{dt}=k(Q(P)-S(P)),$$

其中 k 是正常数. 于是，在瓦尔拉斯的假设下，动态价格调整模型为

$$\begin{cases} Q=c-dP(t), \\ S=-a+bP(t), \\ \dfrac{dP}{dt}=k(Q(P)-S(P)). \end{cases}$$

整理上述模型，得

$$\frac{dP}{dt}+k(b+d)P=k(a+c). \tag{11-71}$$

这是一阶非齐次线性微分方程，其通解为

$$P(t) = Ce^{-k(b+d)t} + \frac{a+c}{b+d}.$$

若已知初始价格为 $P(0) = P_0$，则 $C = P_0 - \dfrac{a+c}{b+d} = P_0 - P_e$. 于是，动态价格调整模型的解为

$$P(t) = (P_0 - P_e)e^{-k(b+d)t} + P_e.$$

由于 $k(b+d) > 0$，因此

$$\lim_{t\to+\infty} P(t) = P_e.$$

这表明，随着时间的不断延续，实际价格 P 将逐渐趋于均衡价格 P_e.

例 2

在某一人群中推广新技术是通过其中已掌握新技术的人进行的. 设该人群的总人数为 N，在 $t=0$ 时刻已掌握新技术的人数为 x_0，在任意 t 时刻已掌握新技术的人数为 $x(t)$（将 $x(t)$ 视为 t 的连续可导函数），其变化率与已掌握新技术的人数和未掌握新技术的人数之积成正比（比例系数 $k>0$），求 $x(t)$.

解 由题意可得

$$\begin{cases} \dfrac{dx}{dt} = kx(N-x), \\ x(0) = x_0. \end{cases} \tag{11-72}$$

方程(11-72)是可分离变量的微分方程，分离变量得

$$\frac{dx}{x(N-x)} = k\,dt, \quad 即 \quad \left(\frac{1}{x} + \frac{1}{N-x}\right)dx = kN\,dt.$$

两边积分得

$$\frac{x}{N-x} = Ce^{kNt},$$

由此得方程(11-72)的通解为

$$x(t) = \frac{NCe^{kNt}}{1+Ce^{kNt}}.$$

又由初值条件 $x(0) = x_0$，得 $C = \dfrac{x_0}{N-x_0}$，故

$$x(t) = \frac{Nx_0e^{kNt}}{N-x_0+x_0e^{kNt}}.$$

方程(11-72)称为**逻辑斯谛**(logistic)**方程**. 在生物学、经济学中，常遇到这样的量 $x(t)$，其变化率 $\dfrac{dx}{dt}$ 与 $x(t)$ 及 $N-x(t)$ 之积成正比（N 为饱和值），这时 $x(t)$ 的变化规律遵循方程(11-72).

例 3

某湖泊的蓄水量为 V，每年流入湖泊中含污染物 A 的污水量为 $\dfrac{V}{6}$，流入湖泊中不含污染物 A 的水量为 $\dfrac{V}{6}$，流出湖泊的水量为 $\dfrac{V}{3}$. 已知 1999 年底湖泊中污染物 A 的含量为 $5m_0$（m_0 为国家规定的达标指标），超过国家规定指标. 为了治理污染，从 2000 年初起，限定流入湖泊中含污染物 A 的

污水的浓度不超过$\frac{m_0}{V}$. 至少需要经过多少年,湖泊中污染物 A 的含量才会降至 m_0 以内?假设湖水中污染物 A 的浓度是均匀的.

解 用元素法建立微分方程模型. 设从 2000 年初(令此时 $t=0$) 开始,第 t 年湖泊中污染物 A 的含量为 $m=m(t)$$\left(\text{假定流入湖泊中含污染物 A 的污水浓度为最大值}\frac{m_0}{V}\right)$,浓度为 $\frac{m}{V}$,则在时间间隔$[t,t+\mathrm{d}t]$内,流入湖泊中含污染物 A 的量为$\frac{m_0}{V}\cdot\frac{V}{6}\mathrm{d}t=\frac{m_0}{6}\mathrm{d}t$,流出湖泊的污染物 A 的量为 $\frac{m}{V}\cdot\frac{V}{3}\mathrm{d}t=\frac{m}{3}\mathrm{d}t$. 因此,在此时间间隔 $\mathrm{d}t$ 内湖泊中污染物 A 的改变量为

$$\mathrm{d}m=\frac{m_0}{6}\mathrm{d}t-\frac{m}{3}\mathrm{d}t=\left(\frac{m_0}{6}-\frac{m}{3}\right)\mathrm{d}t,$$

即

$$\frac{\mathrm{d}m}{\mathrm{d}t}+\frac{1}{3}m=\frac{1}{6}m_0.$$

这是一阶非齐次线性微分方程,利用通解公式得

$$m=\mathrm{e}^{-\int\frac{1}{3}\mathrm{d}t}\left(\int\frac{1}{6}m_0\mathrm{e}^{\int\frac{1}{3}\mathrm{d}t}\mathrm{d}t+C\right)=\frac{m_0}{2}+C\mathrm{e}^{-\frac{1}{3}t}.$$

由初值条件 $m\big|_{t=0}=5m_0$,得 $C=\frac{9}{2}m_0$,于是

$$m=\frac{m_0}{2}(1+9\mathrm{e}^{-\frac{1}{3}t}).$$

令 $m=m_0$,得 $t=6\ln 3\approx 6.6$,即至少需要 6.6 年的时间,湖泊中污染物 A 的含量才会降至 m_0 以内.

例 4

设有长度为 L 的弹簧,其上端固定,用两个质量都为 m 的重物同时挂于弹簧下端,此时弹簧伸长了 $2l$. 现突然去掉一个重物,使弹簧由静止状态开始振动. 若不计弹簧本身重量,而且忽略物体在运动中所受到的介质阻力,求所挂重物的运动规律.

解 由胡克(Hooke) 定律 $F=kx$(k 为劲度系数,x 为弹簧形变量),有 $2mg=2kl$,故 $k=\frac{mg}{l}$. 取沿弹簧垂直向下的方向为 x 轴的正向,坐标原点取在距弹簧固定端 $L+l$ 处. 设在 t 时刻,重物的位移为 $x=x(t)$,则由牛顿第二定律,有

$$m\frac{\mathrm{d}^2x}{\mathrm{d}t^2}=mg-k(x+l). \tag{11-73}$$

将 $k=\frac{mg}{l}$ 代入方程(11-73),整理后得

$$\frac{\mathrm{d}^2x}{\mathrm{d}t^2}+\frac{g}{l}x=0. \tag{11-74}$$

这是二阶常系数齐次线性微分方程,其通解为

$$x=C_1\cos\sqrt{\frac{g}{l}}t+C_2\sin\sqrt{\frac{g}{l}}t.$$

由初值条件 $x\big|_{t=0}=l,\left.\frac{\mathrm{d}x}{\mathrm{d}t}\right|_{t=0}=0$,得

$$C_1 = l, \quad C_2 = 0,$$

故所挂重物的运动规律为

$$x = l\cos\sqrt{\frac{g}{l}}t.$$

习 题 11.7

1. 求一平面曲线,使其上任一点(x,y)的切线在y轴上的截距等于该切点的横坐标.

2. 某银行账户,以连续复利方式计息,年利率为5%,希望连续20年以每年12 000元人民币的速率用这一账户支付职工工资. 若时间t以年为单位,写出余额$B=f(t)$所满足的微分方程,并求:当初始存入的数额B_0为多少时,才能使20年后账户中的余额精确地减至0.

3. 已知某商品的需求量Q与供给量S都是价格P的函数:

$$Q = Q(P) = \frac{a}{P^2}, \quad S = S(P) = bP,$$

其中a,b均为正常数,价格P是时间t的函数,且价格$P(t)$的变化率总与这一时刻的超额需求$Q-S$成正比(比例常数$k>0$). 假设$P(0)=P_0$,试求:(1) 价格函数$P(t)$;(2) $\lim\limits_{t\to+\infty}P(t)$.

4. 某养殖场在一池塘内养鱼,该池塘内最多能养鱼1 000条. 设在t时刻该池塘内鱼的数目y是时间t的函数$y=y(t)$,其变化率与池塘内鱼的数目y及池塘内还能容纳的鱼数$1\,000-y$的乘积成正比. 若在池塘内放养鱼苗100条,3个月后池塘内有鱼250条,求放养t个月后池塘内鱼数$y(t)$的公式.

5. 一物体放在温度为24 ℃的恒温介质中冷却,在时间$t=0$时,测得它的温度为$T_0=150$ ℃,10 min后测得其温度为$T_1=100$ ℃. 设在冷却过程中,降温速率与这一物体的温度和其所在介质温度的差值成正比,求此物体的温度T与时间t的关系,并计算20 min后该物体的温度.

6. 已知某车间的体积为5 400 m^3,其中的空气含0.12%的CO_2(以体积计算). 现以含0.04%的CO_2的新鲜空气输入,每分钟输入多少,才能在30分钟后使车间空气中CO_2的含量不超过0.06%(假定输入的新鲜空气与原有空气很快混合均匀后,以相同的流量排出)?

综合习题十一

1. 填空题:

(1) $(y'')^3+3(y')^2+xy+x^8=0$是______阶微分方程;

(2) 一阶线性微分方程$y'+p(x)y=q(x)$的通解为______;

(3) 已知一阶线性微分方程$y'+p(x)y=e^x$有特解$y=xe^x$,则该微分方程的通解为______;

(4) 微分方程$dx-(x\cos y+\sin 2y)dy=0$过点$(-2,0)$的积分曲线为______;

(5) 已知二阶非齐次线性微分方程的3个特解分别为$y_1=e^x$,$y_2=x+e^x$,$y_3=x^2+e^x$,则该微分方程为______.

2. 求解微分方程

$$y'+\sin\frac{x+y}{2}=\sin\frac{x-y}{2}.$$

3. 求微分方程

$$(x^2+2xy-y^2)dx+(y^2+2xy-x^2)dy=0$$

满足初值条件$y|_{x=1}=1$的特解.

4. 求微分方程

$$xdy-ydx=(1+y^2)dy$$

的通解.

5. 求微分方程

$$(x+1)y''+y'=\ln(1+x)$$

的通解.

6. 求微分方程

$$\frac{\mathrm{d}^2y}{\mathrm{d}x^2}-2\frac{\mathrm{d}y}{\mathrm{d}x}+y=1+x+2(3x^2-2)\mathrm{e}^x$$

的通解.

7. 求微分方程 $y''+4y=x\sin^2x$ 的通解.

8. 设二阶常系数线性微分方程

$$y''+py'+qy=\mu\mathrm{e}^x$$

的一个特解为 $y=\mathrm{e}^{2x}+(1+x)\mathrm{e}^x$. 试确定常数 p,q,μ,并求该微分方程的通解.

9. 考虑二阶线性微分方程

$$4x\frac{\mathrm{d}^2y}{\mathrm{d}x^2}+2(1-\sqrt{x})\frac{\mathrm{d}y}{\mathrm{d}x}-6y=\mathrm{e}^{3\sqrt{x}}.$$

(1) 证明:利用代换 $t=\sqrt{x}$ 可将此微分方程化为

$$\frac{\mathrm{d}^2y}{\mathrm{d}t^2}-\frac{\mathrm{d}y}{\mathrm{d}t}-6y=\mathrm{e}^{3t};$$

(2) 求此微分方程的通解.

10. 求微分方程组

$$\begin{cases}\dfrac{\mathrm{d}x}{\mathrm{d}t}=y,\\ \dfrac{\mathrm{d}y}{\mathrm{d}t}=-x+t^2+\cos t\end{cases}$$

满足初值条件 $x(0)=-1,y(0)=0$ 的解.

11. 设可导函数 $f(x)$ 满足

$$\int_0^x f(t)\mathrm{d}t=\frac{x^2}{2}+\int_0^x tf(x-t)\mathrm{d}t,$$

求 $f(x)$.

第十二章

差 分 方 程

在研究科学技术和经济管理中的许多问题时，往往需要找出与问题有关的变量的变化规律，但在有些情况下，各有关变量的取值是离散变化的，它们的变化规律常常要用差分方程来描述. 本章将介绍差分方程的一些基本概念和几类差分方程的解法，并给出几个应用实例.

第一节 差分方程的概念及几个基本定理

在这一章中，我们用 $\mathbf{N}$ 表示全体非负整数的集合，而当 x 是集合 $\mathbf{N}$ 的元素，即 x 是非负整数时，记作 $x \in \mathbf{N}$.

一、差分

定义 1 设函数 $y_x = f(x)$ 在 $\mathbf{N}$ 上有定义，则当 $x \in \mathbf{N}$ 时，称

$$y_{x+1} - y_x = f(x+1) - f(x)$$

为函数 $y_x = f(x)$ 在点 x 处的**差分**，也称为**一阶差分**，记作 Δy_x 或 $\Delta f(x)$，即

$$\Delta y_x = y_{x+1} - y_x = f(x+1) - f(x).$$

根据差分的定义，可以推得它有以下性质：

性质 1 若 $y_x = C$（C 为常数），则 $\Delta y_x = 0$.

证 若 $y_x = C$（C 为常数），则

$$\Delta y_x = y_{x+1} - y_x = C - C = 0.$$

这说明常数函数的差分为零.

性质 2 设函数 $y_x = f(x)$ 与 $z_x = g(x)$ 都在 $\mathbf{N}$ 上有定义，C_1 和 C_2 为任意常数，则当 $x \in \mathbf{N}$ 时，有

$$\Delta(C_1 y_x + C_2 z_x) = C_1 \Delta y_x + C_2 \Delta z_x.$$

证
$$\begin{aligned}\Delta(C_1 y_x + C_2 z_x) &= (C_1 y_{x+1} + C_2 z_{x+1}) - (C_1 y_x + C_2 z_x) \\ &= C_1(y_{x+1} - y_x) + C_2(z_{x+1} - z_x) \\ &= C_1 \Delta y_x + C_2 \Delta z_x.\end{aligned}$$

性质 2 称为**一阶差分的线性性质**. 显然，性质 2 可推广到任意有限个函数的情形. 例如，设 $u_x = f(x)$，$v_x = g(x)$ 和 $w_x = h(x)$ 均在 $\mathbf{N}$ 上有定义，C_1, C_2, C_3 是任意常数，则当 $x \in \mathbf{N}$ 时，有

$$\Delta(C_1 u_x + C_2 v_x + C_3 w_x) = C_1 \Delta u_x + C_2 \Delta v_x + C_3 \Delta w_x.$$

例 1

设阶乘函数 $y_x = x^{(n)} = x(x-1)\cdots(x-n+1)(n = 1,2,\cdots)$，$x^{(0)} = 1$，求 Δy_x.

解 $\Delta y_x = y_{x+1} - y_x = (x+1)^{(n)} - x^{(n)}$

$$= (x+1)x(x-1)\cdots(x+1-n+1) - x(x-1)\cdots(x-n+2)(x-n+1)$$

$$= [(x+1)-(x-n+1)]x(x-1)\cdots(x-n+2)$$

$$= nx^{(n-1)}.$$

定义 2 设函数 $y_x = f(x)$ 在 $\mathbf{N}$ 上有定义，则当 $x \in \mathbf{N}$ 时，函数 $y_x = f(x)$ 在点 x 处的一阶差分的差分，称为函数 $y_x = f(x)$ 在点 x 处的**二阶差分**，记作 $\Delta^2 y_x$ 或 $\Delta^2 f(x)$，即

$$\Delta^2 y_x = \Delta(\Delta y_x) \quad 或 \quad \Delta^2 f(x) = \Delta(\Delta f(x)).$$

类似地，函数 $y_x = f(x)$ 在点 x 处的二阶差分的差分，称为函数 $y_x = f(x)$ 在点 x 处的**三阶差分**，记作 $\Delta^3 y_x$ 或 $\Delta^3 f(x)$，即

$$\Delta^3 y_x = \Delta(\Delta^2 y_x) \quad 或 \quad \Delta^3 f(x) = \Delta(\Delta^2 f(x)).$$

以此类推，函数 $y_x = f(x)$ 在点 x 处的 n **阶差分**$(n \geqslant 3)$ 为

$$\Delta^n y_x = \Delta(\Delta^{n-1} y_x) \quad 或 \quad \Delta^n f(x) = \Delta(\Delta^{n-1} f(x)).$$

二阶及二阶以上的差分统称为**高阶差分**. 高阶差分有下面两个性质：

性质 3 设函数 $y_x = f(x)$ 在 $\mathbf{N}$ 上有定义，则当 $x \in \mathbf{N}$ 时，有

$$\Delta^n y_x = \sum_{k=0}^{n} (-1)^k C_n^k y_{x+n-k}, \tag{12-1}$$

其中 $C_n^k = \dfrac{n!}{k!(n-k)!}$.

这个性质表明，函数 $y_x = f(x)$ 在点 x 处的 n 阶差分 $\Delta^n y_x$ 可以表示成 $n+1$ 个函数值 $y_x, y_{x+1}, \cdots, y_{x+n}$ 的线性组合.

性质 4 设函数 $y_x = f(x)$ 及 $z_x = g(x)$ 都在 $\mathbf{N}$ 上有定义，C_1 和 C_2 为任意常数，则当 $x \in \mathbf{N}$ 时，有

$$\Delta^n (C_1 y_x + C_2 z_x) = C_1 \Delta^n y_x + C_2 \Delta^n z_x, \tag{12-2}$$

其中 n 是大于 1 的整数.

这个性质可用数学归纳法证明，它称为**高阶差分的线性性质**. 这个性质同样可推广到任意有限个函数的情形.

例 2

设函数 $y_x = a^x$，其中 $a > 0$，且 $a \neq 1$，求 $\Delta^n y_x$（n 为正整数）.

解 当 $x \in \mathbf{N}$ 时，有

$$\Delta y_x = y_{x+1} - y_x = a^{x+1} - a^x = (a-1)a^x,$$

$$\Delta^2 y_x = \Delta(\Delta y_x) = (a-1)\Delta(a^x) = (a-1)^2 a^x,$$

$$\Delta^3 y_x = \Delta(\Delta^2 y_x) = (a-1)^2 \Delta(a^x) = (a-1)^3 a^x,$$

……

一般地，可得

$$\Delta^n y_x = (a-1)^n a^x \quad (n\ 为正整数).$$

例 3

设函数 $y_x = 2x^3 - 3x^2 + x - 5$,求 $\Delta^3 y_x, \Delta^4 y_x$.

解
$$\begin{aligned}\Delta y_x &= 2\Delta(x^3) - 3\Delta(x^2) + \Delta(x) - \Delta(5)\\ &= 2(3x^2 + 3x + 1) - 3(2x + 1) + 1 - 0\\ &= 6x^2,\end{aligned}$$
$$\Delta^2 y_x = \Delta(\Delta y_x) = 6\Delta(x^2) = 12x + 6,$$
$$\Delta^3 y_x = \Delta(\Delta^2 y_x) = 12\Delta(x) + \Delta(6) = 12,$$
$$\Delta^4 y_x = \Delta(\Delta^3 y_x) = \Delta(12) = 0.$$

一般地,对于 n 次多项式,它的 n 阶差分为常数,而 n 阶以上的差分都为零.

二、差分方程

定义 3 含有未知函数 y_x 的差分或含有两个或两个以上的 $y_x, y_{x+1}, \cdots$ 的函数方程,称为**差分方程**. 差分方程中未知函数的最大下标与最小下标的差,称为差分方程的**阶**.

n 阶差分方程的一般形式为
$$F(x, y_x, y_{x+1}, \cdots, y_{x+n}) = 0, \tag{12-3}$$
其中 $F(x, y_x, y_{x+1}, \cdots, y_{x+n})$ 是关于 $x, y_x, y_{x+1}, \cdots, y_{x+n}$ 的已知函数,而且一定含有 y_x 和 y_{x+n}. 以后,若无特别声明,总是假定 $x \in \mathbf{N}$.

例如,$y_{x+3} - y_x - 1 = 0$ 是三阶差分方程;差分方程 $\Delta^2 y_x + \Delta y_x = 2^x$ 虽然含有二阶差分,但由于
$$\Delta^2 y_x + \Delta y_x = (y_{x+2} - 2y_{x+1} + y_x) + (y_{x+1} - y_x) = y_{x+2} - y_{x+1},$$
因此该差分方程化为
$$y_{x+2} - y_{x+1} = 2^x.$$
于是根据定义,它是一阶差分方程.

定义 4 如果一个函数代入差分方程后,能使得差分方程两边恒等,则称此函数为差分方程的**解**. 若在差分方程的解中,含有相互独立的任意常数的个数与差分方程的阶数相同,则称这个解为差分方程的**通解**. 若差分方程的解中不包含任意常数,则称这样的解为差分方程的**特解**.

例如,对于差分方程
$$y_{x+1} - y_x = 1,$$
把函数 $y_x = x$ 代入差分方程,有
$$\text{左边} = x + 1 - x = 1 = \text{右边},$$
所以 $y_x = x$ 是差分方程的特解. 可以验证,函数 $y_x = x + C$(C 为任意常数)也是差分方程的解. 由于这个解含有一个任意常数,而所给差分方程是一阶的,因此 $y_x = x + C$ 是差分方程的通解.

与常微分方程类似,由差分方程的通解来确定它的特解,需要给出确定特解的定解条件. 对于 n 阶差分方程(12-3),常见的定解条件是下面的初值条件:
$$y_0 = a_0, \quad y_1 = a_1, \quad y_2 = a_2, \quad \cdots, \quad y_{n-1} = a_{n-1},$$
其中 $a_0, a_1, a_2, \cdots, a_{n-1}$ 均为已知常数.

三、常系数线性差分方程的解的结构

形如
$$y_{x+n} + a_1 y_{x+n-1} + a_2 y_{x+n-2} + \cdots + a_{n-1} y_{x+1} + a_n y_x = f(x) \tag{12-4}$$
的差分方程,称为 n **阶常系数线性差分方程**,其中 $a_i (i = 1, 2, \cdots, n)$ 为常数,且 $a_n \neq 0$, $f(x)$ 为已

知函数，称为**自由项**. 当 $f(x)\equiv 0$ 时，方程(12-4) 成为

$$y_{x+n}+a_1y_{x+n-1}+a_2y_{x+n-2}+\cdots+a_{n-1}y_{x+1}+a_ny_x=0, \tag{12-5}$$

称为 **n 阶常系数齐次线性差分方程**. 而当 $f(x)\neq 0$ 时，方程(12-4) 称为 **n 阶常系数非齐次线性差分方程**，方程(12-5) 也叫作**对应于方程(12-4) 的齐次线性差分方程**.

为了介绍方程(12-4) 和方程(12-5) 的通解结构，我们引进线性相关和线性无关的概念.

定义 5 设 $y_x^{(1)},y_x^{(2)},\cdots,y_x^{(k)}$ 是定义在 $\mathbf{N}$ 上的 k 个函数. 若存在 k 个不全为零的常数 d_1，$d_2,\cdots,d_k$，使得

$$d_1y_x^{(1)}+d_2y_x^{(2)}+\cdots+d_ky_x^{(k)}=0\quad(x\in\mathbf{N}),$$

则称这 k 个函数在 $\mathbf{N}$ 上线性相关；否则，称它们在 $\mathbf{N}$ 上线性无关.

下面我们不加证明地给出下列 3 个基本定理.

定理 1 **若函数 $y_x^{(1)},y_x^{(2)},\cdots,y_x^{(n)}$ 是 n 阶常系数齐次线性差分方程(12-5) 的 n 个线性无关的解，则**

$$Y_x=C_1y_x^{(1)}+C_2y_x^{(2)}+\cdots+C_ny_x^{(n)}$$

就是方程(12-5) 的通解，其中 $C_1,C_2,\cdots,C_n$ 为任意常数.

定理 1 称为**齐次线性差分方程(12-5) 通解的结构定理.**

定理 2 **若函数 $\bar{y}_x$ 是非齐次线性差分方程(12-4) 的一个特解，函数 Y_x 是它对应的齐次线性差分方程(12-5) 的通解，则方程(12-4) 的通解为**

$$y_x=Y_x+\bar{y}_x.$$

定理 2 称为**非齐次线性差分方程(12-4) 通解的结构定理.**

定理 3 **若函数 $\bar{y}_x^{(1)},\bar{y}_x^{(2)}$ 分别是非齐次线性差分方程**

$$y_{x+n}+a_1y_{x+n-1}+\cdots+a_{n-1}y_{x+1}+a_ny_x=f_1(x)$$

和

$$y_{x+n}+a_1y_{x+n-1}+\cdots+a_{n-1}y_{x+1}+a_ny_x=f_2(x)$$

的特解，则函数 $\bar{y}_x=\bar{y}_x^{(1)}+\bar{y}_x^{(2)}$ 就是差分方程

$$y_{x+n}+a_1y_{x+n-1}+\cdots+a_{n-1}y_{x+1}+a_ny_x=f_1(x)+f_2(x)$$

的一个特解.

定理 3 称为**非齐次线性差分方程的解的叠加原理.**

习 题 12.1

1. 求下列函数的一阶与二阶差分：

(1) $y_x=3x^2+2x$；　　(2) $y_x=x^{(5)}$；

(3) $y_x=\sin x\cos x$；　　(4) $y_x=(-3)^x$；

(5) $y_x=\log_a x\quad(a>0,a\neq 1)$.

2. 证明下列等式：

(1) $\Delta(u_xv_x)=u_{x+1}\Delta v_x+v_x\Delta u_x$；　　(2) $\Delta\left(\dfrac{u_x}{v_x}\right)=\dfrac{v_x\Delta u_x-u_x\Delta v_x}{v_xv_{x+1}}$.

3. 试确定下列等式中哪些是差分方程：

(1) $\Delta y_x+y_x=1$；　　(2) $y_{x+1}=y_{x-1}$；

(3) $\Delta^2y_x=y_{x+2}-2y_{x+1}+y_x$；　　(4) $\Delta^2y_x+\Delta y_x=0$.

4. 指出下列差分方程的阶数：

(1) $y_{x+1}-xy_x=1$；　　(2) $y_{x+2}=y_x+2(y_x)^3$；

(3) $y_{x+3}-\sin y_x=e^{-x}$；　　(4) $3\Delta^2 y_{x+1}-y_{x-2}=x$.

5. 已知函数 $y_x^{(1)}=3^x, y_x^{(2)}=3^x-2^x$ 是差分方程

$$y_{x+1}+ay_x=f(x)$$

的两个特解. 求：

(1) a 及 $f(x)$；

(2) 差分方程的通解；

(3) 差分方程满足初值条件 $y_0=2$ 的特解.

6. 验证：函数 $y_x^{(1)}=2^{\frac{x}{2}}\cos\frac{\pi}{4}x, y_x^{(2)}=2^{\frac{x}{2}}\sin\frac{\pi}{4}x$ 是差分方程 $y_{x+2}-2y_{x+1}+2y_x=0$ 的解，并求该差分方程的通解.

7. 设函数 $y_x^{(1)}, y_x^{(2)}$ 分别是差分方程

$$y_{x+1}+ay_x=f_1(x) \quad \text{和} \quad y_{x+1}+ay_x=f_2(x)$$

的解，求证：函数 $y_x=y_x^{(1)}+y_x^{(2)}$ 是差分方程

$$y_{x+1}+ay_x=f_1(x)+f_2(x)$$

的解.

第二节　一阶常系数线性差分方程

一阶常系数线性差分方程的一般形式为

$$y_{x+1}-ay_x=f(x), \tag{12-6}$$

其中 a 为非零常数，$f(x)$ 为已知函数，y_x 是未知函数. 当 $f(x)\equiv 0$ 时，方程(12-6)成为

$$y_{x+1}-ay_x=0, \tag{12-7}$$

称为**一阶常系数齐次线性差分方程**. 而当 $f(x)\neq 0$ 时，方程(12-6)称为**一阶常系数非齐次线性差分方程**，方程(12-7)也称为对应于方程(12-6)的齐次线性差分方程.

先介绍求一阶常系数齐次线性差分方程(12-7)的通解的**迭代法**.

将方程(12-7)改写为

$$y_{x+1}=ay_x \quad (x=0,1,2,\cdots). \tag{12-8}$$

若初值 y_0 已知，则按式(12-8)逐次迭代，可得

$$y_1=ay_0,$$
$$y_2=ay_1=a^2y_0,$$
$$y_3=ay_2=a^3y_0,$$
$$\cdots\cdots$$

一般地，$y_x=y_0a^x(x=0,1,2,\cdots)$. 令 $y_0=C$ 为任意常数，则得方程(12-7)的通解为

$$Y_x=Ca^x. \tag{12-9}$$

下面介绍怎样求得非齐次线性差分方程(12-6)的通解.

由第一节定理 2 可知，方程(12-6)的通解等于它本身的一个特解与它对应的齐次线性差分方程(12-7)的通解之和. 也就是说，如果函数 $\overline{y}_x$ 是方程(12-6)的一个特解，那么方程(12-6)的通解为

$$y_x=Ca^x+\overline{y}_x, \tag{12-10}$$

其中 C 为任意常数. 因此，要求方程(12-6)的通解，关键是要求得它的一个特解. 这里我们只介绍

当方程(12-6)右端的自由项 $f(x)$ 是以下3种常见类型的函数时,求它的特解 $\overline{y}_x$ 的待定系数法.

类型Ⅰ $f(x)=P_n(x)$,其中 $P_n(x)$ 是 x 的 n 次多项式.

此时,方程(12-6)为

$$y_{x+1}-ay_x=P_n(x). \tag{12-11}$$

方程(12-11)也可写为

$$\Delta y_x+(1-a)y_x=P_n(x). \tag{12-12}$$

由于方程(12-12)右端为 n 次多项式 $P_n(x)$,而多项式的线性组合仍然是多项式,因此我们推测方程(12-12)的特解 $\overline{y}_x$ 为多项式.又注意到,若 $\overline{y}_x$ 是 x 的 m 次多项式,则 $\Delta\overline{y}_x$ 是 x 的 $m-1$ 次多项式,所以当 $a\neq1$ 时,可令

$$\overline{y}_x=Q_n(x), \tag{12-13}$$

其中 $Q_n(x)$ 是一个 n 次待定多项式.把它代入方程(12-12),比较方程两边 x 同次幂的系数,便可确定 $Q_n(x)$ 中的待定系数,从而得到特解 $\overline{y}_x$.而当 $a=1$ 时,Δy_x 必须是 n 次多项式,此时可令

$$\overline{y}_x=xQ_n(x), \tag{12-14}$$

并用同样的方法可以确定 n 次待定多项式 $Q_n(x)$ 中的系数,从而得到特解 $\overline{y}_x$.

综上所述,我们有如下结论:

若一阶常系数非齐次线性差分方程(12-6)的自由项为 $f(x)=P_n(x)$,其中 $P_n(x)$ 是 x 的 n 次多项式,则方程(12-6)的特解 $\overline{y}_x$ 可设为

$$\overline{y}_x=x^kQ_n(x), \tag{12-15}$$

其中 $Q_n(x)$ 是与 $P_n(x)$ 具有相同次数(n 次)的待定多项式,而 k 的取值按下面的情形确定:

(1) 当 $a\neq1$ 时,$k=0$;

(2) 当 $a=1$ 时,$k=1$.

例1

求差分方程 $3y_{x+1}+y_x=4$ 的通解.

解 将差分方程改写为

$$y_{x+1}+\frac{1}{3}y_x=\frac{4}{3}, \tag{12-16}$$

这里 $a=-\frac{1}{3}$,$f(x)=P_n(x)=\frac{4}{3}$(此时 $n=0$).方程(12-16)对应的齐次线性差分方程的通解为

$$Y_x=C\left(-\frac{1}{3}\right)^x \quad (C\text{ 为任意常数}).$$

由于 $a=-\frac{1}{3}\neq1$,故可设方程(12-16)的特解为

$$\overline{y}_x=A.$$

将它代入方程(12-16),得 $\frac{4}{3}A=\frac{4}{3}$,即 $A=1$.故 $\overline{y}_x=1$,从而原差分方程的通解为

$$y_x=C\left(-\frac{1}{3}\right)^x+1.$$

例2

求差分方程 $\Delta^2y_x+\Delta y_x=2x+5$ 的通解.

解 原差分方程可化为与之等价的差分方程

$$y_{x+1}-y_x=2x+3, \tag{12-17}$$

这里 $a=1,f(x)=P_n(x)=2x+3$（此时 $n=1$）. 方程（12－17）对应的齐次线性差分方程的通解为

$$Y_x=C \quad (C\text{ 为任意常数}).$$

由于 $a=1$，故可设方程（12－17）的特解为

$$\overline{y}_x=x(Ax+B).$$

把它代入方程（12－17），得

$$2Ax+A+B=2x+3.$$

比较上式两边 x 同次幂的系数，得

$$\begin{cases}2A=2,\\ A+B=3,\end{cases} \quad \text{即} \quad \begin{cases}A=1,\\ B=2.\end{cases}$$

故 $\overline{y}_x=x^2+2x$，从而原差分方程的通解为

$$y_x=x^2+2x+C.$$

例 3

求差分方程 $\Delta y_x=x^{(2)}$ 满足初值条件 $y_0=2$ 的特解.

解　因为 $\Delta x^{(3)}=3x^{(2)}$，即 $\Delta\left(\frac{1}{3}x^{(3)}\right)=x^{(2)}$，所以原差分方程的通解为

$$y_x=\frac{1}{3}x^{(3)}+C=\frac{1}{3}x(x-1)(x-2)+C.$$

由 $y_0=2$，得 $C=2$，故所求特解为

$$y_x=\frac{1}{3}x(x-1)(x-2)+2.$$

类型 Ⅱ　$f(x)=P_n(x)\mu^x$，其中 $P_n(x)$ 是 x 的 n 次多项式，μ 是常数，且 $\mu\neq 0,\mu\neq 1$.

此时，方程（12－6）为

$$y_{x+1}-ay_x=P_n(x)\mu^x. \tag{12-18}$$

下面引入代换把方程（12－18）化为类型 Ⅰ 的形式. 令

$$y_x=\mu^x z_x,$$

其中 z_x 是未知函数. 把它代入方程（12－18），可得

$$\mu z_{x+1}-az_x=P_n(x)$$

或

$$z_{x+1}-\frac{a}{\mu}z_x=\frac{1}{\mu}P_n(x). \tag{12-19}$$

对方程（12－19）应用前面的结论，再结合代换 $y_x=\mu^x z_x$，可以得出下面的结论：

若一阶常系数非齐次线性差分方程（12－6）的自由项为 $f(x)=P_n(x)\mu^x$，其中 $P_n(x)$ 是 x 的 n 次多项式，μ 为常数，且 $\mu\neq 0,\mu\neq 1$，则方程（12－6）的特解 $\overline{y}_x$ 可设为

$$\overline{y}_x=x^kQ_n(x)\mu^x, \tag{12-20}$$

其中 $Q_n(x)$ 是与 $P_n(x)$ 具有相同次数（n 次）的待定多项式，而 k 的取值按下面的情形确定：

(1) 当 $a\neq\mu$ 时，$k=0$；

(2) 当 $a=\mu$ 时，$k=1$.

例 4

求差分方程 $3y_{x+1}+y_x=x2^x$ 的通解.

解 将差分方程改写成

$$y_{x+1}+\frac{1}{3}y_x=\frac{x}{3}2^x, \tag{12-21}$$

这里 $a=-\frac{1}{3}$，$f(x)=P_n(x)\mu^x=\frac{x}{3}2^x\left(\text{此时}\ \mu=2,P_n(x)=\frac{1}{3}x\right)$. 方程(12-21)对应的齐次线性差分方程的通解为

$$Y_x=C\left(-\frac{1}{3}\right)^x \quad (C\ \text{为任意常数}).$$

由于 $a\neq\mu$，故可设方程(12-21)的特解为

$$\bar{y}_x=(Ax+B)2^x.$$

把它代入方程(12-21)，可得

$$\frac{7}{3}Ax+2A+\frac{7}{3}B=\frac{x}{3}.$$

比较上式两边 x 同次幂的系数，得

$$\begin{cases}\frac{7}{3}A=\frac{1}{3},\\ 2A+\frac{7}{3}B=0,\end{cases}\quad \text{即}\quad \begin{cases}A=\frac{1}{7},\\ B=-\frac{6}{49}.\end{cases}$$

于是，得 $\bar{y}_x=\left(\frac{1}{7}x-\frac{6}{49}\right)2^x$，故差分方程的通解为

$$y_x=C\left(-\frac{1}{3}\right)^x+\left(\frac{1}{7}x-\frac{6}{49}\right)2^x.$$

例 5

求差分方程 $3y_{x+1}+y_x=x2^x+4$ 的通解.

解 由例 1 和例 4 的结果，利用叠加原理即得差分方程的通解为

$$y_x=C\left(-\frac{1}{3}\right)^x+\left(\frac{1}{7}x-\frac{6}{49}\right)2^x+1,$$

其中 C 为任意常数.

类型 Ⅲ $f(x)=d_1\cos\omega x+d_2\sin\omega x$，其中 d_1,d_2,ω 都是常数，且 $d_1^2+d_2^2\neq0$，$\omega\neq m\pi$(m 为整数).

此时，方程(12-6)为

$$y_{x+1}-ay_x=d_1\cos\omega x+d_2\sin\omega x. \tag{12-22}$$

设方程(12-22)有特解

$$\bar{y}_x=D_1\cos\omega x+D_2\sin\omega x,$$

这里 D_1,D_2 都是待定系数. 将它代入方程(12-22)，得

$$\begin{aligned}&[D_1(\cos\omega-a)+D_2\sin\omega]\cos\omega x+[-D_1\sin\omega+D_2(\cos\omega-a)]\sin\omega x\\&=d_1\cos\omega x+d_2\sin\omega x.\end{aligned}$$

由此可知

$$\begin{cases} D_1(\cos\omega - a) + D_2\sin\omega = d_1, \\ -D_1\sin\omega + D_2(\cos\omega - a) = d_2. \end{cases} \tag{12-23}$$

这是以 D_1, D_2 为未知量的线性方程组，其系数行列式

$$\begin{vmatrix} \cos\omega - a & \sin\omega \\ -\sin\omega & \cos\omega - a \end{vmatrix} = (\cos\omega - a)^2 + \sin^2\omega.$$

因为 $\omega \neq m\pi$（m 为整数），所以 $(\cos\omega - a)^2 + \sin^2\omega \neq 0$，故方程组(12-23)有唯一解. 解方程组(12-23)就可确定待定系数 D_1 和 D_2，从而得到方程(12-22)的特解.

综上所述，我们有如下结论：

若一阶常系数非齐次线性差分方程(12-6)的自由项为 $f(x) = d_1\cos\omega x + d_2\sin\omega x$，其中 d_1, d_2, ω 都是常数，且 $d_1^2 + d_2^2 \neq 0$，$\omega \neq m\pi$（m 为整数），则方程(12-6)的特解 $\overline{y}_x$ 可设为

$$\overline{y}_x = D_1\cos\omega x + D_2\sin\omega x,$$

其中 D_1 与 D_2 都是待定系数.

例 6

求差分方程 $y_{x+1} - 3y_x = \sin x$ 的通解.

解 这里 $a = 3$，$f(x) = d_1\cos\omega x + d_2\sin\omega x = \sin x$（此时 $d_1 = 0, d_2 = 1, \omega = 1$）. 原差分方程对应的齐次线性差分方程的通解为

$$Y_x = C3^x \quad (C\text{ 为任意常数}).$$

设原差分方程的特解为

$$\overline{y}_x = D_1\cos x + D_2\sin x,$$

将它代入原差分方程，得

$$(D_1\cos 1 + D_2\sin 1 - 3D_1)\cos x + (D_2\cos 1 - D_1\sin 1 - 3D_2)\sin x = \sin x.$$

比较上式两边同类项的系数，得

$$\begin{cases} (\cos 1 - 3)D_1 + \sin 1 \cdot D_2 = 0, \\ -\sin 1 \cdot D_1 + (\cos 1 - 3)D_2 = 1, \end{cases}$$

解得

$$D_1 = \frac{\sin 1}{6\cos 1 - 10}, \quad D_2 = \frac{3 - \cos 1}{6\cos 1 - 10}.$$

所以，原差分方程的通解为

$$y_x = C3^x + \frac{\sin 1}{6\cos 1 - 10}\cos x + \frac{3 - \cos 1}{6\cos 1 - 10}\sin x.$$

习题 12.2

1. 求下列差分方程的通解：

(1) $\Delta y_x = 1$；　　(2) $3y_{x+1} + 2y_x = x^2$；

(3) $y_{x+1} - 2y_x = 2^x$；　　(4) $y_{x+1} + y_x = (x^2 + 1)3^x$；

(5) $y_{x+1} + \frac{1}{2}y_x = \cos\frac{\pi}{2}x$；　　(6) $\Delta y_x = 2^x + x$.

2. 求下列差分方程满足所给初值条件的特解：

(1) $y_{x+1} - 5y_x = 3, y_0 = \frac{1}{4}$；　　(2) $y_{x+1} - 2y_x = 3x^2, y_0 = 1$；

(3) $\Delta^2 y_x + \Delta y_x = (x+1)3^{x+1}, y_0 = 1$；　　(4) $y_{x+1} + 5y_x = \sin\frac{\pi}{2}x, y_0 = 0$.

3. 考虑一阶差分方程

$$y_{x+1} - \frac{x+1}{x+2}y_x = \frac{x+1}{x+2}.$$

(1) 证明：通过代换 $z_x = (x+1)y_x$ 可将该差分方程化成关于未知函数 z_x 的一阶常系数线性差分方程；

(2) 利用(1)的结论求出该差分方程的通解.

第三节　二阶常系数线性差分方程

二阶常系数线性差分方程的一般形式为

$$y_{x+2} + ay_{x+1} + by_x = f(x), \tag{12-24}$$

其中 a, b 为常数，且 $b \neq 0$，$f(x)$ 为 x 的已知函数. 当 $f(x) \equiv 0$ 时，方程(12-24)成为

$$y_{x+2} + ay_{x+1} + by_x = 0, \tag{12-25}$$

称为**二阶常系数齐次线性差分方程**. 而当 $f(x) \not\equiv 0$ 时，方程(12-24)称为**二阶常系数非齐次线性差分方程**，方程(12-25)也称为对应于方程(12-24)的齐次线性差分方程.

一、二阶常系数齐次线性差分方程的解法

由第一节定理1可知，若能求出方程(12-25)的两个线性无关的解 $y_x^{(1)}, y_x^{(2)}$，则方程(12-25)的通解为

$$y_x = C_1 y_x^{(1)} + C_2 y_x^{(2)},$$

其中 C_1, C_2 是任意常数.

假设函数 $y_x = \lambda^x$ 是方程(12-25)的解，其中 λ 是待定常数，且 $\lambda \neq 0$，则将它代入方程(12-25)，得

$$\lambda^x(\lambda^2 + a\lambda + b) = 0.$$

因为 $\lambda^x \neq 0$，所以

$$\lambda^2 + a\lambda + b = 0. \tag{12-26}$$

方程(12-26)称为方程(12-25)的**特征方程**，特征方程的根称为**特征根**. 由此可见，函数 $y_x = \lambda^x$ 是齐次线性差分方程(12-25)的特解的充要条件为 λ 是特征方程(12-26)的根.

下面按特征根的3种不同情况，分别讨论差分方程(12-25)的通解的求法(注意 $\lambda = 0$ 不是特征根)：

(1) 特征方程(12-26)有两个不相等的实根 λ_1 与 λ_2. 这时，方程(12-25)有两个特解

$$y_x^{(1)} = \lambda_1^x, \quad y_x^{(2)} = \lambda_2^x.$$

由于 $\frac{y_x^{(1)}}{y_x^{(2)}} = \left(\frac{\lambda_1}{\lambda_2}\right)^x \neq$ 常数，因此 $y_x^{(1)}$ 与 $y_x^{(2)}$ 线性无关. 于是，方程(12-25)的通解为

$$y_x = C_1\lambda_1^x + C_2\lambda_2^x,$$

其中 C_1, C_2 为任意常数.

(2) 特征方程(12-26)有两个相等的实根 $\lambda_1 = \lambda_2 = -\frac{a}{2}$. 这时，方程(12-25)有一个特解 $y_x^{(1)} = \lambda_1^x$. 可以证明，$y_x^{(2)} = x\lambda_1^x$ 是方程(12-25)的另一个特解. 因为 $y_x^{(1)}$ 与 $y_x^{(2)}$ 线性无关，所以方

程(12－25)的通解为

$$y_x = C_1 y_x^{(1)} + C_2 y_x^{(2)} = (C_1 + C_2 x)\lambda_1^x,$$

其中 C_1, C_2 为任意常数.

(3) 特征方程(12－26)有一对共轭复根

$$\lambda_1 = \alpha + \mathrm{i}\beta = r(\cos\theta + \mathrm{i}\sin\theta),\quad \lambda_2 = \alpha - \mathrm{i}\beta = r(\cos\theta - \mathrm{i}\sin\theta),$$

其中 $\beta > 0, r = \sqrt{\alpha^2+\beta^2}, \cos\theta = \dfrac{\alpha}{\sqrt{\alpha^2+\beta^2}}, \sin\theta = \dfrac{\beta}{\sqrt{\alpha^2+\beta^2}}, 0<\theta<\pi$. 此时,可以证明方程(12－25)有两个线性无关的特解

$$y_x^{(1)} = r^x\cos\theta x,\quad y_x^{(2)} = r^x\sin\theta x.$$

所以,方程(12－25)的通解为

$$y_x = r^x(C_1\cos\theta x + C_2\sin\theta x),$$

其中 C_1, C_2 为任意常数.

综上所述,求二阶常系数齐次线性差分方程

$$y_{x+2} + ay_{x+1} + by_x = 0\quad (b\neq 0)\qquad (12-25)$$

的通解的步骤如下:

第一步,写出差分方程(12－25)的特征方程

$$\lambda^2 + a\lambda + b = 0\quad (b\neq 0);\qquad (12-26)$$

第二步,求出特征方程(12－26)的两个根 λ_1, λ_2;

第三步,根据特征方程(12－26)的两个根的不同情况,按照表12－1写出差分方程(12－25)的通解,其中 C_1, C_2 为任意常数.

表 12－1

特征方程 $\lambda^2 + a\lambda + b = 0$ 的两个根	差分方程 $y_{x+2} + ay_{x+1} + by_x = 0(b\neq 0)$ 的通解
两个不相等的实根 λ_1, λ_2	$y_x = C_1\lambda_1^x + C_2\lambda_2^x$
两个相等的实根 $\lambda_1 = \lambda_2$	$y_x = (C_1 + C_2 x)\lambda_1^x$
一对共轭复根 $\lambda_{1,2} = \alpha \pm \mathrm{i}\beta = r(\cos\theta \pm \mathrm{i}\sin\theta)$,其中 $\beta > 0, r = \sqrt{\alpha^2+\beta^2}, \cos\theta = \dfrac{\alpha}{\sqrt{\alpha^2+\beta^2}}$, $\sin\theta = \dfrac{\beta}{\sqrt{\alpha^2+\beta^2}}, 0<\theta<\pi$	$y_x = r^x(C_1\cos\theta x + C_2\sin\theta x)$

例 1

求下列差分方程的通解:

(1) $y_{x+2} - 5y_{x+1} + 6y_x = 0$;

(2) $\Delta^2 y_x + 4y_{x+1} = 0$;

(3) $y_{x+2} + 9y_x = 0$.

解 (1) 因为差分方程的特征方程 $\lambda^2 - 5\lambda + 6 = 0$ 有两个不相等的实根

$$\lambda_1 = 2,\quad \lambda_2 = 3,$$

所以差分方程的通解为

$$y_x = C_1 2^x + C_2 3^x,$$

其中 C_1, C_2 为任意常数.

(2) 差分方程可改写为

$$y_{x+2} + 2y_{x+1} + y_x = 0,$$

其特征方程 $\lambda^2 + 2\lambda + 1 = 0$ 有两个相等的实根

$$\lambda_1 = \lambda_2 = -1,$$

所以差分方程的通解为

$$y_x = (C_1 + C_2 x)(-1)^x,$$

其中 C_1, C_2 为任意常数.

(3) 因为差分方程的特征方程 $\lambda^2 + 9 = 0$ 有一对共轭复根

$$\lambda_1 = 3\mathrm{i}, \quad \lambda_2 = -3\mathrm{i},$$

从而 $r = 3, \theta = \frac{\pi}{2}$,故差分方程的通解为

$$y_x = 3^x\left(C_1\cos\frac{\pi}{2}x + C_2\sin\frac{\pi}{2}x\right),$$

其中 C_1, C_2 为任意常数.

二、二阶常系数非齐次线性差分方程的解法

对于二阶常系数非齐次线性差分方程

$$y_{x+2} + ay_{x+1} + by_x = f(x), \tag{12-24}$$

由第一节定理 2 可知,它的通解等于它对应的齐次线性差分方程

$$y_{x+2} + ay_{x+1} + by_x = 0 \tag{12-25}$$

的通解与它本身的一个特解之和. 由于齐次线性差分方程(12-25)的通解的求法在前面已得到解决,因此这里只需讨论求非齐次线性差分方程(12-24)的一个特解 $\overline{y}_x$ 的方法.

下面只介绍当方程(12-24)右端的自由项 $f(x)$ 是以下 3 种常见类型的函数时,求方程(12-24)的特解 $\overline{y}_x$ 的待定系数法.

类型 I $f(x) = P_n(x)$,其中 $P_n(x)$ 是 x 的 n 次多项式.

此时,方程(12-24)为

$$y_{x+2} + ay_{x+1} + by_x = P_n(x). \tag{12-27}$$

方程(12-27)也可写为

$$\Delta^2 y_x + (2+a)\Delta y_x + (1+a+b)y_x = P_n(x). \tag{12-28}$$

由于方程(12-28)右端是 n 次多项式 $P_n(x)$,而多项式的线性组合仍然是多项式,因此我们推测方程(12-28)的特解 $\overline{y}_x$ 为多项式. 又注意到,若 $\overline{y}_x$ 是 x 的 m 次多项式,则 $\Delta\overline{y}_x$ 是 x 的$m-1$ 次多项式,$\Delta^2\overline{y}_x$ 是 x 的 $m-2$ 次多项式. 所以,我们分下列 3 种情况讨论:

(1) 若 $1+a+b \neq 0$,即 1 不是特征方程 $\lambda^2 + a\lambda + b = 0$ 的根,则令

$$\overline{y}_x = Q_n(x),$$

这里 $Q_n(x)$ 是一个 n 次待定多项式. 把它代入方程(12-27),比较方程两端同次幂的系数,便可确定 $Q_n(x)$ 中的待定系数,从而得到特解 $\overline{y}_x$.

(2) 若 $1+a+b=0$,但 $2+a \neq 0$,即 1 是特征方程 $\lambda^2 + a\lambda + b = 0$ 的单根,则令

$$\overline{y}_x = xQ_n(x),$$

其中 $Q_n(x)$ 是一个 n 次待定多项式. 将它代入方程(12-27)，比较方程两边 x 同次幂的系数，便可确定 $Q_n(x)$ 中的待定系数，从而得到特解 $\bar{y}_x$.

(3) 若 $1+a+b=0$，且 $2+a=0$，即 1 是特征方程 $\lambda^2+a\lambda+b=0$ 的二重根，则令

$$\bar{y}_x = x^2 Q_n(x),$$

其中 $Q_n(x)$ 是一个 n 次待定多项式. 用同样方法可确定 $Q_n(x)$ 中的待定系数，从而得到特解 $\bar{y}_x$.

综上所述，我们有如下结论：

如果二阶常系数非齐次线性差分方程(12-24) 的自由项为 $f(x)=P_n(x)$，其中 $P_n(x)$ 是 x 的 n 次多项式，那么方程(12-24) 的特解 $\bar{y}_x$ 可设为

$$\bar{y}_x = x^k Q_n(x),$$

其中 $Q_n(x)$ 是与 $P_n(x)$ 具有相同次数(n 次) 的待定多项式，而 k 的取值按下面的情形确定：

(1) 若 1 不是特征方程 $\lambda^2+a\lambda+b=0$ 的根，则 $k=0$；

(2) 若 1 是特征方程 $\lambda^2+a\lambda+b=0$ 的单根，则 $k=1$；

(3) 若 1 是特征方程 $\lambda^2+a\lambda+b=0$ 的二重根，则 $k=2$.

例 2

求差分方程 $y_{x+2}-5y_{x+1}+6y_x=x$ 的通解.

解 先求原差分方程对应的齐次线性差分方程

$$y_{x+2}-5y_{x+1}+6y_x=0$$

的通解. 它的特征方程为

$$\lambda^2-5\lambda+6=0,$$

特征根为 $\lambda_1=2$，$\lambda_2=3$. 于是，该齐次线性差分方程的通解为

$$Y_x = C_1 2^x + C_2 3^x,$$

其中 C_1，C_2 为任意常数.

再求原差分方程的一个特解 $\bar{y}_x$. 由于 1 不是特征方程的根，因此可设原差分方程的特解为

$$\bar{y}_x = Ax+B.$$

将它代入原差分方程，得

$$2Ax-3A+2B=x.$$

比较上式两边 x 同次幂的系数，得

$$\begin{cases} 2A=1, \\ -3A+2B=0, \end{cases} \quad \text{即} \quad \begin{cases} A=\dfrac{1}{2}, \\ B=\dfrac{3}{4}. \end{cases}$$

于是，得 $\bar{y}_x=\frac{1}{2}x+\frac{3}{4}$. 故原差分方程的通解为

$$y_x = C_1 2^x + C_2 3^x + \frac{1}{2}x + \frac{3}{4}.$$

例 3

求差分方程 $y_{x+2}+2y_{x+1}-3y_x=5x+6$ 的通解.

解 原差分方程对应的齐次线性差分方程的特征方程为

$$\lambda^2+2\lambda-3=0,$$

特征根为 $\lambda_1=1,\lambda_2=-3$，所以原差分方程对应的齐次线性差分方程的通解为

$$Y_x=C_1+C_2(-3)^x,$$

其中 C_1,C_2 为任意常数.

由于 1 是特征方程的单根. 故可设原差分方程的特解为

$$\bar{y}_x=x(Ax+B).$$

将它代入原差分方程，并比较 x 同次幂的系数，得

$$\begin{cases}8A=5,\\6A+4B=6,\end{cases}\quad 即\quad \begin{cases}A=\dfrac{5}{8},\\B=\dfrac{9}{16}.\end{cases}$$

于是，得 $\bar{y}_x=\frac{5}{8}x^2+\frac{9}{16}x$. 故原差分方程的通解为

$$y_x=C_1+C_2(-3)^x+\frac{5}{8}x^2+\frac{9}{16}x.$$

例 4

求差分方程 $y_{x+2}-2y_{x+1}+y_x=1$ 满足初值条件 $y_0=0,y_1=1$ 的特解.

解 原差分方程对应的齐次线性差分方程的特征方程为

$$\lambda^2-2\lambda+1=0,$$

特征根为 $\lambda_1=\lambda_2=1$. 于是，原差分方程对应的齐次线性差分方程的通解为

$$Y_x=C_1+C_2x,$$

其中 C_1,C_2 为任意常数.

由于 1 是特征方程的二重根，故可设原差分方程的特解为

$$\bar{y}_x=Ax^2.$$

将其代入原差分方程，得 $2A=1$，即 $A=\frac{1}{2}$. 故原差分方程的通解为

$$y_x=C_1+C_2x+\frac{1}{2}x^2.$$

由初值条件 $y_0=0$ 与 $y_1=1$，得

$$\begin{cases}C_1=0,\\C_1+C_2+\dfrac{1}{2}=1,\end{cases}\quad 即\quad \begin{cases}C_1=0,\\C_2=\dfrac{1}{2},\end{cases}$$

故所求特解为

$$y_x=\frac{1}{2}x+\frac{1}{2}x^2.$$

类型 Ⅱ $f(x)=P_n(x)\mu^x$，其中 $P_n(x)$ 是 x 的 n 次多项式，μ 是常数，且 $\mu\neq 0,\mu\neq 1$.

此时，方程(12-24)为

$$y_{x+2}+ay_{x+1}+by_x=P_n(x)\mu^x. \tag{12-29}$$

下面引入代换将方程(12-29)化为类型 Ⅰ 的形式. 令

$$y_x=\mu^x z_x,$$

其中 z_x 是未知函数. 将它代入方程(12-29)，得

$$\mu^2 z_{x+2}+a\mu z_{x+1}+bz_x=P_n(x),$$

即

$$z_{x+2}+\frac{a}{\mu}z_{x+1}+\frac{b}{\mu^2}z_x=\frac{1}{\mu^2}P_n(x). \tag{12-30}$$

对方程(12－30) 应用前面的结论，再结合代换 $y_x=\mu^x z_x$，可以得出下面的结论：

如果二阶常系数非齐次线性差分方程(12－24) 的自由项为 $f(x)=P_n(x)\mu^x$，其中 $P_n(x)$ 是 x 的 n 次多项式，μ 是常数，且 $\mu\neq 0$，$\mu\neq 1$，则方程(12－24) 的特解 $\bar{y}_x$ 可设为

$$\bar{y}_x=x^k Q_n(x)\mu^x,$$

其中 $Q_n(x)$ 是与 $P_n(x)$ 具有相同次数(n 次) 的待定多项式，而 k 的取值按下面的情形确定：

(1) 若 μ 不是特征方程 $\lambda^2+a\lambda+b=0$ 的根，则 $k=0$；

(2) 若 μ 是特征方程 $\lambda^2+a\lambda+b=0$ 的单根，则 $k=1$；

(2) 若 μ 是特征方程 $\lambda^2+a\lambda+b=0$ 的二重根，则 $k=2$.

例 5

求差分方程 $y_{x+2}-5y_{x+1}+6y_x=2^x(x+3)$ 的通解.

解 原差分方程对应的齐次线性差分方程的特征方程为

$$\lambda^2-5\lambda+6=0,$$

特征根为 $\lambda_1=2,\lambda_2=3$，于是原差分方程对应的齐次线性差分方程的通解为

$$Y_x=C_1 2^x+C_2 3^x,$$

其中 C_1,C_2 为任意常数.

由于 2 是特征方程的单根，故可设原差分方程的特解为

$$\bar{y}_x=x(Ax+B)2^x.$$

将它代入原差分方程，可得

$$-4Ax+6A-2B=x+3.$$

由此得

$$\begin{cases}-4A=1,\\ 6A-2B=3,\end{cases}\quad 即\quad \begin{cases}A=-\dfrac{1}{4},\\ B=-\dfrac{9}{4}.\end{cases}$$

于是，得

$$\bar{y}_x=2^x\left(-\frac{1}{4}x^2-\frac{9}{4}x\right).$$

故原差分方程的通解为

$$y_x=C_1 2^x+C_2 3^x-2^x\left(\frac{1}{4}x^2+\frac{9}{4}x\right).$$

下面介绍当二阶常系数非齐次线性差分方程(12－24) 的自由项 $f(x)$ 为如下第三种类型的函数时，求方程(12－24) 的特解的待定系数法. 对于此种情况，我们不做一般讨论，只给出结论.

类型 Ⅲ $f(x)=d_1\cos\omega x+d_2\sin\omega x$，其中 d_1,d_2,ω 为常数，且 $d_1^2+d_2^2\neq 0$，$\omega\neq m\pi$(m 为整数).

此时，方程(12－24) 的特解 $\bar{y}_x$ 可设为

$$\bar{y}_x=x^k(D_1\cos\omega x+D_2\sin\omega x),$$

其中 D_1 和 D_2 都是待定系数，而 k 的取值按下面的情形确定：

(1) 若 $\cos\omega+\mathrm{i}\sin\omega$(或 $\cos\omega-\mathrm{i}\sin\omega$) 不是特征方程 $\lambda^2+a\lambda+b=0$ 的根，则 $k=0$；

(2) 若 $\cos\omega+\mathrm{i}\sin\omega$(或 $\cos\omega-\mathrm{i}\sin\omega$) 是特征方程 $\lambda^2+a\lambda+b=0$ 的根,则 $k=1$.

例 6

求差分方程 $y_{x+2}+8y_{x+1}+7y_x=\sin\frac{\pi}{2}x$ 的通解.

解 原差分方程对应的齐次线性差分方程的特征方程为

$$\lambda^2+8\lambda+7=0,$$

特征根为 $\lambda_1=-1,\lambda_2=-7$,于是原差分方程对应的齐次线性差分方程的通解为

$$Y_x=C_1(-1)^x+C_2(-7)^x,$$

其中 C_1,C_2 为任意常数.

由于 $\cos\omega+\mathrm{i}\sin\omega=\cos\frac{\pi}{2}+\mathrm{i}\sin\frac{\pi}{2}=\mathrm{i}$ 不是特征方程的根,因此可设原差分方程的特解为

$$\bar{y}_x=D_1\cos\frac{\pi}{2}x+D_2\sin\frac{\pi}{2}x.$$

将它代入原差分方程,可得

$$(6D_1+8D_2)\cos\frac{\pi}{2}x+(-8D_1+6D_2)\sin\frac{\pi}{2}x=\sin\frac{\pi}{2}x.$$

由此可得

$$\begin{cases}6D_1+8D_2=0,\\-8D_1+6D_2=1,\end{cases}$$

解得 $D_1=-\frac{2}{25},D_2=\frac{3}{50}$. 于是,得

$$\bar{y}_x=-\frac{2}{25}\cos\frac{\pi}{2}x+\frac{3}{50}\sin\frac{\pi}{2}x.$$

故原差分方程的通解为

$$y_x=C_1(-1)^x+C_2(-7)^x-\frac{2}{25}\cos\frac{\pi}{2}x+\frac{3}{50}\sin\frac{\pi}{2}x.$$

例 7

求差分方程 $y_{x+2}+y_x=\cos\frac{\pi}{2}x$ 的通解.

解 原差分方程对应的齐次线性差分方程的特征方程为

$$\lambda^2+1=0,$$

特征根为 $\lambda_1=\mathrm{i},\lambda_2=-\mathrm{i}$,于是原差分方程对应的齐次线性差分方程的通解为

$$Y_x=C_1\cos\frac{\pi}{2}x+C_2\sin\frac{\pi}{2}x,$$

其中 C_1,C_2 为任意常数.

由于 $\cos\omega+\mathrm{i}\sin\omega=\cos\frac{\pi}{2}+\mathrm{i}\sin\frac{\pi}{2}=\mathrm{i}$ 是特征方程的根,故可设原差分方程的特解为

$$\bar{y}_x=x\left(D_1\cos\frac{\pi}{2}x+D_2\sin\frac{\pi}{2}x\right).$$

将它代入原差分方程,可得

$$-2D_1\cos\frac{\pi}{2}x-2D_2\sin\frac{\pi}{2}x=\cos\frac{\pi}{2}x.$$

由此可得

$$\begin{cases} -2D_1 = 1, \\ -2D_2 = 0, \end{cases} \quad 即 \quad \begin{cases} D_1 = -\dfrac{1}{2}, \\ D_2 = 0. \end{cases}$$

于是，得

$$\bar{y}_x = -\frac{1}{2}x\cos\frac{\pi}{2}x.$$

故原差分方程的通解为

$$y_x = C_1\cos\frac{\pi}{2}x + C_2\sin\frac{\pi}{2}x - \frac{1}{2}x\cos\frac{\pi}{2}x.$$

习 题 12.3

1. 求下列二阶常系数齐次线性差分方程的通解或满足所给初值条件的特解：

(1) $y_{x+2} + 2y_{x+1} - 15y_x = 0$；　(2) $y_{x+2} - 6y_{x+1} + 9y_x = 0$；

(3) $\Delta^2 y_x = 0$；　(4) $y_{x+2} - 2y_{x+1} + 2y_x = 0$；

(5) $y_{x+2} - 4y_{x+1} + 16y_x = 0, y_0 = 1, y_1 = 2 + 2\sqrt{3}$；

(6) $y_{x+2} = y_{x+1} + y_x, y_0 = 0, y_1 = 1$.

2. 求下列二阶常系数非齐次线性差分方程的通解或满足所给初值条件的特解：

(1) $y_{x+2} - 7y_{x+1} + 12y_x = 6$；　(2) $y_{x+2} - 3y_{x+1} + 2y_x = 4$；

(3) $y_{x+2} - 2y_{x+1} + y_x = x + 1$；　(4) $y_{x+2} - 4y_{x+1} + 4y_x = 5^x$；

(5) $y_{x+2} + 3y_{x+1} - 10y_x = 2^x(7x - 2)$；　(6) $8y_{x+2} - 6y_{x+1} + y_x = 5\sin\frac{\pi}{2}x$；

(7) $y_{x+2} + y_x = \sin\frac{\pi}{2}x$；

(8) $y_{x+2} + y_{x+1} - 2y_x = 6, y_0 = 0, y_1 = 0$；

(9) $y_{x+2} - y_{x+1} - 6y_x = 3^x(1 + 2x), y_0 = 0, y_1 = 1$.

第四节　差分方程的应用举例

下面我们举例介绍差分方程的几个简单应用.

例 1

（抵押贷款模型）　设 $y_t(t = 0,1,2,\cdots)$ 为第 t 月末欠款总额(单位:元)，y_0 为初始贷款总额(单位:元)，借款月利率为 r，每月必须偿还的固定金额为 b 元. 试列出 y_t 满足的差分方程，并求此差分方程的解.

解　y_t 满足的差分方程为

$$y_{t+1} = (1 + r)y_t - b,$$

即

$$y_{t+1} - (1 + r)y_t = -b. \tag{12-31}$$

这是一个一阶常系数非齐次线性差分方程，其对应的齐次线性差分方程的通解为

$$Y_t = C(1 + r)^t.$$

由于 $1 + r \neq 1$，故可设方程(12-31)的特解为 $\bar{y}_t = A$. 将它代入方程(12-31)，可得

$$A=\frac{b}{r}.$$

于是，得 $\bar{y}_t=\dfrac{b}{r}$，因此方程(12－31)的通解为

$$y_t=C(1+r)^t+\frac{b}{r}. \tag{12-32}$$

将初值条件代入式(12－32)，得

$$C=y_0-\frac{b}{r},$$

故所求解为

$$y_t=\frac{b}{r}-(1+r)^t\left(\frac{b}{r}-y_0\right).$$

例 2

(动态供需均衡模型) 设 $P_t,S_t,Q_t(t=0,1,2,\cdots)$ 分别表示某种商品在第 t 期的价格、供给量和需求量，将市场经济中的供给量、价格、需求量之间的规律归结如下：

(1) 市场供给量对价格变动的反应是滞后的，即第 t 期的供给量 S_t 取决于第 $t-1$ 期的价格 P_{t-1}，这种相依关系简单地取为

$$S_t=-c+dP_{t-1}\quad (c,d\text{ 均为正常数}); \tag{12-33}$$

(2) 市场需求量对价格变动的反应是瞬时的，即第 t 期的市场需求量 Q_t 取决于本期的价格 P_t，这种相依关系简单地取为

$$Q_t=a-bP_t\quad (a,b\text{ 均为正常数}); \tag{12-34}$$

(3) 市场平衡条件为供需相等，即

$$Q_t=S_t. \tag{12-35}$$

把式(12－33)与式(12－34)代入式(12－35)，便得到以下动态供需均衡模型：

$$-c+dP_{t-1}=a-bP_t,$$

即

$$P_t+\frac{d}{b}P_{t-1}=\frac{a+c}{b}. \tag{12-36}$$

这是一个一阶常系数非齐次线性差分方程，其对应的齐次线性差分方程的通解为

$$\widetilde{P}_t=C\left(-\frac{d}{b}\right)^t.$$

又求得方程(12－36)的一个特解为

$$\bar{P}_t=\frac{a+c}{b+d}\triangleq P^*,$$

因此方程(12－36)的通解为

$$P_t=C\left(-\frac{d}{b}\right)^t+\frac{a+c}{b+d}.$$

若初始价格 P_0 已知，将其代入通解，可得

$$C=P_0-P^*,$$

于是得满足初值条件(当 $t=0$ 时，$P_t=P_0$)的特解为

$$P_t=(P_0-P^*)\left(-\frac{d}{b}\right)^t+P^*, \tag{12-37}$$

其中 $P^*=\dfrac{a+c}{b+d}$ 称为**均衡价格**.

下面利用式(12-37)来分析价格 P_t 的变化情况.

若初始价格 $P_0=P^*$，则 $P_t=P^*$. 这表明，如果没有外部干扰发生，那么价格 P_t 将固定在常数值 P^*.

若初始价格 $P_0\neq P^*$，则有下列 3 种情形：

(1) 当 $\left|-\dfrac{d}{b}\right|<1$ 时，有

$$\lim_{t\to+\infty}P_t=P^*=\frac{a+c}{b+d}.$$

这说明此种情形下，市场价格 P_t 将趋于均衡价格 P^*.

(2) 当 $\left|-\dfrac{d}{b}\right|>1$ 时，有

$$\lim_{t\to+\infty}P_t=\infty.$$

这说明此种情形下，市场价格 P_t 的波动较大，呈发散状态.

(3) 当 $\left|-\dfrac{d}{b}\right|=1$，即 $-\dfrac{d}{b}=-1$ 时，有

$$P_{2t}=P_0,\quad P_{2t+1}=2P^*-P_0.$$

这说明此种情形下，市场价格 P_t 在均衡价格 P^* 两旁呈周期振荡变化.

例 3

[**萨缪尔森**(Samuelson)**乘数-加速数模型**]　设第 $t(t=0,1,2,\cdots)$ 年的国民收入为 y_t，第 t 年的消费为 C_t，第 t 年的投资为 I_t，第 t 年的政府开支为 G(每年相同). 经济学家萨缪尔森建立了以下经济模型：

$$\begin{cases}y_t=C_t+I_t+G, & (12-38)\\ C_t=\alpha y_{t-1}, & (12-39)\\ I_t=\beta(C_t-C_{t-1}), & (12-40)\end{cases}$$

其中常数 $G>0$，常数 $\alpha(0<\alpha<1)$ 称为**边际消费倾向**，常数 $\beta(\beta>0)$ 称为**加速度**. 试求 y_t 与 t 的函数关系.

解　将式(12-39)与式(12-40)代入式(12-38)，得

$$y_t=\alpha y_{t-1}+\beta(\alpha y_{t-1}-\alpha y_{t-2})+G,$$

即

$$y_t-\alpha(1+\beta)y_{t-1}+\alpha\beta y_{t-2}=G.$$

将它改写成标准形式，即

$$y_{t+2}-\alpha(1+\beta)y_{t+1}+\alpha\beta y_t=G. \tag{12-41}$$

这是一个二阶常系数非齐次线性差分方程，其对应的齐次线性差分方程为

$$y_{t+2}-\alpha(1+\beta)y_{t+1}+\alpha\beta y_t=0, \tag{12-42}$$

特征方程为

$$\lambda^2-\alpha(1+\beta)\lambda+\alpha\beta=0,$$

其判别式为

$$\Delta=\alpha^2(1+\beta)^2-4\alpha\beta.$$

先根据判别式的取值情况求出方程(12-42)的通解.

(1) 若 $\Delta>0$,则特征方程有两个不相等的实根

$$\lambda_1=\frac{\alpha(1+\beta)+\sqrt{\Delta}}{2},\quad \lambda_2=\frac{\alpha(1+\beta)-\sqrt{\Delta}}{2},$$

于是方程(12-42)的通解为 $Y_t=C_1\lambda_1^t+C_2\lambda_2^t$,其中 C_1,C_2 为任意常数.

(2) 若 $\Delta=0$,则特征方程有两个相等的实根

$$\lambda_1=\lambda_2=\frac{\alpha(1+\beta)}{2},$$

于是方程(12-42)的通解为 $Y_t=(C_1+C_2t)\lambda_1^t$,其中 C_1,C_2 为任意常数.

(3) 若 $\Delta<0$,则特征方程有一对共轭复根

$$\lambda_1=\frac{\alpha(1+\beta)+\mathrm{i}\sqrt{-\Delta}}{2},\quad \lambda_2=\frac{\alpha(1+\beta)-\mathrm{i}\sqrt{-\Delta}}{2},$$

于是方程(12-42)的通解为 $Y_t=r^t(C_1\cos\theta t+C_2\sin\theta t)$,其中 $r=\sqrt{\alpha\beta}$,$\theta=\arctan\frac{\sqrt{-\Delta}}{\alpha(1+\beta)}\in(0,\pi)$,$C_1,C_2$ 为任意常数.

再求方程(12-41)的一个特解 $\bar{y}_t$.由于1不是特征方程的根,因此令 $\bar{y}_t=A$.将它代入方程(12-41),可得

$$A=\frac{G}{1-\alpha},$$

于是,得

$$\bar{y}_t=\frac{G}{1-\alpha}.$$

因此,方程(12-41)的通解为

$$y_t=Y_t+\bar{y}_t=\begin{cases}C_1\lambda_1^t+C_2\lambda_2^t+\dfrac{G}{1-\alpha}, & \Delta>0,\\ (C_1+C_2t)\lambda_1^t+\dfrac{G}{1-\alpha}, & \Delta=0,\\ r^t(C_1\cos\theta t+C_2\sin\theta t)+\dfrac{G}{1-\alpha}, & \Delta<0.\end{cases}$$

这表明,随着 α,β 的取值不同,国民收入随时间的变化将呈现出各种不同的规律.

习 题 12.4

1. 设 $y_t(t=0,1,2,\cdots)$ 为第 t 年末的存款总额,r 为年利率,$y_{t+1}=y_t+ry_t$,且初始存款为 y_0,求第 t 年末的本利和.

2. 假设平面上给定 $x(x\geqslant 2)$ 个点,且当 $x\geqslant 3$ 时满足任意三点不共线.这 x 个点可连成多少条直线?

3. 某城市的一个污水处理厂每小时可以去掉污水池中剩余污物的15%,一天后污水池中还剩多少污物?要多长时间才能把池中的污物减少为原来的10%(假设污水池中污物的初始含量为 y_0)?

4. 假设某人从现在开始,每月的第一天存500元到养老金账户,一直存20年.在银行活期存款的年利率为1%的前提下,他20年后的养老金账户有多少存款?如果从21年后的每个月末支取500元,那么他能支取多长时间?

5. 设某商品的供需方程分别为

$$S_t=12+3\left(P_{t-1}-\frac{1}{3}\Delta P_{t-1}\right),\quad Q_t=40-4P_t\quad (t=0,1,2,\cdots),$$

且以箱为计量单位. 设 P_{t-1} 和 P_{t-2} 分别为第 $t-1$ 期和第 $t-2$ 期的价格(单位：百元 / 箱)，供方在第 t 期售价为 $P_{t-1}-\frac{1}{3}\Delta P_{t-1}$，需方以价格 P_t 就可使该商品在第 t 期的供给量售完. 已知 $P_0=4$，$P_1=\frac{13}{4}$，试求出 P_t 的表达式.

综合习题十二

1. 填空题：

(1) 若 $y_1=-2$，$y_2=-2$，$y_3=0$，$y_4=4$，且 $\Delta^4 y_1=0$，则 $y_5=$ ______；

(2) 差分方程 $y_{x+1}-y_x=2x^2+1$ 的特解形式为 $\bar{y}_x=$ ______；

(3) 若某个一阶常系数非齐次线性差分方程的通解为 $y_x=C2^x+1$（C 为任意常数），则此差分方程为______；

(4) 若某个二阶常系数非齐次线性差分方程的通解为 $y_x=C_1+C_2(-3)^x+2x$（C_1，C_2 为任意常数），则此差分方程为______.

2. 求下列差分方程的通解：

(1) $y_{x+1}+2y_x=5x^2$；　　(2) $y_{x+1}-y_x=x2^x$；

(3) $y_{x+1}-2y_x=3\cdot 2^x$；　　(4) $\Delta y_x=3x+x2^x$.

3. 证明：一阶线性差分方程

$$y_{x+1}-a_x y_x=b_x \quad (a_x, b_x \text{ 是 } x \text{ 的已知函数})$$

的通解为

$$y_x=a_0 a_1\cdots a_{x-1}\left(C+\frac{b_0}{a_0}+\frac{b_1}{a_0 a_1}+\cdots+\frac{b_{x-1}}{a_0 a_1\cdots a_{x-1}}\right),$$

其中 C 为任意常数.

4. 利用代换 $z_x=\frac{1}{y_x}$，将差分方程

$$y_{x+1}=2y_x-y_x y_{x+1}$$

化为关于 z_x 的线性差分方程，并由此求出该差分方程满足初值条件 $y_0=\frac{1}{2}$ 的特解.

5. 求差分方程

$$y_{x+2}-4y_{x+1}+4y_x=3+2x+5^x+25\sin\frac{\pi}{2}x$$

的通解.

6. 求差分方程

$$8y_{x+2}-6y_{x+1}+y_x=2^x+5\sin\frac{\pi}{2}x$$

满足初值条件 $y_0=0$，$y_1=1$ 的特解.

7. 差分方程

$$y_{x+2}+ay_{x+1}+by_x=f(x),$$

其中 a，b 是常数，且 $a^2<4b$，$0<b<1$. 证明：若函数 $y_x^{(1)}$，$y_x^{(2)}$ 是该差分方程的两个解，则

$$\lim_{x\to+\infty}\left(y_x^{(1)}-y_x^{(2)}\right)=0.$$

8. 求下列差分方程组的通解或满足所给初值条件的特解：

(1) $\begin{cases} y_{x+1}=z_x, \\ z_{x+1}=y_x+2^x; \end{cases}$　　(2) $\begin{cases} y_{x+1}=0.9y_x+0.12z_x, & y_0=130, y_1=108, \\ z_{x+1}=0.1y_x+0.88z_x, & z_0=150, z_1=172. \end{cases}$

习题参考答案

习题 7.1

1. 点 A 在第 Ⅰ 卦限内；点 B 在第 Ⅵ 卦限内；点 C 在 yOz 坐标面上；点 D 在 x 轴上.

2. (1) $(a,b,-c),(-a,b,c),(a,-b,c)$；

 (2) $(a,-b,-c),(-a,b,-c),(-a,-b,c)$；

 (3) $(-a,-b,-c)$.

3. xOy 坐标面：$(x_0,y_0,0)$；yOz 坐标面：$(0,y_0,z_0)$；zOx 坐标面：$(x_0,0,z_0)$；x 轴：$(x_0,0,0)$；y 轴：$(0,y_0,0)$；z 轴：$(0,0,z_0)$.

4. x 轴：$\sqrt{34}$；y 轴：$\sqrt{41}$；z 轴：5.

5. $(0,1,-2)$.

6. 略.

7. $\overrightarrow{D_1A}=-\left(\boldsymbol{c}+\frac{1}{5}\boldsymbol{a}\right)$，$\overrightarrow{D_2A}=-\left(\boldsymbol{c}+\frac{2}{5}\boldsymbol{a}\right)$，$\overrightarrow{D_3A}=-\left(\boldsymbol{c}+\frac{3}{5}\boldsymbol{a}\right)$，$\overrightarrow{D_4A}=-\left(\boldsymbol{c}+\frac{4}{5}\boldsymbol{a}\right)$.

8. 略.

习题 7.2

1. $(2,1,1)$.

2. $(16,0,-20)$.

3. (1) 4； (2) 1； (3) 28.

4. (1) 2； (2) $(2,1,21)$； (3) $(0,8,24)$； (4) $(0,-8,-24)$.

5. $-\frac{3}{2}$.

6. (1) $\left(\frac{3}{5},\frac{12}{25},\frac{16}{25}\right)$ 或 $\left(-\frac{3}{5},-\frac{12}{25},-\frac{16}{25}\right)$； (2) $\frac{25}{2}$； (3) $\frac{25}{\sqrt{106}}$.

7. $\left(0,\frac{4}{5},-\frac{3}{5}\right)$ 或 $\left(0,-\frac{4}{5},\frac{3}{5}\right)$.

8. (1) $\lambda=\frac{9}{2}$； (2) $\lambda=\frac{7}{38}$，证明略.

习题 7.3

1. 略.

2. (1) $2x+y-7z-21=0$； (2) $x+z-1=0$；

 (3) $x-3y-2=0$； (4) $x=2$；

 (5) $(4+\sqrt{13})x-\sqrt{5}y=0$ 或 $(4-\sqrt{13})x-\sqrt{5}y=0$.

3. (1) 垂直； (2) 平行； (3) 斜交(相交但不垂直).

4.1.

习题 7.4

1.(1) $\frac{x-2}{3}=\frac{y-3}{1}=\frac{z-1}{1}$；　(2) $\frac{x-2}{1}=\frac{y-2}{0}=\frac{z+1}{0}$；

(3) $\frac{x}{2}=\frac{y-3}{1}=\frac{z+2}{3}$；　(4) $\frac{x-1}{0}=\frac{y-1}{2}=\frac{z-5}{-1}$.

2. $\frac{x-1}{-2}=\frac{y-1}{1}=\frac{z-1}{3}$，$\begin{cases}x=1-2t,\\ y=1+t,\\ z=1+3t.\end{cases}$

3. $\frac{x}{-2}=\frac{y-2}{3}=\frac{z-4}{1}$.

4.(1) 斜交；(2) 平行；(3) 重合.

5.(1) 平行；(2) 垂直；(3) 直线在平面上.

6. $x-y+z=0$.

7.略.

8. $\frac{3\sqrt{2}}{2}$.

习题 7.5

1. $(x+1)^2+(y+3)^2+(z-2)^2=9$.

2. $\left(x+\frac{2}{3}\right)^2+(y+1)^2+\left(z+\frac{4}{3}\right)^2=\frac{116}{9}$，它表示一个球心为点$\left(-\frac{2}{3},-1,-\frac{4}{3}\right)$，半径为$\frac{2}{3}\sqrt{29}$的球面.

3.(1) $x^2+z^2=2y$；　(2) $2x^2-3(y^2+z^2)=6$；

(3) $\frac{x^2+z^2}{3}+\frac{y^2}{4}=1$；　(4) $x^2+y^2-4z^2+4z-1=0$.

4.(1) 母线平行于 z 轴的椭圆柱面；　(2) 母线平行于 x 轴的抛物柱面；

(3) 椭圆锥面；　(4) 旋转椭球面；

(5) 双叶双曲面；　(6) 圆锥面.

5.(1) 直线，平面；　(2) 圆，圆柱面；

(3) 双曲线，双曲柱面；　(4) 抛物线，抛物柱面.

6.(1) xOy 坐标面上的椭圆$\frac{x^2}{4}+\frac{y^2}{9}=1$绕 x 轴旋转一周(答案不唯一)；

(2) xOy 坐标面上的双曲线 $x^2-\frac{y^2}{4}=1$ 绕 y 轴旋转一周(答案不唯一)；

(3) xOy 坐标面上的双曲线 $x^2-y^2=1$ 绕 x 轴旋转一周(答案不唯一)；

(4) yOz 坐标面上的直线 $z=y+a$ 绕 z 轴旋转一周(答案不唯一).

7.略.

习题 7.6

1.(1) 椭圆；(2) 抛物线；(3) 圆；(4) 双曲线.

2.母线平行于 x 轴且过已知曲线的柱面方程为 $3y^2-z^2=16$；母线平行于 y 轴且过已知曲线的柱面方程为 $3x^2+2z^2=16$.

3.(1) 在 xOy 坐标面上的投影曲线的方程为$\begin{cases}x^2+y^2=2x,\\ z=0;\end{cases}$

在 yOz 坐标面上的投影曲线的方程为$\begin{cases} 4(z^2-y^2)=z^4, \\ x=0 \end{cases}$ $(0\leqslant z\leqslant 2)$；

在 zOx 坐标面上的投影曲线的方程为$\begin{cases} x=-\dfrac{z^2}{2}+2, \\ y=0 \end{cases}$ $(0\leqslant z\leqslant 2)$.

(2) 在 xOy 坐标面上的投影曲线的方程为$\begin{cases} x^2+y^2=a^2, \\ z=0; \end{cases}$

在 yOz 坐标面上的投影曲线的方程为$\begin{cases} y^2+z^2=a^2, \\ x=0; \end{cases}$

在 zOx 坐标面上的投影曲线的方程为$\begin{cases} z=+x, \\ y=0 \end{cases}$ $(-a\leqslant x\leqslant a)$.

(3) 在 xOy 坐标面上的投影曲线的方程为$\begin{cases} 2x^2+y^2-2x=8, \\ z=0; \end{cases}$

在 yOz 坐标面上的投影曲线的方程为$\begin{cases} 2z^2+y^2-2z=8, \\ x=0; \end{cases}$

在 zOx 坐标面上的投影曲线的方程为$\begin{cases} x+z=1, \\ y=0 \end{cases}$ $\left(\dfrac{1-\sqrt{17}}{2}\leqslant x\leqslant \dfrac{1+\sqrt{17}}{2}\right)$.

4. (1) 在 xOy 坐标面上的投影区域为$\begin{cases} x^2+y^2\leqslant 1, \\ z=0; \end{cases}$

在 yOz 坐标面上的投影区域为$\begin{cases} y^2\leqslant z\leqslant 2-y^2, \\ x=0 \end{cases}$ $(-1\leqslant y\leqslant 1)$；

在 zOx 坐标面上的投影区域为$\begin{cases} x^2\leqslant z\leqslant 2-x^2, \\ y=0 \end{cases}$ $(-1\leqslant x\leqslant 1)$.

(2) 在 xOy 坐标面上的投影区域为$\begin{cases} x^2+y^2\leqslant 1, \\ z=0; \end{cases}$

在 yOz 坐标面上的投影区域为$\begin{cases} 0\leqslant z\leqslant |y|\leqslant 1, \\ x=0; \end{cases}$

在 zOx 坐标面上的投影区域为$\begin{cases} 0\leqslant z\leqslant |x|\leqslant 1, \\ y=0. \end{cases}$

5. 略.

综合习题七

1. $4(z-1)=(x-3)^2+(y+2)^2$.

2. $\sqrt{30}$.

3. 略.

4. $\left(\dfrac{1}{3},\dfrac{5}{3},\dfrac{5}{3}\right)$.

5. 1.

6. $\arccos\dfrac{2}{\sqrt{7}}$.

7. $\pi-\arccos\dfrac{2}{\sqrt{39}}$.

8. $z=-4$ 时，$(\widehat{\boldsymbol{a},\boldsymbol{b}})$ 有最小值 $\frac{\pi}{4}$.

9. 30.

10. $\left(0,0,\frac{1}{5}\right)$.

11. $x+2\sqrt{2}y+3z-3=0$ 或 $x-2\sqrt{2}y+3z-3=0$.

12. $5x+5y+3z=0$.

13. 证明略，交点的坐标为 $(1,0,-1)$.

14. $\frac{x+1}{16}=\frac{y}{19}=\frac{z-4}{28}$.

15. $\begin{cases}x-z=0,\\3x-5y-2z-7=0.\end{cases}$

16. $\frac{3}{2}\sqrt{2}$.

17. $\lambda=\frac{5}{4}$.

18. 在 xOy 坐标面上的投影曲线的方程为 $\begin{cases}x^2+y^2-x-y=0,\\z=0;\end{cases}$

在 yOz 坐标面上的投影曲线的方程为 $\begin{cases}2y^2+2yz+z^2-4y-3z+2=0,\\x=0;\end{cases}$

在 zOx 坐标面上的投影曲线的方程为 $\begin{cases}2x^2+2xz+z^2-4x-3z+2=0,\\y=0.\end{cases}$

19. 在 xOy 坐标面上的投影区域为 $\begin{cases}(x-1)^2+y^2\leqslant 1,\\z=0;\end{cases}$

在 yOz 坐标面上的投影区域为 $\begin{cases}\left(\frac{z^2}{2}-1\right)^2+y^2\leqslant 1,\\x=0\end{cases}(z\geqslant 0)$;

在 zOx 坐标面上的投影区域为 $\begin{cases}x\leqslant z\leqslant\sqrt{2x},\\y=0.\end{cases}$

20. 略.

习题 8.1

1. (1) $f\left(x+y,\frac{y}{x}\right)=(x+y)^2-\left(\frac{y}{x}\right)^2$;　(2) $f(tx,ty)=t^2f(x,y)$;　(3) $f(x,y)=\frac{x^2(1-y^2)}{(1+y)^2}$.

2. (1) $\{(x,y)\mid y^2-4x+1>0\}$;　(2) $\{(x,y)\mid x^2+9y^2\geqslant 1\}$;

(3) $\{(x,y)\mid x\geqslant 0,y\geqslant 0,x^2\geqslant y\}$;

(4) $\{(x,y)\mid -1\leqslant x\leqslant 1,y\leqslant -1\}\cup\{(x,y)\mid -1\leqslant x\leqslant 1,y\geqslant 1\}$;

(5) $\{(x,y)\mid y-x>0,x\geqslant 0,x^2+y^2<1\}$.

绘图略.

3. (1) 1;　(2) $-\frac{1}{4}$;　(3) 0;　(4) 3.

4. 略.

5. $\{(x,y)\mid x^2+y^2=4\}$.

习题 8.2

1. (1) $\frac{\partial z}{\partial x} = 4x + 3y, \frac{\partial z}{\partial y} = 3x$;

(2) $\frac{\partial z}{\partial x} = -\frac{y}{x^2}\sin x + \frac{y}{x}\cos x,\ \frac{\partial z}{\partial y} = \frac{1}{x}\sin x$;

(3) $\frac{\partial z}{\partial x} = \frac{1}{2x\sqrt{\ln(xy)}}, \frac{\partial z}{\partial y} = \frac{1}{2y\sqrt{\ln(xy)}}$;

(4) $\frac{\partial z}{\partial x} = \frac{y^2}{1+xy}(1+xy)^y, \frac{\partial z}{\partial y} = \left[\frac{xy}{1+xy} + \ln(1+xy)\right](1+xy)^y$;

(5) $\frac{\partial u}{\partial x} = y + z, \frac{\partial u}{\partial y} = x + z, \frac{\partial u}{\partial z} = x + y$;

(6) $\frac{\partial u}{\partial x} = \frac{y}{z}x^{\frac{y}{z}-1}, \frac{\partial u}{\partial y} = \frac{1}{z}x^{\frac{y}{z}}\ln x, \frac{\partial u}{\partial z} = -\frac{y}{z^2}x^{\frac{y}{z}}\ln x$.

2. 1.

3. $\frac{\pi}{4}$.

4. 不存在.

5. (1) $\frac{\partial^2 z}{\partial x^2} = 12x^2 - 8y^2, \frac{\partial^2 z}{\partial y^2} = 12y^2 - 8x^2, \frac{\partial^2 z}{\partial x \partial y} = \frac{\partial^2 z}{\partial y \partial x} = -16xy$;

(2) $\frac{\partial^2 z}{\partial x^2} = 4y^{2x}\ln^2 y, \frac{\partial^2 z}{\partial y^2} = 2x(2x-1)y^{2x-2}, \frac{\partial^2 z}{\partial x \partial y} = \frac{\partial^2 z}{\partial y \partial x} = 2y^{2x-1}(2x\ln y + 1)$;

(3) $\frac{\partial^2 z}{\partial x^2} = \frac{2xy}{(x^2+y^2)^2}, \frac{\partial^2 z}{\partial y^2} = -\frac{2xy}{(x^2+y^2)^2}, \frac{\partial^2 z}{\partial x \partial y} = \frac{\partial^2 z}{\partial y \partial x} = \frac{y^2 - x^2}{(x^2+y^2)^2}$.

6. 略.

7. $\frac{\partial^3 z}{\partial x^2 \partial y} = 0, \frac{\partial^3 z}{\partial x \partial y^2} = -\frac{1}{y^2}$.

8. $E_{11} = -1, E_{12} = 1, E_{21} = 2, E_{22} = -1$,替代品关系.

9. $E_{AA} = -\frac{1}{10}, E_{AB} = -2$.

习题 8.3

1. (1) $\mathrm{d}z = 4xy\,\mathrm{d}x + (2x^2 + 3y^2)\mathrm{d}y$;　　(2) $\mathrm{d}z = \left(y + \frac{1}{y}\right)\mathrm{d}x + \left(x - \frac{x}{y^2}\right)\mathrm{d}y$;

(3) $\mathrm{d}u = \frac{3}{3x-2y+z}\mathrm{d}x + \frac{-2}{3x-2y+z}\mathrm{d}y + \frac{1}{3x-2y+z}\mathrm{d}z$;

(4) $\mathrm{d}u = yzx^{yz-1}\mathrm{d}x + zx^{yz}\ln x\,\mathrm{d}y + yx^{yz}\ln x\,\mathrm{d}z$.

2. $\frac{1}{3}\mathrm{d}x + \frac{2}{3}\mathrm{d}y$.

3. (1) 2.039;　(2) 2.947.

4. 431.278 g.

习题 8.4

1. (1) $\frac{\mathrm{d}z}{\mathrm{d}t} = -2\cos t\sin^2 t + \cos^3 t$;　　(2) $\frac{\mathrm{d}z}{\mathrm{d}t} - 2\mathrm{c}^{2\cos t + 3t^2}(3t - \sin t)$;

(3) $\frac{\mathrm{d}u}{\mathrm{d}x} = \mathrm{e}^{ax}\sin x$.

2. $\frac{\partial z}{\partial x} = 4x, \frac{\partial z}{\partial y} = 4y$.

3. $\frac{\partial z}{\partial x} = yx^{y-1}, \frac{\partial z}{\partial y} = x^y\ln x$.

4. $\frac{\partial z}{\partial x}=(x-y)^{xy}y\ln(x-y)+xy(x-y)^{xy-1}$，$\frac{\partial z}{\partial y}=(x-y)^{xy}x\ln(x-y)-xy(x-y)^{xy-1}$.

5. ～6. 略.

7. (1) $\frac{\partial u}{\partial x}=2xf'_1+ye^{xy}f'_2$，$\frac{\partial u}{\partial y}=-2yf'_1+xe^{xy}f'_2$；

(2) $\frac{\partial u}{\partial x}=\frac{1}{y}f'_1$，$\frac{\partial u}{\partial y}=-\frac{x}{y^2}f'_1+\frac{1}{z}f'_2$，$\frac{\partial u}{\partial z}=-\frac{y}{z^2}f'_2$；

(3) $\frac{\partial u}{\partial x}=f'_1+yf'_2+yzf'_3$，$\frac{\partial u}{\partial y}=xf'_2+xzf'_3$，$\frac{\partial u}{\partial z}=xyf'_3$.

8. (1) $\frac{\partial^2 z}{\partial x^2}=2a^2\cos(2ax+2by)$，$\frac{\partial^2 z}{\partial x\partial y}=2ab\cos(2ax+2by)$，$\frac{\partial^2 z}{\partial y^2}=2b^2\cos(2ax+2by)$；

(2) $\frac{\partial^2 z}{\partial x^2}=\frac{1}{y\sqrt{x^2+y^2}+(x^2+y^2)}-\frac{x^2(y+2\sqrt{x^2+y^2})}{(y+\sqrt{x^2+y^2})^2\sqrt{(x^2+y^2)^3}}$，

$\frac{\partial^2 z}{\partial x\partial y}=-\frac{x}{\sqrt{(x^2+y^2)^3}}$，$\frac{\partial^2 z}{\partial y^2}=-\frac{y}{\sqrt{(x^2+y^2)^3}}$.

9. (1) $\frac{\partial^2 z}{\partial x^2}=4f''_{11}+\frac{4}{y}f''_{12}+\frac{1}{y^2}f''_{22}$，$\frac{\partial^2 z}{\partial x\partial y}=-\frac{1}{y^2}f'_2-\frac{2x}{y^2}f''_{12}-\frac{x}{y^3}f''_{22}$，$\frac{\partial^2 z}{\partial y^2}=\frac{2x}{y^3}f'_2+\frac{x^2}{y^4}f''_{22}$；

(2) $\frac{\partial^2 z}{\partial x^2}=(\ln y)^2f''_{11}-2\ln yf''_{12}+f''_{22}$，$\frac{\partial^2 z}{\partial x\partial y}=\frac{1}{y}f'_1+\frac{x\ln y}{y}f''_{11}+\left(\ln y-\frac{x}{y}\right)f''_{12}-f''_{22}$，

$\frac{\partial^2 z}{\partial y^2}=-\frac{x}{y^2}f'_1+\frac{x^2}{y^2}f''_{11}+\frac{2x}{y}f''_{12}+f''_{22}$；

(3) $\frac{\partial^2 z}{\partial x^2}=-\sin xf'_1+4e^{2x-y}f'_3+\cos x(\cos xf''_{11}+4e^{2x-y}f''_{13})+4e^{4x-2y}f''_{33}$，

$\frac{\partial^2 z}{\partial x\partial y}=-2e^{2x-y}f'_3-\cos x\sin yf''_{12}-\cos xe^{2x-y}f''_{13}-2\sin ye^{2x-y}f''_{23}-2e^{4x-2y}f''_{33}$，

$\frac{\partial^2 z}{\partial y^2}=-\cos yf'_2+e^{2x-y}f'_3+\sin^2 yf''_{22}+2\sin ye^{2x-y}f''_{23}+e^{4x-2y}f''_{33}$.

10. $df(x,y)=\frac{1}{2}e^{-xy}\left(\frac{\sqrt{y}}{\sqrt{x}}dx+\frac{\sqrt{x}}{\sqrt{y}}dy\right)$.

习题 8.5

1. (1) $\frac{y^2-e^x}{\cos y-2xy}$；　　(2) $\frac{x+y}{x-y}$.

2. (1) $\frac{\partial z}{\partial x}=\frac{yz-\sqrt{xyz}}{\sqrt{xyz}-xy}$，$\frac{\partial z}{\partial y}=\frac{xz-2\sqrt{xyz}}{\sqrt{xyz}-xy}$；　　(2) $\frac{\partial z}{\partial x}=-\frac{\sin 2x}{\sin 2z}$，$\frac{\partial z}{\partial y}=-\frac{\sin 2y}{\sin 2z}$.

3. ～5. 略.

6. $\frac{\partial^2 z}{\partial x^2}=-\frac{z^2}{(x+z)^3}$，$\frac{\partial^2 z}{\partial y^2}=-\frac{x^2z^2}{y^2(x+z)^3}$.

7. $\frac{2y^2ze^z-2xy^3z-y^2z^2e^z}{(e^z-xy)^3}$.

8. $\frac{z(z^4-2xyz^2-x^2y^2)}{(z^2-xy)^3}$.

9. (1) $\frac{dy}{dx}=\frac{x-z}{z-y}$，$\frac{dz}{dx}=\frac{y-x}{z-y}$；

(2) $\frac{\partial u}{\partial x}=\frac{\sin v}{e^u(\sin v-\cos v)+1}$，$\frac{\partial u}{\partial y}=\frac{-\cos v}{e^u(\sin v-\cos v)+1}$，

$\frac{\partial v}{\partial x}=\frac{\cos v-e^u}{u[e^u(\sin v-\cos v)+1]}$，$\frac{\partial v}{\partial y}=\frac{\sin v+e^u}{u[e^u(\sin v-\cos v)+1]}$.

习题 8.6

1.(1) 极大值 $f(3,2)=36$； (2) 极小值 $f(a,a)=f(-a,-a)=6a^4$.

2.极大值 $f\left(\frac{1}{2},\frac{1}{2}\right)=\frac{1}{4}$.

3.等边三角形，此时最大面积为$\frac{\sqrt{3}}{9}P^2$.

4.(1) 极小值 $z(0,0)=1$； (2) 极小值 $z\left(\frac{3}{2},\frac{3}{2}\right)=\frac{11}{2}$.

5.最大值 4，最小值 −1.

6.等腰直角三角形，当两直角边长均为$\frac{\sqrt{2}}{2}l$时，有最大周长$(1+\sqrt{2})l$.

7.3 棱长分别为$\frac{2a}{\sqrt{3}},\frac{2b}{\sqrt{3}},\frac{2c}{\sqrt{3}}$时，有最大体积$\frac{8abc}{3\sqrt{3}}$.

8.最长距离为$\sqrt{9+5\sqrt{3}}$，最短距离为$\sqrt{9-5\sqrt{3}}$.

9.当 $P_1=80,P_2=30$ 时，有最大利润 336.

10.$x=\frac{3\alpha-2\beta}{2\alpha^2-\beta^2},y=\frac{4\alpha-3\beta}{2(2\alpha^2-\beta^2)}$.

11.(1) 当 $Q_1=4,Q_2=5,P_1=10,P_2=7$ 时，有最大利润 52 万元；

(2) 当 $P_1=P_2=8,Q_1=5,Q_2=4$ 时，有最大利润 49 万元；

(3) 实行价格差别策略时，总利润大些.

综合习题八

1.(1) 充分，必要； (2) 必要，充分； (3) 充分； (4) 充分.

2.$\{(x,y)\mid 0<x^2+y^2<1,y^2\leqslant 4x\},\frac{\sqrt{2}}{\ln 3-2\ln 2}$.

3.略.

4.$f'_x(x,y)=\begin{cases}\frac{2xy^3}{(x^2+y^2)^2}, & x^2+y^2\neq 0,\\ 0, & x^2+y^2=0,\end{cases}$ $f'_y(x,y)=\begin{cases}\frac{x^2(x^2-y^2)}{(x^2+y^2)^2}, & x^2+y^2\neq 0,\\ 0, & x^2+y^2=0.\end{cases}$

5.$-\frac{1}{2}$.

6.(1) $\frac{\partial^2 z}{\partial x^2}=\frac{-1}{(x+y^2)^2},\frac{\partial^2 z}{\partial x\partial y}=\frac{-2y}{(x+y^2)^2},\frac{\partial^2 z}{\partial y^2}=\frac{2(x-y^2)}{(x+y^2)^2}$；

(2) $\frac{\partial^2 z}{\partial x^2}=-2\sin(x+y)-x\cos(x+y),\frac{\partial^2 z}{\partial x\partial y}=-\sin(x+y)-x\cos(x+y),\frac{\partial^2 z}{\partial y^2}=-x\cos(x+y)$.

7.$F(x,y)=c(x^2+y^2)+c_0$ （c,c_0 为任意常数）.

8.$-2\mathrm{e}^{-x^2y^2}$.

9.$\frac{\sqrt{6}}{6}\pi$ （提示：求得椭圆的长半轴与短半轴的长）.

10.当 $x=100,y=25$ 时，有最大产品数量 1 250.

11.(1) −1，−0.6； (2) 0.714.

习题 9.1

1.(1) $\frac{2}{3}\pi R^3$； (2) 2.

2.(1) $\iint\limits_D (x+y)^2\mathrm{d}\sigma\geqslant\iint\limits_D (x+y)^3\mathrm{d}\sigma$； (2) $\iint\limits_D (x+y)^2\mathrm{d}\sigma\leqslant\iint\limits_D (x+y)^3\mathrm{d}\sigma$；

(3) $\iint\limits_D \ln(x+y)\mathrm{d}\sigma \geqslant \iint\limits_D [\ln(x+y)]^2\mathrm{d}\sigma$； (4) $\iint\limits_D \ln(x+y)\mathrm{d}\sigma \leqslant \iint\limits_D [\ln(x+y)]^2\mathrm{d}\sigma$.

3. (1) $0 \leqslant I \leqslant 2$； (2) $0 \leqslant I \leqslant \pi^2$；

(3) $2 \leqslant I \leqslant 8$； (4) $36\pi \leqslant I \leqslant 100\pi$.

习题 9.2

1. (1) $\frac{1}{4}(\mathrm{e}^{b^2}-\mathrm{e}^{a^2})(\mathrm{e}^{d^2}-\mathrm{e}^{c^2})$； (2) $\frac{20}{3}$； (3) $-\frac{3}{2}\pi$； (4) $\frac{6}{55}$； (5) $\frac{9}{4}$； (6) $\mathrm{e}-\frac{1}{\mathrm{e}}$.

2. (1) $\int_0^1 \mathrm{d}y\int_{y^2}^{y} f(x,y)\mathrm{d}x$； (2) $\int_1^{\mathrm{e}} \mathrm{d}x\int_0^{\ln x} f(x,y)\mathrm{d}y$； (3) $\int_0^1 \mathrm{d}y\int_y^{2-y} f(x,y)\mathrm{d}x$.

3. (1) $\frac{R^3}{3}\left(\pi-\frac{4}{3}\right)$； (2) $\frac{\pi}{4}(2\ln 2-1)$； (3) $\frac{3}{64}\pi^2$.

4. (1) $\frac{\pi}{8}(\pi-2)$； (2) $14a^4$.

习题 9.3

1. $\frac{2}{3}$.

2. $\frac{\pi}{8}$.

3. $\frac{ab}{\mathrm{e}}\pi$.

4. 当 $p>1$ 时，原广义二重积分收敛，值为 $\frac{\pi}{p-1}$；当 $p\leqslant 1$ 时，原广义二重积分发散.

5. $-\frac{\sqrt{2\pi}}{2}$.

6. $0<m<1$.

习题 9.4

1. 2.

2. $\frac{ab}{6}$.

3. $2a^2$.

4. $\frac{\pi}{4}$.

5. $\frac{1}{6}$.

6. $\frac{81}{10}$.

7. $\frac{16}{3}R^3$.

8. $\frac{1}{3}$.

9. $2\pi r(R-r)$.

10. 314 159 人.

11. 总利润为 4 033 333 元，平均利润为 4 033 元.

12. 51.2 m^3.

习题 9.5

1. (1) $\frac{\pi}{4}$； (2) $\frac{1}{2}(abc^2+a^2bc+ab^2c)$； (3) $\frac{1}{8}$； (4) $\frac{1}{2}\left(\ln 2-\frac{5}{8}\right)$； (5) 0.

2. (1) $-\frac{9}{8}$； (2) $\frac{16}{3}\pi$； (3) 8π； (4) $\frac{4}{15}\pi(b^5-a^5)$； (5) $\frac{4}{5}\pi$.

3. (1) $\frac{32}{3}\pi$； (2) $\frac{\pi}{6}$； (3) $\frac{8\sqrt{2}-7}{6}\pi$.

4. $\frac{3}{2}$.

综合习题九

1. (1) $\frac{9}{4}$； (2) $-6\pi^2$； (3) 5π； (4) $\frac{\pi}{2}-1$.

2. (1) $\int_{-2}^{0}dy\int_{2y+4}^{-y^2+4}f(x,y)dx$； (2) $\int_0^2 dy\int_{\frac{1}{2}y}^{3-y}f(x,y)dx$； (3) $\int_0^1 dx\int_0^{x^2}f(x,y)dy+\int_1^2 dx\int_0^{\sqrt{2x-x^2}}f(x,y)dy$.

3. 略.

4. $\frac{49}{20}$.

5. $\int_0^{\frac{\pi}{2}}d\theta\int_0^{2a\cos\theta}r^3dr$, $\frac{3}{4}\pi a^4$.

6. $\int_{-1}^{1}dx\int_{x^2}^{1}dy\int_0^{x^2+y^2}f(x,y,z)dz$.

习题 10.1

1. (1) $u_n=(-1)^{n-1}\frac{1}{2^{n-1}}\quad(n=1,2,\cdots)$；

   (2) $u_n=\frac{n}{n^2+1}\quad(n=1,2,\cdots)$；

   (3) $u_n=\frac{x^{n-1}}{(3n-2)(3n+1)}\quad(n=1,2,\cdots)$；

   (4) $u_n=\frac{(-1)^{n-1}2^n}{n!}\quad(n=1,2,\cdots)$.

2. $\sum_{n=1}^{\infty}u_n=\sum_{n=1}^{\infty}\frac{3}{n(n+1)}$，其和为 3.

3. (1) 发散； (2) 收敛； (3) 收敛； (4) 发散.

4. (1) $a>1$ 时收敛，$0<a\leqslant 1$ 时发散； (2) 发散； (3) 发散； (4) 收敛；
   (5) 发散； (6) 发散； (7) 发散； (8) 发散.

5. (1) 收敛，其和为 $\frac{3}{2}$； (2) 收敛，其和为 $\frac{1}{2}$； (3) 发散； (4) 发散.

6. 28 m.

7. $\sum_{n=1}^{\infty}\frac{500}{(1+0.1)^n}=5\,000$(万元).

习题 10.2

1. (1) 发散； (2) 收敛； (3) 收敛； (4) 发散；
   (5) 收敛； (6) 收敛； (7) 发散； (8) 收敛.

2. (1) 收敛； (2) 发散； (3) 收敛； (4) 收敛；

(5) 收敛;　　(6) 收敛.

3. (1) 收敛;　　(2) 收敛;　　(3) 收敛;　　(4) 收敛;

(5) 发散;　　(6) 收敛.

4. (1) 收敛;　　(2) 收敛;　　(3) 收敛;　　(4) 发散;

(5) 收敛;　　(6) 收敛.

习题 10.3

1. (1) 条件收敛;　　(2) 条件收敛;　　(3) 绝对收敛;　　(4) 绝对收敛;

(5) 绝对收敛;　　(6) 绝对收敛;　　(7) 发散;　　(8) 绝对收敛;

(9) 条件收敛;　　(10) 对一切 $x\in(-\infty,+\infty)$,均绝对收敛.

2. 略.

习题 10.4

1. (1) $(-\infty,+\infty)$;　(2) $(-e,e)$;　(3) $[-2,2]$;　(4) $[-1,1]$;

(5) $[-4,0)$;　(6) $\left[\frac{1}{2},\frac{3}{2}\right)$;　(7) $\left[-\frac{1}{5},\frac{1}{5}\right)$;　(8) $\left(-\frac{\sqrt{2}}{2},\frac{\sqrt{2}}{2}\right)$.

2. (1) $-\ln(1+x)\quad(-1<x\leqslant 1)$;　(2) $\dfrac{2x}{(1-x^2)^2}\quad(-1<x<1)$;

(3) $\dfrac{2x}{(1-x)^3}\quad(-1<x<1)$;　(4) $\begin{cases}-\dfrac{1}{x}\ln\left(1-\dfrac{x}{2}\right), & x\in[-2,0)\cup(0,2),\\ \dfrac{1}{2}, & x=0.\end{cases}$

习题 10.5

1. (1) $1+\sum\limits_{n=1}^{\infty}(-1)^n\dfrac{(2x)^{2n}}{2(2n)!}\quad(-\infty<x<+\infty)$;

(2) $\sum\limits_{n=1}^{\infty}\dfrac{(-1)^{n-1}}{(2n-1)!}\left(\dfrac{x}{2}\right)^{2n-1}\quad(-\infty<x<+\infty)$;

(3) $\sum\limits_{n=1}^{\infty}(-1)^{n-1}\dfrac{x^{2n-1}}{(n-1)!}\quad(-\infty<x<+\infty)$;

(4) $\sum\limits_{n=0}^{\infty}\dfrac{x^n}{3^{n+1}}\quad(-3<x<3)$;

(5) $1+\sum\limits_{n=1}^{\infty}\dfrac{(2n-1)!!}{(2n)!!}x^{2n}\quad(-1<x<1)$;

(6) $\dfrac{1}{4}\sum\limits_{n=1}^{\infty}\left[(-1)^n-\dfrac{1}{3^n}\right]x^n\quad(-1<x<1)$.

2. (1) $\sum\limits_{n=0}^{\infty}\dfrac{1}{2^{n+1}}(x-2)^n\quad(0<x<4)$;

(2) $\ln 2+\sum\limits_{n=1}^{\infty}(-1)^{n-1}\dfrac{(x-2)^n}{n\cdot 2^n}\quad(0<x\leqslant 4)$;

(3) $\sum\limits_{n=0}^{\infty}(-1)^n\left(\dfrac{1}{2^{n+2}}-\dfrac{1}{2^{2n+3}}\right)(x-1)^n\quad(-1<x<3)$;

(4) $\sum\limits_{n=0}^{\infty}\left[\dfrac{(-1)^n}{2}\dfrac{\left(x-\frac{\pi}{3}\right)^{2n}}{(2n)!}+(-1)^{n+1}\dfrac{\sqrt{3}}{2}\dfrac{\left(x-\frac{\pi}{3}\right)^{2n+1}}{(2n+1)!}\right]\quad(-\infty<x<+\infty)$.

习题 10.6

1.(1) 1.625； (2) 1.036 8； (3) 0.309 0； (4) 1.095 8.

2.(1) 3.450 1； (2) 0.494 0； (3) 0.544 8； (4) 0.487 4.

3.(1) $\frac{1}{2}$； (2) $-\frac{1}{24}$； (3) -1； (4) $-\frac{1}{6}$.

综合习题十

1.(1) $\frac{2}{n(n+1)}$,2； (2) 必要,充分； (3) 充要； (4) 0； (5) $(-2,4)$.

2.(1) A； (2) D； (3) C； (4) D； (5) C； (6) C； (7) B； (8) D； (9) B.

3.(1) 发散； (2) 发散； (3) 收敛； (4) 发散；

(5) $a<1$ 时收敛,$a>1$ 时发散,$a=1$ 且 $s>1$ 时收敛,$a=1$ 且 $s\leqslant 1$ 时发散.

4.(1) 条件收敛； (2) 绝对收敛； (3) 绝对收敛； (4) 绝对收敛.

5.(1) 0； (2) $\sqrt[4]{8}$ (提示:化成 $2^{\frac{1}{3}+\frac{2}{3^2}+\cdots+\frac{n}{3^n}+\cdots}$).

6.略.

7.(1) $\left(-\frac{1}{5},\frac{1}{5}\right)$； (2) $\left(-\frac{1}{e},\frac{1}{e}\right)$； (3) $[-2,0]$； (4) $(-2,4)$.

8.(1) $\frac{2}{(1-x)^3}\quad(-1<x<1)$；

(2) $\begin{cases}1+\left(\frac{1}{x}-1\right)\ln(1-x), & x\in[-1,0)\cup(0,1),\\ 0, & x=0,\\ 1, & x=1;\end{cases}$

(3) $\frac{1+x}{(1-x)^2}\quad(-1<x<1)$；

(4) $\frac{x-1}{(2-x)^2}\quad(0<x<2)$.

9.(1) 2e； (2) $\frac{15}{32}$.

10.(1) $x+\sum\limits_{n=1}^{\infty}(-1)^n\frac{(2n-1)!!}{(2n)!!}\frac{x^{2n+1}}{2n+1}\quad(x\in[-1,1])$ $\left(提示:利用积分\int_0^x\frac{1}{\sqrt{1+t^2}}dt\right)$；

(2) $\sum\limits_{n=1}^{\infty}\frac{n}{2^{n+1}}x^{n-1}\quad(x\in(-2,2))$；

(3) $\sum\limits_{n=0}^{\infty}\frac{(-1)^n}{(2n)!}\frac{x^{4n+1}}{4n+1}\quad(x\in(-\infty,+\infty))$.

11. $f(x)=1+\sum\limits_{n=1}^{\infty}\frac{(-1)^n\cdot 2}{1-4n^2}x^{2n}(x\in[-1,1])$,$\sum\limits_{n=1}^{\infty}\frac{(-1)^n}{1-4n^2}=\frac{1}{2}(f(1)-1)=\frac{\pi}{4}-\frac{1}{2}$.

12.略.

习题 11.1

1.(1) 一阶； (2) 一阶； (3) 二阶； (4) 三阶.

2.(1) 是； (2) 是； (3) 不是； (4) 是.

3.(1) $y=x^2+C$； (2) $y=x^2+3$； (3) $y=x^2+4$.

4. $xy'=y-x^2$.

5. $y^2+(y')^2=1$.

习题 11.2

1. (1) $\arctan y=\frac{1}{2}x^2+x+C$； (2) $y=e^{Cx}$； (3) $8^{-y}+8^x=C$；

(4) $\tan 2y=x+\sin x\cos x+C, y=\frac{k}{2}\pi+\frac{\pi}{4}$ $(k=0,\pm 1,\pm 2,\cdots)$；

(5) $y=\sin(\arcsin x+C), y=1, y=-1$.

2. (1) $y^2=2x^2(\ln|x|+C)$； (2) $x+y=C(x-y)^5, y=x$；

(3) $\ln\frac{y}{x}=Cx+1$； (4) $x+ye^{\frac{x}{y}}=C$.

3. (1) $e^y=\frac{1}{2}(1+e^{2x})$； (2) $2\sin 3y=3\cos 2x+3$；

(3) $y=\frac{2x}{1+x^2}$； (4) $y^2-x^2=y^3$.

4. $f(x)=\ln(x+1)$.

5. $x^2+\frac{1}{2}y^2=3$.

习题 11.3

1. (1) $y=Ce^x-x-1$； (2) $y=Cx^2+x^4$；

(3) $y=e^x(\ln|x|+C)$； (4) $x=y^2\left(\frac{1}{2}\ln|y|+C\right)$；

(5) $2x\ln y=\ln^2 y+C$； (6) $y=C\tan x-\sin x$.

2. (1) $y=\frac{3}{2}e^{\cos x-1}$； (2) $y=1-e^{-\frac{x^3}{3}}$；

(3) $y=\frac{\pi-1-\cos x}{x}$； (4) $y=\frac{2}{3}(4-e^{-3x})$.

3. 略.

4. $\varphi(x)=-\frac{1}{2}e^x-\frac{1}{2}(\sin x+\cos x)$.

5. $R=R_0e^{-\frac{\ln 2}{1\,600}t}$.

6. $xy=6$.

7. (1) $\sqrt{y}=Ce^{-\frac{x}{2}}+x-2$； (2) $\frac{1}{y}=-\sin x+Ce^x$；

(3) $y^2=Cx-x\ln|x|$.

习题 11.4

1. (1) $y=\frac{x^3}{6}-\sin x+C_1x+C_2$；

(2) $y=x\arctan x-\frac{1}{2}\ln(1+x^2)+C_1x+C_2$；

(3) $y=C_1e^x-\frac{1}{2}x^2-x+C_2$； (4) $y=C_1e^{-\frac{x^2}{2}}+x+C_2$；

(5) $C_1y^2-1=(C_1x+C_2)^2$； (6) $y=1+\frac{1}{C_1x+C_2}$.

2. (1) $y=\frac{1}{4}(\ln x^2-x^2+1)$； (2) $y=x^3+3x+1$；

(3) $y=\left(\frac{1}{2}x+1\right)^4$； (4) $y=\ln(\sec x)$.

3. $2y\sqrt{y}=3x-1$.

习题 11.5

1.(1) 线性无关；(2) 线性无关；(3) 线性相关；

(4) 线性相关；(5) 线性无关；(6) 线性无关.

2. 验证略，$y = C_1 e^{x^2} + C_2 e^{-x^2}$.

3. 略.

4. $(\cos x - \sin x)y'' + 2y'\cos x + (\cos x + \sin x)y = 0$.

5. $y = C_1 + C_2 e^x + x$.

习题 11.6

1.(1) $y = C_1 e^{4x} + C_2 e^{-x}$；(2) $y = C_1 + C_2 e^{2x}$；

(3) $y = (C_1 + C_2 x)e^{2x}$；(4) $y = e^{2x}(C_1\cos x + C_2\sin x)$；

(5) $y = C_1\cos 3x + C_2\sin 3x$；(6) $y = C_1 + C_2 e^x - x^2 - 2x$；

(7) $y = C_1 e^{2x} + C_2 e^{3x} + 5xe^{2x}$；(8) $y = (C_1 + C_2 x)e^{-3x} + \dfrac{5}{6}x^3 e^{-3x}$；

(9) $y = C_1 e^{2x} + C_2 e^{-x} + \dfrac{1}{20}\cos 2x - \dfrac{3}{20}\sin 2x$；

(10) $y = C_1\cos 2x + C_2\sin 2x + \dfrac{1}{3}x\cos x + \dfrac{2}{9}\sin x$；

(11) $y = C_1 e^{-x} + C_2 e^x + \dfrac{1}{8}e^x(\sin 2x - \cos 2x)$；

(12) $y = C_1 e^{-x} + C_2 e^x + \dfrac{1}{10}\cos 2x - \dfrac{1}{2}$.

2.(1) $y = 4e^x + 2e^{3x}$；(2) $y = e^{2x}\sin 4x$；

(3) $y = -e^{-x} + e^x(x^2 - x + 1)$；(4) $y = -\cos x - \dfrac{1}{3}\sin x + \dfrac{1}{3}\sin 2x$.

3.(1) $\begin{cases} x = C_1 e^{3t} + C_2 t e^{3t}, \\ y = C_2 e^{3t}; \end{cases}$ (2) $\begin{cases} x = 3 + C_1\cos t + C_2\sin t, \\ y = -C_1\sin t + C_2\cos t. \end{cases}$

4.(1) $\begin{cases} x = e^t, \\ y = 4e^t; \end{cases}$ (2) $\begin{cases} x = \left(\dfrac{1}{2} - t\right)e^t - \dfrac{1}{2}(\sin t + \cos t), \\ y = (1 - t)e^t - \sin t. \end{cases}$

5. $\varphi(x) = \cos x + 2\sin x$.

6. 化简略，$y = C_1 e^{\sin x} + C_2 e^{-\sin x}$.

7. $\sqrt{\dfrac{6}{g}}\ln(6 + \sqrt{35})$ s（g 为以 m/s^2 为单位的重力加速度的值）.

习题 11.7

1. $y = Cx - x\ln|x|$.

2. $\dfrac{dB}{dt} = 0.05B - 12\,000$，$B_0 = (240\,000 - 240\,000e^{-1})$ 元.

3.(1) $P(t) = \left(\dfrac{b}{a} + \dfrac{bP_0^3 - a}{b}e^{-3kbt}\right)^{\frac{1}{3}}$；(2) $\lim\limits_{t\to+\infty} P(t) = \left(\dfrac{a}{b}\right)^{\frac{1}{3}}$.

4. $y(t) = \dfrac{1\,000 \times 3^{\frac{t}{3}}}{9 + 3^{\frac{t}{3}}}$.

5. $T = 24 - 126e^{-kt}$，其中 $k = \dfrac{1}{10}\ln 1.66 \approx 0.051$；20 min 后，该物体的温度约为 70 ℃.

6. 每分钟需输入约 250 m^3 的新鲜空气.

综合习题十一

1.(1) 二;

(2) $y = e^{-\int p(x)dx}\left(\int q(x)e^{\int p(x)dx}dx + C\right)$;

(3) $y = e^x(x + C)$;

(4) $x = -2(1 + \sin y)$;

(5) $x^2y'' - 2xy' + 2y = e^x(x^2 - 2x + 2)$.

2.通解为 $\ln\left|\tan\frac{y}{4}\right| = C - 2\sin\frac{x}{2}$,此外 $y = 2k\pi(k = 0, \pm 1, \pm 2, \cdots)$ 也是微分方程的解.

3.$x^2 + y^2 = x + y$.

4.$x = 1 + Cy - y^2$.

5.$y = (1 + x)[\ln(1 + x) - 2] + C_1\ln(1 + x) + C_2$.

6.$y = (C_1 + C_2x)e^x + x + 3 + x^2\left(\frac{1}{2}x^2 - 2\right)e^x$.

7.$y = \frac{x}{8} + \left(C_1 - \frac{x}{32}\right)\cos 2x + \left(C_2 - \frac{x^2}{16}\right)\sin 2x$.

8.$p = -3, q = 2, \mu = -1$,所求通解为 $y = C_1e^x + C_2e^{2x} + xe^x$.

9.(1) 略; (2) $y = C_1e^{-2\sqrt{x}} + C_2e^{3\sqrt{x}} + \frac{1}{5}\sqrt{x}e^{3\sqrt{x}}$.

10.$\begin{cases} x(t) = \cos t + t^2 - 2 + \frac{t}{2}\sin t, \\ y(t) = -\frac{1}{2}\sin t + 2t + \frac{t}{2}\cos t. \end{cases}$

11.$f(x) = e^x - 1$.

习题 12.1

1.(1) $\Delta y_x = 6x + 5, \Delta^2 y_x = 6$;

(2) $\Delta y_x = 5x^{(4)}, \Delta^2 y_x = 20x^{(3)}$;

(3) $\Delta y_x = \sin 1 \cdot \cos(2x + 1), \Delta^2 y_x = -2(\sin 1)^2\sin(2x + 2)$;

(4) $\Delta y_x = -4(-3)^x, \Delta^2 y_x = 16(-3)^x$;

(5) $\Delta y_x = \log_a\left(1 + \frac{1}{x}\right), \Delta^2 y_x = \log_a\frac{x(x + 2)}{(x + 1)^2}$.

2.略.

3.(1) 不是; (2) 是; (3) 不是; (4) 是.

4.(1) 一阶; (2) 二阶; (3) 三阶; (4) 五阶.

5.(1) $a = 2, f(x) = 5 \cdot 3^x$; (2) $y_x = C2^x + 3^x$;

(3) $y_x = 2^x + 3^x$.

6.验证略,$y_x = 2^{\frac{x}{2}}\left(C_1\cos\frac{\pi}{4}x + C_2\sin\frac{\pi}{4}x\right)$.

7.略.

习题 12.2

1.(1) $y_x = C + x$;

(2) $y_x = C\left(-\frac{2}{3}\right)^x + \frac{1}{5}x^2 - \frac{6}{25}x + \frac{3}{125}$;

(3) $y_x = C2^x + x2^{x-1}$;

(4) $y_x = C(-1)^x + \left(\frac{1}{4}x^2 - \frac{3}{8}x + \frac{11}{32}\right)3^x$;

(5) $y_x = C\left(-\dfrac{1}{2}\right)^x + \dfrac{2}{5}\cos\dfrac{\pi}{2}x + \dfrac{4}{5}\sin\dfrac{\pi}{2}x$;

(6) $y_x = C + 2^x + \dfrac{1}{2}x^2 - \dfrac{1}{2}x$.

2. (1) $y_x = 5^x - \dfrac{3}{4}$;

(2) $y_x = 10 \cdot 2^x - 3x^2 - 6x - 9$;

(3) $y_x = \dfrac{7}{4} + \left(\dfrac{1}{2}x - \dfrac{3}{4}\right)3^x$;

(4) $y_x = \dfrac{1}{26}(-5)^x - \dfrac{1}{26}\cos\dfrac{\pi}{2}x + \dfrac{5}{26}\sin\dfrac{\pi}{2}x$.

3. (1) 略； (2) $y_x = \dfrac{C}{x+1} + \dfrac{x}{2}$.

习题 12.3

1. (1) $y_x = C_1 3^x + C_2(-5)^x$;

(2) $y_x = (C_1 + C_2 x)3^x$;

(3) $y_x = C_1 + C_2 x$;

(4) $y_x = 2^{\frac{x}{2}}\left(C_1\cos\dfrac{\pi}{4}x + C_2\sin\dfrac{\pi}{4}x\right)$;

(5) $y_x = 4^x\left(\cos\dfrac{\pi}{3}x + \sin\dfrac{\pi}{3}x\right)$;

(6) $y_x = \dfrac{1}{\sqrt{5}}\left[\left(\dfrac{1+\sqrt{5}}{2}\right)^x - \left(\dfrac{1-\sqrt{5}}{2}\right)^x\right]$.

2. (1) $y_x = C_1 3^x + C_2 4^x + 1$;

(2) $y_x = C_1 + C_2 2^x - 4x$;

(3) $y_x = C_1 + C_2 x + \dfrac{1}{6}x^3$;

(4) $y_x = (C_1 + C_2 x)2^x + \dfrac{1}{9} \cdot 5^x$;

(5) $y_x = C_1 2^x + C_2(-5)^x + 2^x\left(\dfrac{1}{4}x^2 - \dfrac{15}{28}x\right)$;

(6) $y_x = C_1\left(\dfrac{1}{2}\right)^x + C_2\left(\dfrac{1}{4}\right)^x + \dfrac{1}{17}\left(6\cos\dfrac{\pi}{2}x - 7\sin\dfrac{\pi}{2}x\right)$;

(7) $y_x = C_1\cos\dfrac{\pi}{2}x + C_2\sin\dfrac{\pi}{2}x - \dfrac{1}{2}x\sin\dfrac{\pi}{2}x$;

(8) $y_x = -\dfrac{2}{3} + \dfrac{2}{3}(-2)^x + 2x$;

(9) $y_x = \dfrac{26}{125}[3^x - (-2)^x] + 3^x\left(\dfrac{1}{15}x^2 - \dfrac{2}{25}x\right)$.

习题 12.4

1. $y_t = y_0(1+r)^t$.

2. $\dfrac{x(x-1)}{2}$（条）.

3. $(0.85)^{24}y_0 \approx 0.02y_0$，约 14.2 小时.

4. 约 132 891 元，约 25 年.

5. $P_t = 4 - \sqrt{3}\left(\dfrac{1}{2}\right)^t\sin\dfrac{2\pi}{3}t$.

综合习题十二

1. (1) 10；

(2) $x(ax^2 + bx + c)$，其中 a, b, c 为待定系数；

(3) $y_{x+1} - 2y_x = -1$;

(4) $y_{x+2} + 2y_{x+1} - 3y_x = 8$.

2. (1) $y_x = C(-2)^x + \dfrac{5}{3}x^2 - \dfrac{10}{9}x - \dfrac{5}{27}$;

(2) $y_x = C + (x-2)2^x$;

(3) $y_x = C2^x + 3 \cdot 2^{x-1}$;

(4) $y_x = C + \frac{3}{2}x(x-1) + (x-2)2^x$.

3. 略.

4. 方程转化略，$y_x = \frac{1}{1+2^{-x}}$.

5. $y_x = (C_1 + C_2 x)2^x + 7 + 2x + \frac{1}{9} \cdot 5^x + 4\cos\frac{\pi}{2}x + 3\sin\frac{\pi}{2}x$.

6. $y_x = \frac{17}{3}\left(\frac{1}{2}\right)^x - \frac{2\,166}{357}\left(\frac{1}{4}\right)^x + \frac{1}{21} \cdot 2^x + \frac{6}{17}\cos\frac{\pi}{2}x - \frac{7}{17}\sin\frac{\pi}{2}x$.

7. 略.

8. (1) $\begin{cases} y_x = C_1 + C_2(-1)^x + \frac{1}{3} \cdot 2^x, \\ z_x = C_1 - C_2(-1)^x + \frac{1}{3} \cdot 2^{x+1}; \end{cases}$

(2) $\begin{cases} y_x = 100 \cdot (0.78)^x + 30, \\ z_x = -100 \cdot (0.78)^x + 250. \end{cases}$

图书在版编目(CIP)数据

微积分. 下/湖南大学数学学院编. —北京: 北京大学出版社, 2020.9
ISBN 978-7-301-31534-7

Ⅰ. ①微… Ⅱ. ①湖… Ⅲ. ①微积分—高等学校—教材 Ⅳ. ①O172

中国版本图书馆 CIP 数据核字(2020)第 150579 号

书　　名 微积分(下)
WEIJIFEN (XIA)
著作责任者 湖南大学数学学院　编
责 任 编 辑 刘　啸
标 准 书 号 ISBN 978-7-301-31534-7
出 版 发 行 北京大学出版社
地　　址 北京市海淀区成府路 205 号　100871
网　　址 http://www.pup.cn
电 子 信 箱 zpup@pup.cn
新 浪 微 博 @北京大学出版社
电　　话 邮购部 010-62752015　发行部 010-62750672　编辑部 010-62754271
印 刷 者 长沙超峰印刷有限公司
经 销 者 新华书店
787 毫米×1092 毫米　16 开本　12.75 印张　316 千字
2020 年 9 月第 1 版　2020 年 9 月第 1 次印刷
定　　价 39.80 元
